工业和信息化"十三五"人才培养规划教材　　1+X 证书制度 Web 前端开发系列丛书

U0280416

HTML5 +CSS3

网页设计与制作

黑马程序员 编著

人 民 邮 电 出 版 社

北 京

图书在版编目（ＣＩＰ）数据

HTML5+CSS3网页设计与制作 / 黑马程序员编著. --
北京 ：人民邮电出版社，2020.4
工业和信息化"十三五"人才培养规划教材
ISBN 978-7-115-52324-2

Ⅰ．①H… Ⅱ．①黑… Ⅲ．①超文本标记语言－程序
设计－高等学校－教材②网页制作工具－高等学校－教材
Ⅳ．①TP312.8②TP393.092.2

中国版本图书馆CIP数据核字(2019)第294347号

内 容 提 要

本书从初学者的角度，以形象的比喻、实用的案例、通俗易懂的语言详细介绍了使用 HTML5
与 CSS3 进行网页设计与制作的各方面内容和技巧。

全书共 12 章：第 1～4 章主要讲解了 HTML5 与 CSS3 的基础知识，包括 Web 的基本概念、HTML
与 CSS 简介、Dreamweaver 工具的使用、HTML 图文标签、CSS 基础选择器等内容；第 5～8 章分别
讲解了盒子模型、列表和超链接、表格和表单、DIV+CSS 布局，这些内容是网页制作的核心；第 9～
11 章分别讲解了 HTML5 和 CSS3 的新特性，包括多媒体嵌入、过渡、变形、动画、绘图、数据存
储原理，这些内容可以帮助读者掌握 HTML5 和 CSS3 的新特性；第 12 章为实战项目，带领初学者
开发一个包含首页和多个子页面的中型网站，以进一步巩固所学知识。

本书附带丰富的配套资源，并提供了答疑服务，希望全方位帮助读者掌握所学知识。

本书既可作为高等院校本、专科相关专业的网页设计与制作课程的教材，也可作为前端与移动
开发的培训教材，还可供网站开发人员参考。

◆ 编　　著　黑马程序员

责任编辑　范博涛

责任印制　马振武

◆ 人民邮电出版社出版发行　　北京市丰台区成寿寺路 11 号
邮编　100164　电子邮件　315@ptpress.com.cn
网址　http://www.ptpress.com.cn
天津千鹤文化传播有限公司印刷

◆ 开本：787×1092　1/16
印张：19.25　　　　　2020 年 4 月第 1 版
字数：480 千字　　　2025 年 1 月天津第 19 次印刷

定价：59.80 元

读者服务热线：(010)81055256　印装质量热线：(010)81055316
反盗版热线：(010)81055315
广告经营许可证：京东市监广登字 20170147 号

丛书编委会

（按姓氏笔画排序）

FOREWORD

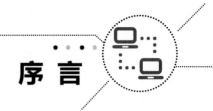

序言

本书的创作公司——江苏传智播客教育科技股份有限公司（简称"传智教育"）作为我国第一个实现 A 股 IPO 上市的教育企业，是一家培养高精尖数字化专业人才的公司，主要培养人工智能、大数据、智能制造、软件开发、区块链、数据分析、网络营销、新媒体等领域的人才。传智教育自成立以来贯彻国家科技发展战略，讲授的内容涵盖了各种前沿技术，已向我国高科技企业输送数十万名技术人员，为企业数字化转型、升级提供了强有力的人才支撑。

传智教育的教师团队由一批来自互联网企业或研究机构，且拥有 10 年以上开发经验的 IT 从业人员组成，他们负责研究、开发教学模式和课程内容。传智教育具有完善的课程研发体系，一直走在整个行业的前列，在行业内树立了良好的口碑。传智教育在教育领域有 2 个子品牌：黑马程序员和院校邦。

一、黑马程序员——高端 IT 教育品牌

黑马程序员的学员多为大学毕业后想从事 IT 行业，但各方面的条件还达不到岗位要求的年轻人。黑马程序员的学员筛选制度非常严格，包括了严格的技术测试、自学能力测试、性格测试、压力测试、品德测试等。严格的筛选制度确保了学员质量，可在一定程度上降低企业的用人风险。

自黑马程序员成立以来，教学研发团队一直致力于打造精品课程资源，不断在产、学、研 3 个层面创新自己的执教理念与教学方针，并集中黑马程序员的优势力量，有针对性地出版了计算机系列教材百余种，制作教学视频数百套，发表各类技术文章数千篇。

二、院校邦——院校服务品牌

院校邦以"协万千院校育人、助天下英才圆梦"为核心理念，立足于中国职业教育改革，为高校提供健全的校企合作解决方案，通过原创教材、高校教辅平台、师资培训、院校公开课、实习实训、协同育人、专业共建、"传智杯"大赛等，形成了系统的高校合作模式。院校邦旨在帮助高校深化教学改革，实现高校人才培养与企业发展的合作共赢。

（一）为学生提供的配套服务

1. 请同学们登录"传智高校学习平台"，免费获取海量学习资源。该平台可以帮助同学们解决各类学习问题。

2. 针对学习过程中存在的压力过大等问题，院校邦为同学们量身打造了 IT 学习小助手——邦小苑，可为同学们提供教材配套学习资源。同学们快来关注"邦小苑"微信公众号。

（二）为教师提供的配套服务

1. 院校邦为其所有教材精心设计了"教案+授课资源+考试系统+题库+教学辅助案例"的系列教学资源。教师可登录"传智高校教辅平台"免费使用。

2. 针对教学过程中存在的授课压力过大等问题，教师可添加"码大牛"QQ（2770814393），或者添加"码大牛"微信（18910502673），获取最新的教学辅助资源。

前言
Preface

本书在编写的过程中，结合党的二十大精神进教材、进课堂、进头脑的要求，将知识教育与思想政治教育相结合，通过案例加深学生对知识的认识与理解，让学生在学习新兴技术的同时了解国家在科技方面的发展的伟大成果，提升学生的民族自豪感，引导学生树立正确的世界观、人生观和价值观，进一步提升学生的职业素养，落实德才兼备的高素质卓越工程师和高技能人才的培养要求。此外。编者依据书中的内容提供了线上学习资源，体现现代信息技术与教育教学的深度融合，进一步推动教育数字化发展。

◆ 为什么要学习本书

本书依据初级 Web 前端工程师技术的技能要求规划学习路径，详细介绍了 HTML5 和 CSS3 的新特性和新属性。本书以《Web 前端开发职业技能等级标准》为写作大纲，运用"理论 + 操作"的编写方式，用深入浅出的语言，让初学者能够轻松理解并快速掌握相关知识。

◆ 如何使用本书

全书共分为 12 章，系统地讲解了 HTML5 和 CSS3 的相关知识，关于本书的具体学习线路如下。
- 第 1 阶段：HTML5 与 CSS3 的基础知识，包括第 1~4 章，内容包含 Web 基本概念、HTML 与 CSS 简介、Dreamweaver 工具的使用、HTML 图文标签、CSS 基础选择器等。
- 第 2 阶段：网页制作核心内容，包括第 5~11 章，内容包含盒子模型、列表与超链接、表格与表单、DIV+CSS 布局、多媒体的嵌入、过渡、变形、动画、Canvas、本地存储等。
- 第 3 阶段：项目实战（第 12 章），结合前面所学的知识，带领初学者开发一个包含首页和多个子页面的基础网站，进一步巩固所学知识。

在学习过程中，读者一定要亲自实践教材中的案例代码。如果不能完全理解书中所讲知识，读者可以登录高校学习平台，通过平台中的教学视频进一步学习。读者学习完一个知识点后，要及时在高校学习平台上进行测试，以巩固学习内容。

另外，如果读者在理解知识点的过程中遇到困难，建议不要纠结于某个地方，可以先往后学习。通过逐渐深入的学习，前面不懂和疑惑的知识也就能够理解了。在学习本书时，一定要多动手实践，如果在实践的过程中遇到问题，建议多思考，厘清思路，认真分析问题发生的原因，并在问题解决后总结经验。

◆ 致谢

本书的编写和整理工作由传智播客教育科技有限公司完成，主要参与人员有王哲、孟方思、张鹏、李凤辉、刘静、刘晓强、赵艳秋等，全体人员在近一年的编写过程中付出了大量辛勤的劳动，在此一并表示衷心的感谢。

◆ 意见反馈

尽管我们尽了最大的努力，但书中难免会有不妥之处，欢迎各界专家和读者朋友们来信给予宝贵意见，我们将不胜感激。您在阅读本书时，如发现任何问题或有不认同之处，可以通过电子邮件与我们取得联系。

电子邮件：itcast_book@vip.sina.com。

黑马程序员
2023 年 5 月

目录
Content

第 1 章

HTML5+CSS3 网页设计概述

学习目标

拓展阅读

★ 了解网页的概念和组成。

★ 理解 HTML、CSS 和 JavaScript 的功能和作用。

★ 熟悉 Dreamweaver 工具的基本操作。

近几年 HTML5、CSS3 一直是互联网技术中颇受关注的两个话题，然而 HTML5、CSS3 究竟是什么？许多刚刚接触网页制作的初学者也没有一个基本的概念。因此在学习 HTML5 和 CSS3 之前，首先需要了解一些与互联网相关的知识，这样有助于初学者理清思路，快速进入后面章节的学习中。本章将从网页概述、网页制作技术入门以及常用的制作软件等几个方面详细讲解网页的基础知识。

1.1 网页概述

说到网页，其实大家并不陌生，我们上网时浏览新闻、查询信息、看视频等都是在浏览网页。网页可以看作承载各种网站应用和信息的容器，所有可视化的内容都会通过网页展示给用户。本节将详细介绍和网页相关的概念。

1.1.1 认识网页

为了使初学者更好地认识网页，我们首先来看一下淘宝网站。打开谷歌浏览器，在地址栏中输入淘宝官方网址，单击 "Enter" 键，此时浏览器中显示的页面即为淘宝网的首页，如图 1-1 所示。

从图 1-1 可以看到，网页主要由文字、图像和超链接（超链接为单击可以跳转的网页元素）等元素构成。当然除了这些元素，网页中还可以包含音频、视频以及动画等。

为了让初学者快速了解网页的构成，接下来我们查看一下网页的源代码。单击 "F12" 键，浏览器中弹出的窗口便会显示当前网页的源代码，具体如图 1-2 所示。

图 1-2 即为淘宝网首页的源代码，这是一个纯文本文件，仅包含一些特殊的符号和文本。而我们浏览网页时看到的图片、视频等，正是这些特殊的符号和文本组成的代码被浏览器渲

染之后的结果。

图 1-1 淘宝网首页

图 1-2 淘宝首页部分源代码

除了首页之外，淘宝网还包含多个子页面，例如点击淘宝首页的导航，会跳转到其他子页面，如聚划算、淘抢购、天猫超市等。多个页面通过链接集合在一起就形成了网站，在网站中，网页与网页之间可以通过链接互相访问。

网页有静态和动态之分。所谓静态网页是指用户无论何时何地访问，网页都会显示固定的信息，除非网页源代码被重新修改上传。静态网页更新不方便，但是访问速度快。而动态网页显示的内容则会随着用户操作和时间的不同而变化，这是因为动态网页可以和服务器数据库进行实时的数据交换。

现在互联网上的大部分网站都是由静态网页和动态网页混合组成的，两者各有特色，用户在开发网站时可根据需求酌情采用。本书讲解的 HTML5 和 CSS3 就是一种静态网页搭建技术。

1.1.2 网页名词解释

对于从事网页制作工作的人员来说，有必要了解一些与互联网相关的名词，例如常见的 Internet、WWW、HTTP 等，具体介绍如下。

1. Internet

Internet 就是通常所说的互联网，是由一些使用公用语言互相通信的计算机连接而成的网络。简单地说，互联网就是将世界范围内不同国家、不同地区的众多计算机连接起来形成的网络平台。

互联网实现了全球信息资源的共享，形成了一个能够共同参与、相互交流的互动平台。通过互联网，远在千里之外的朋友可以相互发送邮件、共同完成一项工作、共同娱乐。因此，互联网最大的成功之处并不在于技术层面，而在于对人类生活的影响，可以说互联网的出现是人类通信技术史上的一次革命。

2. WWW

WWW（World Wide Web）中文译为"万维网"。但 WWW 不是网络，也不代表 Internet，它只是 Internet 提供的一种服务——网页浏览服务。我们上网时通过浏览器阅读网页信息就是在使用 WWW 服务。WWW 是 Internet 上最主要的服务，许多网络功能，如网上聊天、网上购物等，都基于 WWW 服务。

3. URL

URL（Uniform Resource Locator）中文译为"统一资源定位符"。URL 其实就是 Web 地址，俗称"网址"。在万维网上的所有文件（HTML、CSS、图片、音乐、视频等）都有唯一的

URL，只要知道文件的 URL，就能够对该文件进行访问。URL 可以是"本地磁盘"，也可以是局域网上的某一台计算机，还可以是 Internet 上的站点，如 https://www.baidu.com/ 就是百度的 URL，如图 1-3 所示。

图 1-3　百度的 URL 地址

4. DNS

DNS（Domain Name System）是域名解析系统。在 Internet 上域名与 IP 地址之间是一一对应的，域名（如淘宝网域名为 taobao.com）虽然便于用户记忆，但计算机只认识 IP 地址（如 100.4.5.6），将好记的域名转换成 IP 地址的过程称为域名解析。DNS 就是进行域名解析的系统。

5. HTTP 和 HTTPS

HTTP（HyperText Transfer Protocol）中文译为"超文本传输协议"。HTTP 详细规定了浏览器和万维网服务器之间互相通信的规则。HTTP 是非常可靠的协议，具有强大的自检能力，所有用户请求的文件到达客户端时，一定是准确无误的。

由于 HTTP 协议传输的数据都是未加密的，因此使用 HTTP 协议传输隐私信息非常不安全，为了保证这些隐私数据能加密传输，网景公司设计了 SSL（Secure Sockets Layer）协议，该协议用于对 HTTP 协议传输的数据进行加密，从而诞生了 HTTPS。

简单来说，HTTPS 协议是由 SSL+HTTP 协议构建的可进行加密传输、身份认证的网络协议，要比 HTTP 协议安全。

6. Web

Web 本意是蜘蛛网或网的意思。对于普通用户来说，Web 仅仅是一种环境，即互联网的使用环境、内容等。而对于网站制作者来说，Web 是一系列技术的复合总称，包括网站的前台布局、后台程序、美工、数据库开发等。

7. W3C 组织

W3C（World Wide Web Consortium）中文译为"万维网联盟"。万维网联盟是著名的国际标准化组织。W3C 最重要的工作是发展 Web 规范，自 1994 年成立以来，已经发布了 200 多项影响深远的 Web 技术标准及实施指南，如超文本标记语言（HTML）、可扩展标记语言（XML）等。这些规范有效地促进了 Web 技术的兼容，对互联网的发展和应用起到了基础性和根本性的支撑作用。

1.1.3　Web 标准

由于不同的浏览器对同一个网页文件解析出来的效果可能不一致，为了让用户能够看到正常显示的网页，Web 开发者常常为需要兼容多个版本的浏览器而苦恼，当使用新的硬件（如移动电话）或软件（如微浏览器）浏览网页时，这种情况会变得更加严重。为了让 Web 更好地发展，在开发新的应用程序时，浏览器开发商和站点开发商共同遵守标准就显得尤为重要，为此 W3C 与其他标准化组织共同制定了一系列的 Web 标准。Web 标准并不是某一个标准，而是一系列标准的集合，主要包括结构、表现和行为三个方面，具体解释如下。

1. 结构

结构用于对网页中用到的信息进行分类与整理。在结构中用到的技术主要包括 HTML、XML 和 XHTML。

● HTML 是超文本标记语言（关于该语言会在 1.2 节介绍），设计 HTML 的目的是创建结构化的文档以及提供文档的语义。目前最新版本的超文本标记语言是 HTML5。

● XML 是一种可扩展标签语言。XML 最初的目的是为了弥补 HTML 的不足，具有强大的扩展性（如定义标签），可用于数据的转换和描述。

● XHTML 是可扩展超文本标记语言。XHTML 是基于 XML 的标记语言，是在 HTML 4.0 的基础上，用 XML 的规则对其进行扩展建立起来的，用以实现 HTML 向 XML 的过渡，目前已逐渐被 HTML5 所取代。

图 1-4 所示的是网页焦点轮播图的结构，该结构使用 HTML5 搭建，4 张图片按照从上到下的次序罗列，没有任何布局样式。

2. 表现

表现是指网页展示给访问者的外在样式，一般包括网页的版式、颜色、字体大小等。在网页制作中，通常使用 CSS 来设置网页的样式。

CSS（Cascading Style Sheet）中文译为"层叠样式表"。CSS 标准建立的目的是以 CSS 为基础进行网页布局，控制网页的样式。图 1-5 所示是焦点图模块加入 CSS 后的效果，只显示第一张图片，将剩余的图片隐藏。

图 1-4 焦点轮播图结构

图 1-5 焦点图样式

在网页中可以使用 CSS 对文字和图片以及模块的背景和布局进行相应的设置。后期如果需要更改样式，只需要调整 CSS 代码即可。

3. 行为

行为是指网页模型的定义及交互的编写，主要包括 DOM（对象模型）和 ECMAScript 两个部分，具体解释如下。

● DOM（Document Object Model）指的是 W3C 中的文档对象模型。W3C 的文档对象模

型是中立于平台和语言的接口，它允许程序和脚本动态地访问和更新文档的内容、结构和样式。

● ECMAScript 是 ECMA（European Computer Manufacturers Association）国际以 JavaScript 为基础制定的标准脚本语言。JavaScript 是一种基于对象和事件驱动，并具有相对安全性的客户端脚本语言，广泛用于 Web 开发，常用来给 HTML 网页添加动态功能，例如响应用户的各种操作。

图 1-6 所示是焦点图模块加入 JavaScript 后的效果。每隔一段时间，焦点图就会自动切换，并且当用户将鼠标指针移到选择按钮上时，会显示对应的图片，鼠标指针移开后又会按照默认的设置自动轮播，这就是网页的一种行为。

图 1-6　焦点图行为

1.2　网页制作技术入门

HTML、CSS 和 JavaScript 是网页制作的标准语言，要想学好、学会网页制作技术，首先需要对它们有一个整体的认识。本节将针对 HTML、CSS 和 JavaScript 语言的发展历史、流行版本、开发工具、运行平台等内容进行详细的讲解。

1.2.1　HTML

HTML（Hyper Text Markup Language）中文译为"超文本标记语言"，主要是通过 HTML 标签对网页中的文本、图片、声音等内容进行描述。HTML 提供了许多标签，如段落标签、标题标签、超链接标签、图片标签等，网页中需要定义什么内容，就用相应的 HTML 标签描述即可。

HTML 之所以称为超文本标记语言，不仅是因为它通过标签描述网页内容，同时也由于文本中包含了超链接。通过超链接将网站、网页以及各种网页元素链接起来，构成了丰富多彩的网站。接下来我们通过一段源代码截图和相应的网页结构来简单地认识 HTML，具体如图 1-7 所示。

图 1-7　网页的 HTML 结构

通过图 1-7 可以看出，网页内容是通过 HTML 指定的文本符号（图中带有"＜＞"的符号，被称为标签）描述的，网页文件其实是一个纯文本文件。

作为一种描述网页内容的语言，HTML 的历史可以追溯到 20 世纪 90 年代初期。1989 年 HTML 首次应用到网页编辑后，便迅速崛起成为网页编辑主流语言。到了 1993 年 HTML 首次以因特网草案的形式发布，众多不同的 HTML 版本开始在全球陆续使用，这些初具雏形的版本可以看作是 HTML 第一版。在后续的十几年中，HTML 飞速发展，从 2.0 版（1995 年）到 3.2 版（1997 年）和 4.0 版（1997 年），再到 1999 年的 4.01 版，HTML 功能得到了极大的丰富。与此同时，W3C(万维网联盟）也掌握了对 HTML 的控制权。

由于 HTML 4.01 版本相对于 4.0 版本没有什么本质差别，只是提高了兼容性并删减了一些过时的标签，业界普遍认为 HTML 已经到了发展的瓶颈期，对 Web 标准的研究也开始转向了 XML 和 XHTML。但是有较多的网站仍然是使用 HTML 制作的，因此一部分人成立了 WHATWG 组织致力于 HTML 的研究。

2006 年，W3C 又重新介入 HTML 的研究，并于 2008 年发布了 HTML5 的工作草案。由于 HTML5 具备较强的解决实际问题的能力，因此得到各大浏览器厂商的支持，HTML5 的规范也得到了持续的完善。2014 年 10 月底，W3C 宣布 HTML5 正式定稿，网页进入了 HTML5 开发的新时代。本书所讲解的 HTML 语言就是最新的 HTML5 版本。

1.2.2 CSS

CSS 通常称为 CSS 样式或层叠样式表，主要用于设置 HTML 页面中的文本内容（字体、大小、对齐方式等）、图片的外形（宽高、边框样式、边距等）以及版面的布局等外观显示样式。

CSS 以 HTML 为基础，提供了丰富的功能，如字体、颜色、背景的控制及整体排版等，而且还可以针对不同的浏览器设置不同的样式。如图 1-8 所示，图中文字的颜色、粗体、背景、行间距和左右两列的排版等，都可以通过 CSS 来控制。

图 1-8　使用 CSS 设置的部分网页展示

CSS 的发展历史不像 HTML5 那样曲折。1996 年 12 月 W3C 发布了第一个有关样式的标准 CSS 1，随后的 CSS 不断更新和强化着功能，在 1998 年 5 月发布了 CSS 2。CSS 的最新版本 CSS3 于 1999 年开始制订，在 2001 年 5 月 23 日 W3C 完成了 CSS3 的工作草案。CSS3 的语法是建立在 CSS 原始版本基础上的，因此旧版本的 CSS 属性在 CSS3 版本中依然适用。

在新版本的 CSS3 中增加了很多新样式，例如圆角效果、块阴影与文字阴影、使用 RGBA 实现透明效果、渐变效果、使用 @Font-Face 实现定制字体、多背景图、文字或图像的变形处理（旋转、缩放、倾斜、移动）等，这些新属性将会在后面的章节中逐一讲解。

1.2.3 JavaScript

JavaScript 是网页中的一种脚本语言，其前身叫作 LiveScript，由 Netscape(网景）公司开发。后来在 Sun 公司推出著名的 Java 语言之后，Netscape 公司和 Sun 公司于 1995 年一起重新设计了 LiveScript，并把它改名为 JavaScript。

作为一门独立的网页脚本编程语言，JavaScript 可以做很多事情，但最主流的应用是在

Web 上创建网页特效或验证信息。图 1-9 和图 1-10 所示为使用 JavaScript 脚本语言对用户输入的内容进行验证。如果用户在注册信息的文本框中输入的信息不符合注册要求，或在"确认密码"与"密码"文本框中输入的信息不同，将弹出相应的提示信息。

图 1-9　用户注册页面 　　　　　　　　　　图 1-10　弹出提示信息

1.2.4　网页的展示平台——浏览器

浏览器是网页运行的平台，常用的浏览器有 IE 浏览器、火狐浏览器、谷歌浏览器、Safari 浏览器和欧朋浏览器等，其中 IE、火狐和谷歌是目前互联网上的三大浏览器，图 1-11 所示为为这三类浏览器的图标。对于一般的网站而言，只要兼容 IE 浏览器、火狐浏览器和谷歌浏览器，即可满足绝大多数用户的需求。下面我们对这三种常用的浏览器进行详细讲解。

IE浏览器　　火狐浏览器　　谷歌浏览器

图 1-11　常用浏览器

1. IE 浏览器

IE 浏览器的全称为"Internet Explorer"，是微软公司推出的一款网页浏览器。因此 IE 浏览器一般直接绑定在 Windows 操作系统中，无须下载安装。IE 浏览器有 6.0、7.0、8.0、9.0、10.0、11.0 等版本，但是由于各种原因，一些用户仍然在使用低版本的浏览器如 IE 7、IE 8 等，所以在制作网页时，应考虑兼容哪些版本的浏览器。

浏览器最重要或者说核心的部分是"Rendering Engine"，翻译为中文是"渲染引擎"，不过我们一般习惯将之称为"浏览器内核"。IE 浏览器使用 Trident 作为内核，俗称为"IE 内核"，国内的大多数浏览器都使用 IE 内核，例如百度浏览器、世界之窗浏览器等。

2. 火狐浏览器

火狐浏览器的英文名称为"Mozilla Firefox"（简称 Firefox），是一个自由并开源的网页浏览器。Firefox 使用 Gecko 内核，该内核可以在多种操作系统如 Windows、Mac 以及 Linux 上运行。

说到火狐浏览器，就不得不提到它的开发插件 Firebug（其图标见图 1-12）。Firebug 一直是火狐浏览器中一款必不可少的开发插件，主要用来调试浏览器的兼容性。它集 HTML 查看和编辑、JavaScript 控制台、网络状况监视器于一体，是开发 HTML、CSS、JavaScript 等的得力助手。

图 1-12　Firebug 图标

在老版本的火狐浏览器中，使用者可以在火狐浏览器菜单栏"工具→附加组件"选项中下载 Firebug 插件，安装完成后按"F12"键可以直接调出 Firebug 界面，如图 1-13 所示。

图 1-13　老版本浏览器安装 Firebug 插件

但是在新版本的火狐浏览器中（例如 57.0.2.6549 版本），Firebug 已经结束了其作为火狐浏览器插件的身份，被整合到火狐浏览器内置的"Web 开发者"工具中。使用者可以在火狐浏览器界面菜单栏中选择"打开菜单→Web 开发者"选项，如图 1-14 所示。此时下拉菜单会切换到如图 1-15 所示菜单面 0 板，选择"查看器"选项，即可查看页面各个模块，如图 1-16 所示。

图 1-14　Web 开发者工具

图 1-15　查看器　　　　　　　　　　　　　图 1-16　查看页面模块

3. 谷歌浏览器

谷歌浏览器的英文名称为"Chrome"，是由谷歌（Google）公司开发的网页浏览器。谷歌浏览器基于其他开放原始码软件所撰写，目的是提升浏览器的稳定性、速度和安全性，并创造出简单有效的使用界面。早期谷歌浏览器使用 WebKit 内核，但 2013 年 4 月之后，新版本的谷歌浏览器开始使用 Blink 内核。目前，谷歌浏览器依靠其卓越的性能占据着浏览器市场的半壁江山，图 1-17 所示为 2018 年 2 ～ 4 月国内浏览器市场份额图。

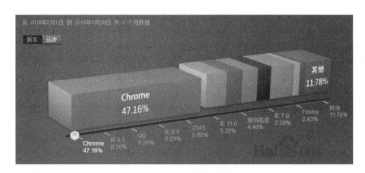

图 1-17　浏览器市场份额

从图 1-17 可以看出，在国内市场，谷歌浏览器占据很大市场份额，应用非常广泛。因此本书涉及的案例将全部在谷歌浏览器中运行演示。

▌▌▌**多学一招：什么是浏览器内核**

在 1.2.4 节中，频繁地提到了浏览器的内核，那么什么是浏览器的内核呢？浏览器内核是浏览器最核心的部分，负责对网页语法进行解释并渲染网页（也就是显示网页效果），是渲染引擎（标准叫法）的通俗叫法。渲染引擎决定了浏览器如何显示网页的内容以及页面的格式信息。不同的浏览器内核对网页编写语法的解释也不同，因此同一网页在不同的内核的浏览器里的渲染（显示）效果也可能不同。目前常见的浏览器内核有 Trident、Gecko、WebKit、Presto、Blink5 种，具体介绍如下。

● Trident 内核：代表浏览器是 IE 浏览器，因此 Trident 内核又被称为 IE 内核。Trident 内核只能用于 Windows 平台，并且不是开源的。

● Gecko 内核：代表浏览器是 Firefox 浏览器。Gecko 内核是开源的，最大优势是可以跨平台。

● WebKit 内核：代表浏览器是 Safari(苹果公司的浏览器) 以及老版本的谷歌浏览器，是开源的项目。

● Presto 内核：代表浏览器是 Opera 浏览器（中文译为"欧朋浏览器"）。Presto 内核是世界公认的渲染速度最快的引擎，但是在 2013 年之后，Opera 公司宣布加入谷歌阵营，弃用了该内核。

● Blink 内核：由谷歌公司和 Opera 公司开发，2013 年 4 月发布，现在 Chrome 浏览器的内核即是 Blink。

而国内的一些浏览器大多采用双内核，例如 360 浏览器、猎豹浏览器采用 Trident(兼容模式)+WebKit(高速模式)。

▌▌▌**注意：**

谷歌浏览器使用的内核其实是 Chromium 内核，但该内核是 WebKit 内核的一个分支，因此可以归类到 WebKit 内核。

1.3　Dreamweaver 工具的使用

为了方便网页制作，我们通常会选择一些较便捷的辅助工具，如 EditPlus、Notepad++、Sublime、Dreamweaver 等。其中 Dreamweaver 工具凭借其可视化的网页制作模式，极大地降低了网站建设的难度，使不同技术水平的设计师都能搭建出美观的页面。本节将详细介绍 Dreamweaver 工具的使用。

1.3.1　认识 Dreamweaver 界面

本书使用的版本是 Adobe Dreamweaver CS6，关于软件的安装可以直接按照窗口提示操作即可，本书直接讲解软件安装后如何使用。

双击运行桌面上的软件图标，进入软件界面。这里建议用户依次选择菜单栏中的"窗口→工作区布局→经典"选项，如图 1-18 所示。

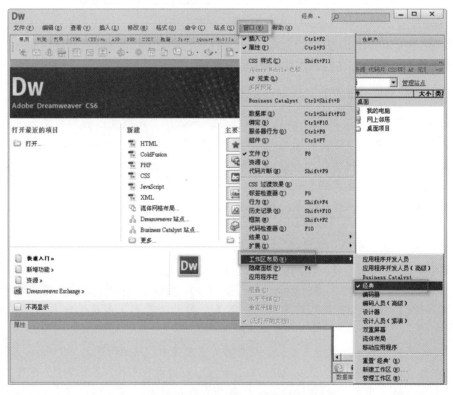

图 1-18　Dreamweaver 软件打开界面

接下来，选择菜单栏中的"文件→新建"选项，会出现"新建文档"对话框。在"文档类型"下拉选项中选择"HTML5"，单击"创建"按钮，如图 1-19 所示，即可创建一个空白的 HTML5 文档，如图 1-20 所示。

需要注意的是，如果是初次安装使用 Dreamweaver 工具，创建空白 HTML 文档时可能会出现图 1-21 所示的空白界面，此时单击"代码"按钮即可出现图 1-20 所示的界面效果。

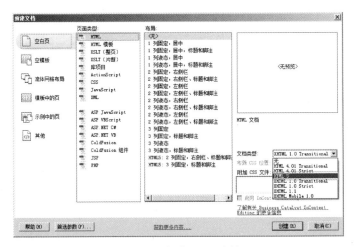

图 1-19　新建 HTML 文档

图 1-20　空白的 HTML5 文档

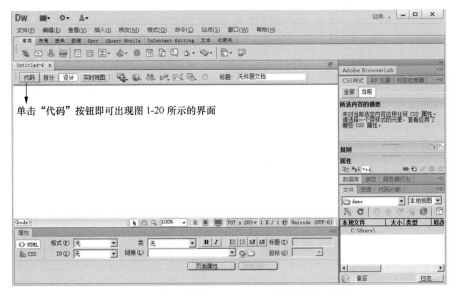

图 1-21　初次使用 Dreamweaver 新建 HTML 文档

图 1-22 所示为软件的操作界面，主要由 6 部分组成，包括菜单栏、插入栏、文档工具栏、文档窗口、"属性"面板和常用面板，每个部分的具体位置如图 1-22 所示。

图 1-22　Dreamweaver 操作界面

接下来我们对图 1-22 中的每个部分进行详细讲解，具体如下。

1. 菜单栏

Dreamweaver 菜单栏由各种菜单命令构成，包括文件、编辑、查看、插入、修改、格式、命令、站点、窗口、帮助 10 个菜单项，如图 1-23 所示。

| 文件(F) | 编辑(E) | 查看(V) | 插入(I) | 修改(M) | 格式(O) | 命令(C) | 站点(S) | 窗口(W) | 帮助(H) |

图 1-23　菜单栏

关于图 1-23 所示的各个菜单选项介绍如下。

● "文件"菜单：包含文件操作的标准菜单项，如"新建""打开""保存"等。"文件"菜单还包括其他选项，用于查看当前文档或对当前文档执行操作，如"在浏览器中预览""多屏预览"等。

● "编辑"菜单：包含文件编辑的标准菜单项，如"剪切""拷贝"和"粘贴"等。此外"编辑"菜单还包括"选择"和"查找"选项，并且提供软件快捷键编辑器、标签库编辑器以及首选参数编辑器的访问。

● "查看"菜单：用于选择文档的视图方式（如设计视图、代码视图等），并且可以用于显示或隐藏不同类型的页面元素和工具。

● "插入"菜单：用于将各个对象插入文档，如插入图像、Flash 等。

● "修改"菜单：用于更改选定页面元素的属性，使用此菜单，可以编辑标签属性，更改表格和表格元素，并且为库和模板执行不同的操作。

● "格式"菜单：用于设置文本的各种格式和样式。

● "命令"菜单：提供对各种命令的访问，包括根据格式参数选择设置代码格式、优化图像、排序表格等命令。

● "站点"菜单：包括站点操作菜单项，这些菜单项可用于创建、打开和编辑站点，以及管理当前站点中的文件。

● "窗口"菜单：提供对 Dreamweaver 中的所有面板、检查器和窗口的访问。

● "帮助"菜单：提供对 Dreamweaver 帮助文档的访问，包括 Dreamweaver 使用帮助、Dreamweaver 的支持系统和扩展管理，以及包括各种语言的参考材料等。

2. 插入栏

在使用 Dreamweaver 建设网站时，对于一些经常使用的标签，可以直接选择插入栏里的相关按钮，这些按钮一般都和菜单中的命令相对应。插入栏集成了多种网页元素，包括超链接、图像、表格、多媒体等，如图 1-24 所示。

图 1-24　插入栏

单击插入栏上方相应的选项，如"布局""表单"等，插入栏下方会出现不同的工具组。选择工具组中不同的按钮，可以创建不同的网页元素。

3. 文档工具栏

文档工具栏提供了各种文档视图按钮，如"代码""拆分""设计"，还提供了各种查看选项和一些常用操作，如图 1-25 所示。

图 1-25　文档工具栏

接下来我们介绍其中几个常用的功能按钮，具体如下。

● 代码 "显示'代码'视图"：单击"代码"按钮，文档窗口中将只留下"代码"视图，收起"设计"视图。

● 拆分 "显示'代码'和'设计'视图"：单击"拆分"按钮，文档窗口中将同时显示"代码"视图和"设计"视图，两个视图中间以一条间隔线分开，拖动间隔线可以改变两者所占屏幕的比例。

● 设计 "显示'设计'视图"：单击"设计"按钮，文档窗口中收起"代码"视图，只留下"设计"视图。

● 标题: 无标题文档　　　　　　"标题"：此处可以修改文档的标题，也就是修改源代码头部 <title> 标签中的内容，默认情况下为"无标题文档"。

● "在浏览器中预览 / 调试"：单击可选择浏览器对网页进行预览或调试。

● "刷新"：在"代码"视图中进行更改后，单击该按钮可刷新文档的"设计"视图。

需要注意的是，在 Dreamweaver 的工具中，文档工具栏是可以隐藏的，选择"查看→工具栏→文档"命令，当"文档"为勾选状态时（见图 1-26），显示"文档工具栏"，取消勾选状态则会隐藏"文档工具栏"。

图 1-26　工具栏菜单

4. 文档窗口

文档窗口是 Dreamweaver 最常用到的区域之一，此处会显示所有打开的文档。单击文档工具栏里的"代码""拆分""设计"3 个选择按钮可变换区域的显示状态。图 1-27 所示为"拆分"状态下的结构，左方是代码区，右方是视图区。

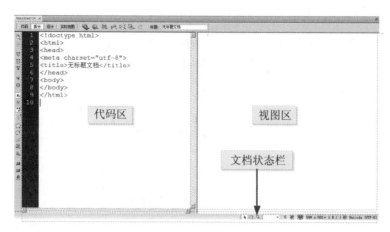

图 1-27 文档窗口

5. "属性"面板

"属性"面板主要用于设置文档窗口中所选中元素的属性。在 Dreamweaver 中允许用户在"属性"面板中直接对元素的属性进行修改。选中的元素不同,"属性"面板中内容也不一样。图 1-28 和图 1-29 分别为表格和图像的"属性"面板。

图 1-28 表格"属性"面板

图 1-29 图像"属性"面板

单击"属性"面板右上角的 按钮,可以打开选项菜单。如果不小心关闭"属性"面板,可以从菜单栏选择"窗口→属性"选项重新打开,或者按"Ctrl+F3"组合键直接调出。

6. 常用面板

常用面板中集合了网站编辑与建设过程中一些常用的工具。用户可以根据需要自定义该区域的功能面板,通过这样的方式既能够很容易地使用所需面板,也不会使工作区域变得混乱。用户可以通过"窗口"菜单选择打开需要的功能面板,将鼠标指针置于面板名称栏上(框线标示位置),拖曳这些面板,可使它们浮动在界面上,图 1-30 所示即为"文件"面板浮动在代码区域上面。

图 1-30 常用面板

1.3.2 Dreamweaver 初始化设置

在使用 Dreamweaver 时,为了让操作更得心应手,通常都会做一些初始化设置。

Dreamweaver 工具的初始化设置通常包含以下几个方面。

1. 设置工作区布局

打开 Dreamweaver 工具界面，选择菜单栏里的"窗口→工作区布局→经典"选项，将工作区设置为"经典"模式。

2. 添加必备面板

设置为"经典"模式后，需要调出常用的三个面板，分别为"插入"面板、"文件"面板、"属性"面板，这些面板均可以通过"窗口"菜单打开，如图 1-31 所示。

3. 设置新建文档

选择"编辑→首选参数"选项（或按"Ctrl+U"组合键），即可打开"首选参数"对话框，如图 1-32 所示。选中左侧"分类"中的"新建文档"选项，右侧就会出现对应的设置。选取目前最常用的 HTML 文档类型和编码类型（只需设置框线标识选项即可）。

图 1-31　必备面板　　　　　　　　图 1-32　"首选参数"对话框

设置好新建文档的首选参数后，再新建 HTML 文档时，Dreamweaver 就会按照默认设置直接生成所需要的代码。

注意：

在"默认文档类型"选项中，Dreamweaver CS6 默认文档类型为 XHTML1.0，使用者可根据实际需要更改为 HTML5 文档类型。

4. 设置代码提示

Dreamweaver 拥有强大的代码提示功能，可以提高书写代码的速度。在"首选参数"对话框中可设置代码提示。选择"代码提示"选项，然后选中"结束标签"选项组中的第 2 项，单击"确定"按钮，如图 1-33 所示，即可完成代码提示设置。

5. 浏览器设置

Dreamweaver 可以关联浏览器，对编辑的网站页面进行预览。在"首选参数"对话框（见图 1-33）左侧区域选择"在浏览器中预览"选项，在右侧区域单击 ➕ 按钮，即可打开图 1-34 所示的"添加浏览器"对话框。

单击"浏览"按钮，即可打开"选择浏览器"对话框，选中需要添加的浏览器，单击"打开"按钮，Dreamweaver 会自动添加"名称"和"应用程序"，如图 1-35 所示。

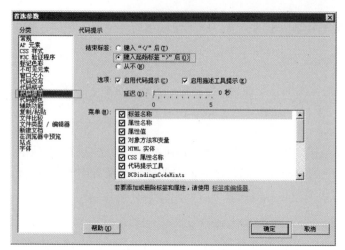

图 1-33　Dreamweaver 代码提示设置

图 1-34　添加浏览器前

单击图 1-35 所示对话框中的"确定"按钮，完成添加，此时在"浏览器"显示区域会出现添加的浏览器，如图 1-36 所示。如果勾选"主浏览器"选项，按快捷键"F12"即可进行快速预览；如果勾选"次浏览器"选项，按"Ctrl+F12"组合键可使用次浏览器预览网页。

图 1-35　添加浏览器

图 1-36　设置主浏览器

本书建议将 Dreamweaver 主浏览器设置为"谷歌浏览器"，把火狐浏览器设置为次浏览器。

注意：

Dreamweaver "设计"视图中的显示效果只能作为参考，最终以浏览器中的显示效果为准。

1.3.3　Dreamweaver 的基本操作

完成 Dreamweaver 工具界面的初始化设置之后，我们就可以使用 Dreamweaver 工具搭建网页了。在使用 Dreamweaver 建设网站之前，首先要熟悉一下文档的基本操作。文档的基本操作主要包括新建文档、保存文档、打开文档、关闭文档，具体介绍如下。

1. 新建文档

在启动 Dreamweaver 工具时，软件界面会弹出一个欢迎页面，如图 1-37 所示。

选择"新建"下面的"HTML"选项，即可创建一个新的页面；也可以选择"新建"下面的"更多"选项，在弹出的"新建文档"对话框（见图 1-38）中设置页面类型、布局、文档类型等，然后单击"创建"按钮，完成文档的创建。

图 1-37　欢迎页面

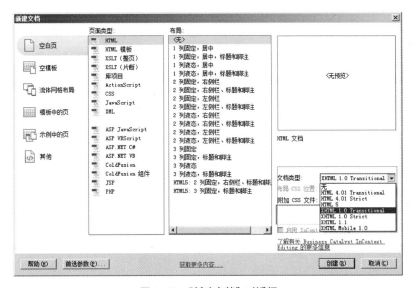

图 1-38　"新建文档"对话框

另外，我们还可以从菜单栏中选择"文件→新建"选项（或按"Ctrl+N"组合键），打开"新建文档"对话框来创建文档。

2. 保存文档

编辑或修改的网页文档，在预览之前需要先将其保存起来。保存文档的方法十分简单，选择"文件→保存"选项（或按"Ctrl+S"组合键），如果是第一次保存，会打开"另存为"对话框，如图 1-39 所示。设置相应的文档名称和类型，单击"保存"按钮即可完成文档的保存。

当用户完成第一次保存文档，再次执行"保存"命令时，将不会弹出"另存为"对话框，计算机会直接保存结果，并覆盖原文件。如果用户既想保存修改的文件，又不想覆盖原文件，则可以使用"另存为"命令。执行"文件→另存为"命令（或按"Ctrl+Shift+S"组合键），会再次弹出"另存为"对话框，在该对话框中设置保存路径、文件名和保存类型，单击"确定"按钮，即可将该文件另存为一个新的文件。

> **注意:**
>
> 执行"另存为"命令另存文件时，文件名称不能和之前的文件名相同。如果名称相同，那么后面保存的文档会覆盖原来的文件。

3. 打开文档

如果想要打开计算机中已经存在的文件，可以选择"文件→打开"选项（或按"Ctrl+O"组合键），弹出"打开"对话框，如图 1-40 所示。

图 1-39　保存文档

图 1-40　"打开"对话框

选中需要打开的"文档"，单击"打开"按钮，即可打开被选中的文件。除此之外，用户还可以将选中的文档直接拖曳到 Dreamweaver 主界面除文档窗口外的其他区域，快速打开文档。

4. 关闭文档

对于已经编辑保存的文档，可以使用 Dreamweaver 工具的关闭文档功能，将其关闭。通常可以使用以下几种方法关闭文档。

（1）选择"文件→关闭"选项（或按"Ctrl+W"组合键）可关闭选中的文档。

（2）单击需要关闭的文档窗口标签栏按钮 ✕（见图 1-41 框线标识位置），可关闭该文档。

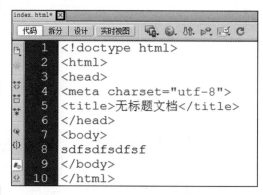

图 1-41　关闭文档

1.4　阶段案例——创建第一个网页

前面我们已经对网页、HTML、CSS 以及常用的网页制作工具 Dreamweaver 有了一定的了解，接下来我们将通过一个案例学习如何使用 Dreamweaver 创建一个包含 HTML 结构和 CSS 样式的简单网页，具体步骤如下。

1. 编写 HTML 代码

（1）打开 Dreamweaver，新建一个 HTML5 文档（或按"Ctrl+Shift+N"组合键）。切换到"代

码"视图，这时在文档窗口中会出现 Dreamweaver 自带的代码，如图 1-42 所示。

（2）在代码的第 5 行，<title> 与 </title> 标签之间，输入 HTML 文档的标题，这里将其设置为"我的第一个网页"。

（3）在 <body> 与 </body> 标签之间添加网页的主体内容，将下面的 HTML 代码复制到 <body> 与 </body> 标签之间：

```
1  <!doctype html>
2  <html>
3  <head>
4  <meta charset="utf-8">
5  <title>无标题文档</title>
6  </head>
7
8  <body>
9  </body>
10 </html>
```

图 1-42　新建 HTML 文档代码视图窗口

```
<p>这是我的第一个网页哦。</p>
```

至此，就完成了网页的结构部分，即 HTML 代码的编写。

（4）在菜单栏中选择"文件→保存"选项，其快捷键为"Ctrl+S"。接着在弹出来的"另存为"对话框中选择文件的保存地址并输入文件名即可保存文件。本例将文件命名为 example01.html，保存在"chapter01"文件夹中，如图 1-43 所示。

（5）在浏览器中运行 example01.html（即双击 example01.html 文件），效果如图 1-44 所示。

图 1-43　"另存为"对话框　　　　　　　　图 1-44　HTML 页面效果

由于这里仅仅使用了段落标签 <p>，所以浏览器窗口中只显示一个段落文本。

2. 编写 CSS 代码

（1）在 <head> 与 </head> 标签中添加 CSS 样式，CSS 样式需要写在 <style> 和 </style> 标签内，可以将下面的代码复制到 <head> 与 </head> 标签中：

```
<style type="text/css">
    p{
        font-size:36px;              /* 设置字号为 36 像素 */
        color:red;                   /* 设置字体颜色为红色 */
        text-align:center;           /* 设置文本居中显示 */
    }
</style>
```

其中"/* */"是 CSS 注释符，浏览器不会解析"/* */"中的内容，主要是用于提示初学者。此时保存文件，刷新浏览器代码页面，效果如图 1-45 所示。

（2）在菜单栏中选择"文件→保存"选项，或使用"Ctrl+S"组合键，即可完成文件的保存。这时，在浏览器中刷新页面，效果如图 1-46 所示。

```
1   <!doctype html>
2   <html>
3   <head>
4   <meta charset="utf-8">
5   <title>我的第一个网页</title>
6   <style type="text/css">
7       p{
8           font-size:36px;        /*设置字号为36像素*/
9           color:red;             /*设置字体颜色为红色*/
10          text-align:center;     /*设置文本居中显示*/
11      }
12  </style>
13
14  </head>
15  <body>
16  <p>这是我的第一个网页哦。</p>    HTML内容需要写在<body>标记内
17  </body>
18  </html>
19
```

CSS样式需要写在<style>标记内，位于<head>头部标记中

图 1-45　Dreamweaver 代码视图窗口

这是我的第一个网页哦。

图 1-46　CSS 修饰后的页面效果

如图 1-46 所示，由于通过 CSS 设置了段落文本的字号、颜色和对齐属性，所以段落文本相应地显示为 36 像素、红色、居中的样式。

1.5　本章小结

本章主要介绍了网页设计的基础知识，包括网页的组成，与互联网相关的一些名词及 Web 标准，HTML、CSS、JavaScript 的特征及发展历程，常用浏览器，Dreamweaver 工具的使用等。

通过本章的学习，读者应该能够简单地认识网页，了解网页基本的搭建方法，熟练地使用网页制作工具 Dreamweaver 创建简单的网页。希望读者以此为开端，完成对本书的学习。

1.6　课后练习题

查看本章课后练习题，请扫描二维码。

第**2**章

初识 HTML5

拓展阅读

★ 了解 HTML 和 HTML5 的基本结构，能够区分两者的结构差异。

★ 熟悉 HTML 头部相关标签。

★ 掌握 HTML 文本控制标签的用法，能够使用该标签定义文本。

★ 掌握 HTML 图像标签的用法，能够自定义图像。

近年来 HTML5 成为互联网行业最热门的话题。HTML5 包含了许多的功能，从桌面浏览器到移动应用，它从根本上改变了开发 Web 应用的方式。作为网页的设计人员，也应该顺应时代潮流，掌握 HTML5 的相关技术。本章将对 HTML5 的结构和语法、文本控制标签、图像标签等知识进行详细讲解。

2.1 HTML5 的优势

HTML5 作为 HTML 的最新版本，是 HTML 的传递和延续。从 HTML 4.0、XHTML 再到 HTML5，某种意义上讲，这是 HTML 的更新与规范过程。因此，HTML5 并没有给用户带来多大的冲击，老版本的大部分标签在 HTML5 版本中依然适用。相比于老版本的 HTML，HTML5 的优势主要体现在兼容、合理、易用 3 个方面，本节将做具体介绍。

1. 兼容

HTML5 并不是对之前 HTML 语言的颠覆性革新，它的核心理念就是要保持与过去技术的完美衔接，因此 HTML5 有很好的兼容性。以往老版本的 HTML 语法较为松散，允许某些标签的缺失。例如，图 2-1 所示的代码截图，就缺少 `</p>` 结束标签。在 HTML5 中并没有把这种情况作为错误来处理，而是在允许这种写法的同时，定义了一些可以省略结束标签的元素。

```
</head>
<body>
<p>这是我的第一个网页哦.
</body>
</html>
```

图 2-1 代码截图

在老版本的 HTML 中，网站制作人员对标签大小写字母是随意使用的。然而一些设计者认为网页制作应该遵循严谨的制作规范。因此在后来的 XHTML 中要求统一使用小写字母，但在 HTML5 中又恢复了对大写标签的支持。

在老版本的 HTML 中，各浏览器对 HTML 的支持不是很统一，这就造成同一个页面在不同浏览器中可能显示不同的样式。HTML5 通过详细分析各个浏览器所具有的功能，制定了一个通用的标准，并要求浏览器支持这个标准。同时，由于浏览器市场竞争的白热化，各大浏览器厂商为了保持市场份额，也纷纷支持 HTML5 的新标准，极大地提高了 HTML5 在各浏览器中的兼容性。

2. 合理

HTML5 中增加和删除的标签都是对现有的网页和用户习惯进行分析、概括而推出的。例如，W3C 分析了上百万的页面，发现很多网页制作人员使用 <div id="header"> 来定义网页的头部区域，就在 HTML5 中直接添加一个 <header> 标签。

可见 HTML5 中新增的很多标签、属性都是根据现实互联网已经存在的各类网页标签进行的提炼和归纳，通过这样的方式让 HTML5 的标签结构更加合理。

3. 易用

作为当下流行的标签语言，HTML5 严格遵循"简单至上"的原则，主要体现在以下几个方面。

- 简化的字符集声明。
- 简化的 DOCTYPE。
- 以浏览器原生能力（浏览器自身特性功能）替代复杂的 JavaScript 代码。

为了实现这些简化操作，HTML5 的规范比以前更加细致、精确。为了避免造成误解，HTML5 对每一个细节都有着非常明确的规范说明，不允许有任何的歧义和模糊出现。

2.2 HTML5 全新的结构

学习任何一门语言，首先要掌握它的基本格式，就像写信需要符合书信的格式要求一样。想要学习 HTML5，同样需要掌握 HTML5 的基本格式。本节将通过和 XHTML 结构进行对比，讲解 HTML5 文档的基本格式。

使用 Dreamweaver 新建 XHTML 文档，默认文档会自带一些代码，如图 2-2 所示。

```
1  <!DOCTYPE html PUBLIC "-//W3C//DTD XHTML 1.0
   Transitional//EN"          → 文档类型声明
   "http://www.w3.org/TR/xhtml1/DTD/xhtml1-transitional.dtd">
2  <html xmlns="http://www.w3.org/1999/xhtml"> → 根标签
3  <head>          → 头部标签
4  <meta http-equiv="Content-Type" content="text/html;
   charset=utf-8" />
5  <title>无标题文档</title>
6  </head>
7
8  <body>     → 主体标签
9  </body>
10 </html>
```

图 2-2 XHTML 文档的基本格式

在图 2-2 所示的 XHTML 代码中，<!DOCTYPE> 为文档类型声明，它和 <html>、<head>、<body> 共同组成了 XHTML 文档的结构，具体介绍如下。

1. <!DOCTYPE>

<!DOCTYPE> 位于文档的最前面，用于向浏览器说明当前文档使用哪种 HTML 或 XHTML 标准规范。因此只有在开头处使用 <!DOCTYPE> 声明，浏览器才能将该文档作为有效的 HTML 文档，并按指定的文档类型进行解析。

2. <html>

<html> 位于 <!DOCTYPE> 之后，也被称为根标签。根标签主要用于告知浏览器其自身是一个 HTML 文档，其中 <html> 标志着 HTML 文档的开始，</html> 则标志着 HTML 文档的结束，在它们之间是文档的头部和主体内容。

3. <head>

<head> 用于定义 HTML 文档的头部信息，也被称为头部标签，紧跟在 <html> 之后。头部标签主要用来封装其他位于文档头部的标签，例如 <title>、<meta>、<link> 及 <style> 等，用来描述文档的标题、作者，以及与其他文档的关系。

4. <body>

<body> 用于定义 HTML 文档所要显示的内容，也被称为主体标签。浏览器中显示的所有文本、图像、音频和视频等信息都必须位于 <body> 内，才能最终展示给用户。

需要注意的是，一个 HTML 文档只能含有一对 <body>，且 <body> 必须在 <html> 内，位于 <head> 之后，与 <head> 是并列关系。

在 HTML5 版本中，文档格式有了一些新的变化。HTML5 在文档类型声明与根标签上做了简化，简化后的文档格式如图 2-3 所示。

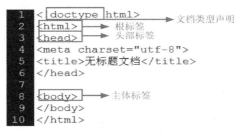

图 2-3　HTML5 文档的基本格式

值得一提的是，除了上述的文档结构标签外，HTML5 还简化了 <meta> 标签，让定义字符编码的格式变得更加简单。

2.3　标签概述

在 HTML 页面中，带有 "< >" 符号的元素被称为 HTML 标签，如上面提到的 <html>、<head>、<body> 都是 HTML 标签。所谓标签就是放在 "< >" 符号中表示某个功能的编码命令，也称为 HTML 标记或 HTML 元素，本书统一称作 HTML 标签。本节将详细讲解标签的分类、标签的关系、标签属性和 HTML5 文档头部相关标签。

2.3.1　标签的分类

根据标签的组成特点，通常将 HTML 标签分为两大类，分别是 "双标签" 和 "单标签"，对它们的具体介绍如下。

1. 双标签

双标签也被称为"体标签"，是指由开始和结束两个标签符号组成的标签。双标签的基本语法格式如下：

```
< 标签名 > 内容 </ 标签名 >
```

例如，前面文档结构中的 <html> 和 </html>、<body> 和 </body> 等都属于双标签。

2. 单标签

单标签也被称为"空标签"，是指用一个标签符号即可完整地描述某个功能的标签，其基本语法格式如下：

```
< 标签名 />
```

例如，在 HTML 中还有一种特殊的标签——注释标签，该标签就是一种特殊功能的单标签。如果需要在 HTML 文档中添加一些便于阅读和理解，但又不需要显示在页面中的注释文字，就需要使用注释标签。注释标签的基本写法：

```
<!-- 注释语句 -->
```

需要注意的是，注释内容不会显示在浏览器窗口中，但是作为 HTML 文档内容的一部分，注释标签可以被下载到用户的计算机上，或者用户查看源代码时也可以看到注释标签。

多学一招：为什么要有单标签？

HTML 标签的作用原理就是选择网页内容，从而进行描述，也就是说需要描述哪个元素，就选择哪个元素，所以才会有双标签的出现，用于定义标签作用的开始与结束。而单标签本身就可以描述一个功能，不需要选择。例如，水平线标签 <hr/>，按照双标签的语法，它应该写成 "<hr></hr>"，但是水平线标签不需要选择，本身就代表一条水平线，此时写成双标签就显得有点多余，但是又不能没有结束符号，所以在标签名称后面加一个关闭符，即 < 标签名 />。

2.3.2　标签的关系

在网页中会存在多种标签，各标签之间都具有一定的关系。标签的关系主要有嵌套关系和并列关系两种，具体介绍如下。

1. 嵌套关系

嵌套关系也称为包含关系，可以简单理解为一个双标签里面包含其他的标签。例如，在 HTML5 的结构代码中，<html> 标签和 <head> 标签（或 body 标签）就是嵌套关系，具体代码如下所示：

```
<html>
    <head>
    </head>
    <body>
    </body>
</html>
```

需要注意的是，在标签的嵌套过程中，必须先结束最靠近内容的标签，再按照由内到外的顺序依次关闭标签。图 2-4 所示即为嵌套标签正确和错误写法的对比。

在嵌套关系的标签中，我们通常把最外层的标签称为"父级标签"，里面的标签称为"子级标签"。只有双标签才能作为"父级标签"。

图 2-4　标签的嵌套顺序

2. 并列关系

并列关系也称为兄弟关系，就是两个标签处于同一级别，并且没有包含关系。例如在 HTML5 的结构代码中，<head> 标签和 <body> 标签就是并列关系。在 HTML 标签中，无论是单标签还是双标签，都可以拥有并列关系。

2.3.3　标签属性

使用 HTML 制作网页时，如果想让 HTML 标签提供更多的信息，例如，希望标题文本的字体为"微软雅黑"并且居中显示，段落文本中的某些名词显示为其他颜色加以突出，用户仅仅依靠 HTML 标签的默认显示样式是不够的，这时可以通过为 HTML 标签设置属性的方式来增加更多的样式。为 HTML 标签设置属性的基本语法格式如下：

```
< 标签名 属性 1=" 属性值 1" 属性 2=" 属性值 2" …> 内容</ 标签名 >
```

在上面的语法中，标签可以拥有多个属性，属性必须写在开始标签中，位于标签名后面。属性之间不分先后顺序，标签名与属性、属性与属性之间均以空格分开。例如下面的示例代码设置了一段居中显示的文本内容：

```
<p align="center"> 我是居中显示的文本 </p>
```

其中 <p></p> 标签用于定义段落文本，align 为属性名，center 为属性值，表示文本居中对齐，对于 <p> 标签还可以设置文本左对齐或右对齐，对应的属性值分别为 left 和 right。需要注意的是大多数属性都有默认值，例如省略 <p> 标签的 align 属性，段落文本则按默认值左对齐显示，也就是说 <p></p> 等价于 <p align="left"></p>。

▌▌多学一招：认识键值对

在 HTML 开始标签中，可以通过"属性 =" 属性值 ""的方式为标签添加属性，其中"属性"和"属性值"就是以"键值对"的形式出现的。

所谓"键值对"可以理解为对"属性"设置"属性值"。键值对有多种表现形式，如 color=" red"、width:200px 等，其中 color 和 width 即为"键值对"中的"键"（英文为 key），red 和 200px 为"键值对"中的"值"（英文为 value）。

"键值对"广泛地应用于编程中，HTML 属性的定义形式"属性 =" 属性值 ""只是"键值对"中的一种。

2.3.4　HTML5 文档头部相关标签

制作网页时，经常需要设置页面的基本信息，如页面的标题、作者、与其他文档的关系等。为此 HTML 提供了一系列的标签，这些标签通常都写在 <head> 标签内，因此被称为头部相关标签。本节将具体介绍常用的头部标签。

1. 设置页面标题标签 <title>

<title> 标签用于定义 HTML 页面的标题，即给网页取一个名字，该标签必须位于 <head>

标签之内。一个 HTML 文档只能包含一对 <title></title> 标签，<title></title> 之间的内容将显示在浏览器窗口的标题栏中。例如将页面标题设置为"轻松学习 HTML5"，具体代码如下：

```
<title>轻松学习 HTML5</title>
```

上述代码对应的页面标题效果如图 2-5 所示。

2. 定义页面元信息标签 <meta />

<meta /> 标签用于定义页面的元信息（元信息不会显示在页面中），可重复出现在 <head> 头部标签中。在 HTML 中，<meta /> 标签是一个单标签，本身不包含任何内容，仅仅表示网页的相关信息。通过 <meta /> 标签的两组属性，可以定义页面的相关参数。例如为搜索引擎提供网页的关键字、作者姓名、内容描述，以及定义网页的刷新时间等。下面我们来介绍 <meta /> 标签常用的几组设置，具体如下。

图 2-5　设置页面标题标签 <title>

（1）<meta name=" 名称 " content=" 值 " />

在 <meta /> 标签中使用 name 和 content 属性可以为搜索引擎提供信息，其中 name 属性用于提供搜索内容的名称，content 属性提供对应的搜索内容值，具体应用如下。

● 设置网页关键字，例如某图片网站的关键字设置如下：

```
<meta name="keywords" content="千图网,免费素材下载,千图网免费素材图库,矢量图,矢量图库,图片素材,
网页素材,免费素材,PS素材,网站素材,设计模板,设计素材,网页模板免费下载,千图,素材中国,素材,免费设计,
图片 " />
```

其中 name 属性的值为 keywords，用于定义搜索内容名称为网页关键字，content 属性的值用于定义关键字的具体内容，多个关键字内容之间可以用","分隔。

● 设置网页描述，例如某图片网站的描述信息设置如下：

```
<meta name="description" content=" 专注免费设计素材下载的网站! 提供矢量图素材,矢量背景图片,矢量
图库,还有psd素材,PS素材,设计模板,设计素材,PPT素材,以及网页素材,网站素材,网页图标免费下载 " />
```

其中 name 属性的值为 description，用于定义搜索内容名称为网页描述，content 属性的值用于定义描述的具体内容。需要注意的是网页描述的文字不必过多，能够描述清晰即可。

● 设置网页作者，例如可以为网站增加作者信息：

```
<meta name="author" content=" 网络部 " />
```

其中 name 属性的值为 author，用于定义搜索内容名称为网页作者，content 属性的值用于定义具体的作者信息。

（2）<meta http-equiv=" 名称 " content=" 值 " />

在 <meta /> 标签中使用 http-equiv 和 content 属性可以设置服务器发送给浏览器的 HTTP 头部信息，为浏览器显示该页面提供相关的参数标准。其中，http-equiv 属性提供参数类型，content 属性提供对应的参数值。默认会发送 <meta http-equiv="Content-Type" content="text/html" />，通知浏览器发送的文件类型是 HTML。具体应用如下。

● 设置字符集，例如某图片官网字符集的设置：

```
<meta http-equiv="Content-Type" content="text/html; charset=gbk" />
```

其中 http-equiv 属性的值为 Content-Type，content 属性的值为 text/html 和 charset=gbk，两个属性值中间用";"隔开。这段代码用于说明当前文档类型为 HTML，字符集为 gbk(中文编码)。目前最常用的国际化字符集编码格式是 utf-8，常用的国内中文字符集编码格式是 gbk 和 gb2312。当用户使用的字符集编码不匹配当前浏览器时，网页内容就会出现乱码。

在 HTML5 中，简化了字符集的写法，变为如下代码：

```
<meta charset="utf-8">
```

- 设置页面自动刷新与跳转，例如定义某个页面 10 秒后跳转至百度页面：

```
<meta http-equiv="refresh" content="10; url= https://www.baidu.com/" />
```

其中 http-equiv 属性的值为 refresh，content 属性的值为数值和 url 地址，中间用 ";" 隔开，用于指定在特定的时间后跳转至目标页面，该时间默认以秒为单位。

2.4　文本控制标签

无论网页内容如何丰富，文字自始至终都是网页中最基本的元素。为了使文字排版整齐、结构清晰，HTML 中提供了一系列文本控制标签，如标题标签 <h1> ～ <h6>、段落标签 <P> 等。本节将对文本控制标签进行详细讲解。

2.4.1　页面格式化标签

一篇结构清晰的文章通常都会通过标题、段落、分割线等进行结构排列，HTML 网页也不例外，为了使网页中的文字有条理地显示出来，HTML 提供了相应的页面格式化标签，如标题标签、段落标签、水平线标签和换行标签，对它们的具体介绍如下。

1. 标题标签

为了使网页更具有语义化（语义化是指赋予普通网页文本特殊的含义），我们经常会在页面中用到标题标签，HTML 提供了 6 个等级的标题，即 <h1>、<h2>、<h3>、<h4>、<h5> 和 <h6>，从 <h1> 到 <h6> 标题的重要性依次递减。标题标签的基本语法格式如下：

```
<hn align=" 对齐方式 "> 标题文本 </hn>
```

在上面的语法中 n 的取值为 1 到 6，代表 1 ～ 6 级标题。align 属性为可选属性，用于指定标题的对齐方式。接下来我们通过一个简单的案例说明标题标签的具体用法，如例 2-1 所示。

例 2-1　example01.html

```
1   <!doctype html>
2   <html>
3   <head>
4   <meta charset="utf-8">
5   <title> 我们正在学习标题标记 </title>
6   </head>
7   <body>
8   <h1>1 级标题 </h1>
9   <h2>2 级标题 </h2>
10  <h3>3 级标题 </h3>
11  <h4>4 级标题 </h4>
12  <h5>5 级标题 </h5>
13  <h6>6 级标题 </h6>
14  </body>
15  </html>
```

在例 2-1 中，使用 <h1> 到 <h6> 标签设置了 6 种级别不同的标题。

运行例 2-1，效果如图 2-6 所示。

从图 2-6 中可以看出，默认情况下标题文字是加粗左对齐显示的，并且从 <h1> 到 <h6> 标题字号依次递减。如果想让标题文字右对齐或居中对齐，就需要使用 align 属性设置对齐方式，其取值如下。

- left：设置标题文字左对齐（默认值）

- center：设置标题文字居中对齐
- right：设置标题文字右对齐

了解了标题标记的对齐属性，接下来我们通过一个案例来演示标题标记的默认对齐、左对齐、居中对齐和右对齐，并且按照 1 ~ 4 级标题来显示，如例 2-2 所示。

例 2-2　example02.html

```
1   <!doctype html>
2   <html>
3   <head>
4   <meta charset="utf-8">
5   <title> 使用 align 设置标题的对齐方式 </title>
6   </head>
7   <body>
8   <h1>1 级标题，默认对齐方式。</h1>
9   <h2 align="left">2 级标题，左对齐。</h2>
10  <h3 align="center">3 级标题，居中对齐。</h3>
11  <h4 align="right">4 级标题，右对齐。</h4>
12  </body>
13  </html>
```

运行例 2-2，效果如图 2-7 所示。

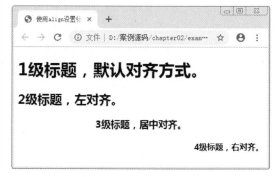

图 2-6　设置标题标记　　　　　　　　　　图 2-7　标题的对齐效果

注意：

1. 一个页面中只能使用一个 <h1> 标签，常常被用在网站的 logo 部分。

2. 由于 h 标签拥有特殊的语义，请慎重选择恰当的标签来构建文档结构。初学者切勿为了设置文字加粗或更改文字的大小而使用文字标签。

3. HTML 中一般不建议使用 h 标签的 align 对齐属性，可使用 CSS 样式设置。

2. 段落标签

在网页中要把文字有条理地显示出来，离不开段落标签，就如同我们平常写文章一样，整个网页也可以分为若干个段落。在网页中使用 <p> 标签来定义段落。<p> 标签是 HTML 文档中最常见的标签，默认情况下，文本在一个段落中会根据浏览器窗口的大小自动换行。<p> 标签的基本语法格式如下：

```
<p align=" 对齐方式 "> 段落文本 </p>
```

在上面的语法中，align 属性为 <p> 标签的可选属性，和标题标签 <h1> ~ <h6> 一样，同样可以使用 align 属性设置段落文本的对齐方式。

　　了解了段落标签的基本语法格式之后，接下来我们通过一个案例来演示段落标签 <p> 的用法，如例 2-3 所示。

例 2-3　example03.html

```
1   <!doctype html>
2   <html>
3   <head>
4   <meta charset="utf-8">
5   <title> 段落标签 </title>
6   </head>
7   <body>
8   <h2 align="center"> 不畏困难 </h2>
9   <p align="center"> 类型：励志段子 </p>
10  <p> 困难只能吓倒懦夫、懒汉，而胜利永远属于攀登高峰的人。人生的奋斗目标不要太大，认准了一件事情，投入兴趣与热情坚持去做，你就会成功。人生，要的就是惊涛骇浪，这波涛中的每一朵浪花都是伟大的，最后汇成闪着金光的海洋。</p>
11  </body>
12  </html>
```

　　在例 2-3 中，第 8 行代码、第 9 行代码分别为 <h2> 标签和 <p> 标签添加"align="center""设置居中对齐。第 10 行代码中的 <p> 标签为段落标签的默认对齐方式。

　　运行例 2-3，效果如图 2-8 所示。

　　从图 2-8 容易看出，每段文本都会单独显示，并在之间有一定的间隔。

3. 水平线标签

　　在网页中我们常常会看到一些水平线将段落与段落之间隔开，使文档结构清晰，层次分明。水平线可以通过 <hr /> 标签来定义，基本语法格式如下。

图 2-8　段落效果

```
<hr 属性 =" 属性值 " />
```

　　<hr /> 是单标签，在网页中输入一个 <hr />，就添加了一条默认样式的水平线。此外通过为 <hr /> 标签设置属性和属性值，可以更改水平线的样式，其常用的属性如表 2-1 所示。

表 2-1　<hr /> 标签的常用属性

属性名	含义	属性值
align	设置水平线的对齐方式	可选择 left、right、center 3 种值，默认为 center，居中对齐显示
size	设置水平线的粗细	以像素为单位，默认为 2 像素
color	设置水平线的颜色	可用颜色名称、十六进制 #RGB、rgb(r,g,b) 表示
width	设置水平线的宽度	可以是确定的像素值，也可以是浏览器窗口的百分比，默认为 100%

　　下面我们通过使用水平线分割段落文本来演示 <hr /> 标签的用法，如例 2-4 所示。

例 2-4　example04.html

```
1   <!doctype html>
2   <html>
```

```
3    <head>
4    <meta charset="utf-8">
5    <title>水平线标签</title>
6    </head>
7    <body>
8    <h2 align="left">莫生气</h2>
9    <hr color="#00CC99" align="left" size="5" width="600" />
10   <p>人生就像一场戏，因为有缘才相聚。相扶到老不容易，是否更该去珍惜。为了小事发脾气，回头想想又何必。别
人生气我不气，气出病来无人替。我若气死谁如意，况且伤神又费力。邻居亲朋不要比，儿孙琐事由他去。吃苦享乐在一起，
神仙羡慕好伴侣。</p>
11   <hr   color="#00CC99"/>
12   </body>
13   </html>
```

在例 2-4 中，第 9 行代码将 <hr /> 标签设置了不同的颜色、对齐方式、粗细和宽度值。
第 11 行代码修改了 <hr /> 标签的颜色。

运行例 2-4，效果如图 2-9 所示。

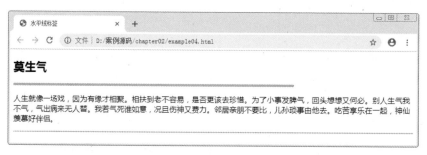

图 2-9   水平线的样式效果

注意：

在实际工作中，并不赞成使用 <hr /> 的所有外观属性，最好通过 CSS 样式进行设置。

4. 换行标签

在 Word 中，按 "Enter" 键可以将一段文字换行显示；但在网页中，如果想要将某段文
本强制换行显示，就需要使用换行标签
。下面我们通过一个案例演示换行标签的具体
用法，如例 2-5 所示。

例 2-5   example05.html

```
1    <!doctype html>
2    <html>
3    <head>
4    <meta charset="utf-8">
5    <title>换行标签</title>
6    </head>
7    <body>
8    <p>使用 HTML 制作网页时通过 br 标签 <br /> 可以实现换行效果 </p>
9    <p>像在 Word 文档中一样
10   敲回车键换行就不起作用了 </p>
11   </body>
12   </html>
```

在例 2-5 中，第 8 行代码在文本里面显示是在同一行，但是使用了
 标签。而第
9 ~ 10 行代码在文本中是换行显示的，采用了按回车键的方式换行。

运行例 2-5，效果如图 2-10 所示。

图 2-10　换行标签的效果

从图 2-10 中可以看出，使用换行标签
 的段落实现了强制换行的效果，而使用回车键换行的段落在浏览器实际显示效果中并没有换行，只是多出了一个空白字符。

注意：

 标签虽然可以实现换行的效果，但并不能取代结构标签 <h>、<p> 等。

2.4.2　文本样式标签

文本样式标签可以设置一些文字效果（如字体、加粗、颜色），让网页中的文字样式变得更加丰富，其基本语法格式如下：

<font 属性 =" 属性值 "> 文本内容 </font>

上述语法中 <font> 标签常用的属性有 3 个，如表 2-2 所示。

表 2-2　<font> 标签的常用属性

属性名	含义
face	设置文字的字体，例如微软雅黑、黑体、宋体等
size	设置文字的大小，可以取 1 ~ 7 之间的整数值
color	设置文字的颜色

了解了 <font> 标签的基本语法和常用属性，接下来我们通过一个案例来学习 <font> 标签的用法和效果，如例 2-6 所示。

例 2-6　example06.html

```
1  <!doctype html>
2  <html>
3  <head>
4  <meta charset="utf-8">
5  <title> 文本样式标签 </title>
6  </head>
7  <body>
8  <h2 align="center"> 使用 font 标签设置文本样式 </h2>
9  <p> 文本是默认样式的文本 </p>
10 <p><font size="2" color="blue"> 文本是 2 号蓝色文本 </font></p>
11 <p><font size="5" color="red"> 文本是 5 号红色文本 </font></p>
12 <p><font face=" 宋体 " size="7" color="green"> 文本是 7 号绿色文本，文本的字体是宋体 </font></p>
13 </body>
14 </html>
```

在例 2-6 中，一共使用了 4 个段落标签。第 9 行代码将第 1 个段落中的文本设置为HTML 默认段落样式，第 10 ~ 12 行代码将第 2、3、4 个段落文本分别使用 <font> 标签设置了不同的文本样式。

运行例 2-6，效果如图 2-11 所示。

图 2-11 使用 font 标签设置文本样式

2.4.3 文本格式化标签

在网页中，有时需要为文字设置粗体、斜体或下画线等一些特殊显示的文本效果，为此 HTML 提供了专门的文本格式化标签，使文字以特殊的方式显示。常用的文本格式化标签如表 2-3 所示。

表 2-3 常用的文本格式化标签

标签	显示效果
\<b>\</b> 和 \<strong>\</strong>	文字以粗体方式显示
\<u>\</u> 和 \<ins>\</ins>	文字以加下画线方式显示
\<i>\</i> 和 \<em>\</em>	文字以斜体方式显示
\<s>\</s> 和 \<del>\</del>	文字以加删除线方式显示

表 2-3 每行所示的两对文本格式化标签都能显示相同的文本效果，但 \<strong> 标签、\<ins> 标签、\<em> 标签、\<del> 标签更符合 HTML 结构的语义化，所以在 HTML5 中建议使用这 4 个标签设置文本样式。

下面我们通过一个案例来演示部分文本格式化标签的效果，如例 2-7 所示。

例 2-7 example07.html

```
1   <!doctype html>
2   <html>
3   <head>
4   <meta charset="utf-8">
5   <title> 文本格式化标签 </title>
6   </head>
7   <body>
8   <p> 文本是正常显示的文本 </p>
9   <p><b> 文本是使用 b 标签定义的加粗文本 </b></p>
10  <p><strong> 文本是使用 strong 标签定义的强调文本 </strong></p>
11  <p><ins> 文本是使用 ins 标签定义的下画线文本 </ins></p>
12  <p><i> 文本是使用 i 标签定义的倾斜文本 </i></p>
13  <p><em> 文本是使用 em 标签定义的强调文本 </em></p>
14  <p><del> 文本是使用 del 标签定义的删除线文本 </del></p>
15  </body>
16  </html>
```

在例 2-7 中，第 8 行代码设置段落文本正常显示，第 9 ~ 14 行代码分别给段落文本应用不同的文本格式化标签，使文字产生特殊的显示效果。

运行例 2-7，效果如图 2-12 所示。

2.4.4　文本语义标签

文本语义标签主要用于向浏览器和开发者描述标签的意义，是一些供机器识别的标签，访问者只能看到显示样式的差异。有些文本语义标签可以突出文本内容的层次关系，方便搜索引擎搜索，甚至提高浏览器的解析速度。在 HTML5 中，文本语义标签有很多，下面我们将列举 time 标签、mark 标签和 citc 标签，简单介绍文本语义标签的基本用法。

图 2-12　文本格式化标等的使用

1. time 标签

time 标签用于定义时间或日期，可以代表 24 小时中的某一时间。time 标签不会在浏览器中呈现任何特殊效果，但是该元素能够以机器可读的方式对日期和时间进行编码，用户能够将生日提醒或其他事件添加到日程表中，搜索引擎也能够生成更智能的搜索结果。time 标签有以下两个属性。

● datetime：用于定义相应的时间或日期。取值为具体时间（如 14:00）或具体日期（如 2020-09-01），不定义该属性时，由文本的内容给定日期或时间。

● pubdate：用于定义 time 标签中的文档（或 article 元素）发布日期。取值一般为"pubdate"。

下面我们通过一个案例对 time 标签的用法进行演示，如例 2-8 所示。

例 2-8　example08.html

```
1   <!doctype html>
2   <html>
3   <head>
4   <meta charset="UTF-8">
5   <title>time 标签的使用 </title>
6   </head>
7   <body>
8   <p> 我们早上 <time>9:00</time> 开始上班 </p>
9   <p> 今年的 <time datetime="2015-10-01"> 十一 </time> 我们准备去旅游 </p>
10  <time datetime="2015-08-15" pubdate="pubdate">
11      本消息发布于 2015 年 8 月 15 日
12  </time>
13  </body>
14  </html>
```

运行例 2-8，效果如图 2-13 所示。

在例 2-8 中，如果不使用 time 标签，也是可以正常显示文本内容的，因此 time 标签的作用主要是增强文本的语义，方便机器解析。

2. mark 标签

mark 标签的主要功能是在文本中高亮显示某些字符，该元素的用法与 em 标签和 strong 标签有相似之处，但是使用 mark 标签在突出显示样式时更随意灵活。

下面我们通过一个案例对 mark 标签的用法进行演示，如例 2-9 所示。

例 2-9　example09.html

```
1   <!doctype html>
2   <html>
```

```
3    <head>
4    <meta charset="UTF-8">
5    <title>mark标签的使用</title>
6    </head>
7    <body>
8    <h3>小苹果</h3>
9    <p>我种下一颗<mark>种子</mark>，终于长出了<mark>果实</mark>，今天是个伟大日子。摘下星星送给
     你，拽下月亮送给你，让太阳每天为你升起。变成蜡烛燃烧自己，只为照亮你，把我一切都献给你，只要你欢喜。你让
     我每个明天都 变得有意义，生命虽短爱你永远，不离不弃。你是我的小呀<mark>小苹果儿</mark>怎么爱你都不嫌多。
     红红的小脸儿温暖我的心窝 点亮我生命的火 火火火火。你是我的小呀<mark>小苹果儿</mark> 就像天边最美的云
     朵。春天又来到了花开满山坡 种下希望就会收获。</p>
10   </body>
11   </html>
```

在例 2-9 中，使用 mark 标签包裹需要突出显示样式的内容。

运行例 2-9，效果如图 2-14 所示。

图 2-13　time 标签的使用效果　　　　　　图 2-14　mark 标签的使用效果

在图 2-14 中，高亮显示的文字就是通过 mark 标签标记的。

3. cite 标签

cite 标签可以创建一个引用，用于对文档引用参考文献的说明，一旦在文档中使用了该标签，被标注的文档内容将以斜体的样式展示在页面中，以区别于段落中的其他字符。

下面我们通过一个案例对 cite 标签的用法进行演示，如例 2-10 所示。

例 2-10　example10.html

```
1    <!doctype html>
2    <html>
3    <head>
4    <meta charset="UTF-8">
5    <title>cite元素的使用</title>
6    </head>
7    <body>
8    <p>也许愈是美丽就愈是脆弱，就像盛夏的泡沫。</p>
9    <cite>——明晓溪《泡沫之夏》</cite>
10   </body>
11   </html>
```

运行例 2-10，效果如图 2-15 所示。

从图 2-15 中可以看出，被 cite 标注的文字，以斜体的样式显示在了网页中。

2.4.5　特殊字符标签

我们在浏览网页时常常会看到一些包含特殊字

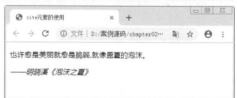

图 2-15　cite 标签的使用效果

符的文本，如数学公式、版权信息等。那么如何在网页上显示这些包含特殊字符的文本呢？在 HTML 中为这些特殊字符准备了专门的替代代码，如表 2-4 所示。

表 2-4　常用的特殊字符标签

特殊字符	描述	字符的代码
	空格符	
<	小于号	&lt;
>	大于号	&gt;
&	和号	&amp;
¥	人民币	&yen;
©	版权	&copy;
®	注册商标	&reg;
°	摄氏度	&deg;
±	正负号	&plusmn;
×	乘号	&times;
÷	除号	&divide;
2	平方 2（上标 2）	&sup2;
3	立方 3（上标 3）	&sup3;

2.5　图像标签

浏览网页时我们常常会被网页中的图像所吸引，巧妙地在网页中穿插图像可以让网页内容变得更加丰富多彩。本节将为大家介绍几种常用的图像格式以及在网页中插入图像的技巧。

2.5.1　常见的图像格式

网页中图像文件太大会造成载入速度缓慢，太小又会影响图像的质量，那么哪种图像格式能够让图像更小，却拥有更好的质量呢？接下来我们将为大家介绍几种网页中常用的图像格式。目前网页上常用的图像格式主要有 GIF、PNG 和 JPG 3 种，具体介绍如下。

1. GIF 格式

GIF 格式最突出的特点就是支持动画，同时 GIF 也是一种无损的图像格式，也就是说修改图片之后，图片质量没有损失。再加上 GIF 支持透明，因此很适合在互联网上使用。但 GIF 只能处理 256 种颜色，因此在网页制作中，GIF 格式常常用于 Logo、小图标及其他色彩相对单一的图像。

2. PNG 格式

PNG 包括 PNG-8 和真色彩 PNG（PNG-24 和 PNG-32）。相对于 GIF，PNG 最大的优势是体积更小，支持 alpha 透明（全透明，半透明，全不透明），并且颜色过渡更平滑，但 PNG 不支持动画。其中 PNG-8 和 GIF 类似，只能支持 256 中颜色，如果做静态图可以取代 GIF，而真色彩 PNG 可以支持更多的颜色，同时真色彩 PNG（PNG-32）支持半透明效果的处理。

3. JPG 格式

JPG 所能显示的颜色比 GIF 和 PNG8 要多得多，可以用来保存超过 256 种颜色的图像，但是 JPG 是一种有损压缩的图像格式，这就意味着每修改一次图片都会造成一些图像数据的丢失。JPG 是特别为照片图像设计的文件格式，网页制作过程中类似于照片的图像，比如横幅广告（banner）、商品图片、较大的插图等都可以保存为 JPG 格式。

总地来说，在网页中小图片或网页基本元素如图标、按钮等考虑使用 GIF 或 PNG-8 格式图像，半透明图像考虑使用真色彩 PNG 格式（一般指 PNG-32），色彩丰富的图片则考虑使用 JPG 格式，动态图片可以考虑使用 GIF 格式。

2.5.2 图像标签 <img />

HTML 网页中任何元素的实现都要依靠 HTML 标签，要想在网页中显示图像就需要使用图像标签，接下来我们将详细介绍图像标签 <img /> 以及和它相关的属性。图像标签的基本语法格式如下：

```
<img src=" 图像 URL" />
```

在上面的语法中，src 属性用于指定图像文件的路径和文件名，是 img 标签的必需属性。

要想在网页中灵活地使用图像，仅仅依靠 src 属性是远远不够的，为此 HTML 还为 <img /> 标签准备了其他的属性，具体如表 2-5 所示。

表 2-5　<img /> 标签的属性

属性	属性值	描述
src	URL	图像的路径
alt	文本	图像不能显示时的替换文本
title	文本	鼠标指针悬停时显示的内容
width	像素	设置图像的宽度
height	像素	设置图像的高度
border	数字	设置图像边框的宽度
vspace	像素	设置图像顶部和底部的空白（垂直边距）
hspace	像素	设置图像左侧和右侧的空白（水平边距）
align	left	将图像对齐到左边
	right	将图像对齐到右边
	top	将图像的顶端和文本的第一行文字对齐，其他文字居图像下方
	middle	将图像的水平中线和文本的第一行文字对齐，其他文字居图像下方
	bottom	将图像的底部和文本的第一行文字对齐，其他文字居图像下方

表 2-5 对 <img /> 标签的常用属性做了简要的描述，下面我们来对它们进行详细讲解，具体如下。

1. 图像的替换文本属性 alt

有时页面中的图像可能无法正常显示，如图片加载错误，浏览器版本过低等。因此为页面上的图像添加替换文本是个很好的习惯，在图像无法显示时告诉用户该图片的信息，这就需要使用图像的 alt 属性。

下面我们通过一个案例来演示 alt 属性的用法，如例 2-11 所示。

例 2-11　example11.html

```
1   <!doctype html>
2   <html>
3   <head>
4   <meta charset="utf-8">
5   <title> 图像标签 img 之 alt 属性的使用 </title>
6   </head>
7   <body>
8   <img src="banner1.jpg" alt=" 百搭、白色、涂鸦、T 恤、精品女装 "/>
9   </body>
10  </html>
```

例 2-11 中，在当前 HTML 网页文件所在的文件夹中放入文件名为 banner1.jpg 的图像，并且通过 src 属性插入图像，通过 alt 属性指定图像不能显示时的替代文本。

运行例 2-11，浏览器正常显示下，效果如图 2-16 所示；如果图像不能显示，在谷歌浏览器中就会出现图 2-17 所示的效果。

图 2-16　正常显示的图片

图 2-17　不能正常显示的图片

多学一招：使用 title 属性设置提示文字

图像标签 <img / > 有一个和 alt 属性十分类似的属性 title，title 属性用于设置鼠标指针悬停时图像的提示文字。下面我们通过一个案例来演示 title 属性的使用，如例 2-12 所示。

例 2-12　example12.html

```
1   <!doctype html>
2   <html>
3   <head>
4   <meta charset="utf-8">
5   <title> 图像标签 -title 属性的使用 </title>
6   </head>
7   <body>
8   <img src="banner1.jpg" title=" 百搭、白色、涂鸦、T 恤、精品女装 "/>
9   </body>
10  </html>
```

运行例 2-12，效果如图 2-18 所示。

在图 2-18 所示的页面中，当鼠标指针移动到图像上时就会出现提示文本。

2. 图像的宽度和高度属性 width、height

通常情况下，如果不给 <img /> 标签设置宽高属性，图片就会按照它的原始尺寸显示，此外，也可以通过 width 和 height 属性用来定义图片的宽度和高度。通常我们只设置其中的一个属性，另一个属性则会依据前一个设置的属性将原图等比例缩放显示。如果同时设置两个属性，且其比例和原图大小的比例不一致，显示的图像就会变形或失真。

3. 图像的表框属性 border

默认情况下图像是没有边框的，通过 border 属性可以为图像添加边框、设置边框的宽度。接下来我们通过一个案例来演示使用 border、width、height 属性对图像进行的修饰，如例 2–13 所示。

例 2–13　example13.html

```
1  <!doctype html>
2  <html>
3  <head>
4  <meta charset="utf-8">
5  <title> 图像的宽高和边框属性 </title>
6  </head>
7  <body>
8  <img src="tupian.png"  alt=" 少女插画 "  border="2" />
9  <img src="tupian.png"  alt=" 少女插画 "  width="100" />
10 <img src="tupian.png"  alt=" 少女插画 "  width="50" height="100" />
11 </body>
12 </html>
```

在例 2–13 中，使用了 3 个 <img /> 标签。第 8 行代码中的 <img /> 标签设置 2 像素的边框，第 9 行代码中的 <img /> 标签仅设置宽度，第 10 行代码中的 <img /> 标签设置不等比例的宽度和高度。

运行例 2–13，效果如图 2–19 所示。

图 2-18　图像标签的 title 属性　　　　　图 2-19　图像标签的宽度、高度和边框属性

从图 2–19 中可以看出，第 1 个 <img /> 标签的图像显示效果为原尺寸大小，并添加了边框效果。第 2 个 <img /> 标签的图像由于仅设置了宽度属性，高度依据宽度属性的设置可将原图等比例缩放显示。而第 3 个 <img /> 标签的图像由于设置了不等比的宽度和高度属性，而导致图片拉伸变形。

4. 图像的边距属性 vspace、hspace

在网页中，由于排版需要，有时候还需要调整图像的边距。HTML 中通过 vspace 和 hspace 属性可以分别调整图像的垂直边距和水平边距。

5. 图像的对齐属性 align

图文混排是网页中很常见的排版方式，默认情况下图像的底部会与文本的第一行文字对齐，如图 2–20 所示。

但是在制作网页时需要经常实现图像和文字环绕效果，例如左图右文，这就需要使用图像的对齐属性 align。下面我们来实现网页中常见左图右文的效果，如例 2-14 所示。

例 2-14　example14.html

```
1   <!doctype html>
2   <html>
3   <head>
4   <meta charset="utf-8">
5   <title>图像标签的边距属性和对齐属性</title>
6   </head>
7   <body>
8   <img src="images/chenpi.png" alt="陈皮的功效与作用" border="1" hspace="10" vspace="10"
    align="left" />
9       陈皮是临床常用的利气燥湿药，药苦、辛而温，药归肺经和脾经，药的功效就是理气健脾、燥湿化痰。可以治疗气
    滞与胸胁的病症，比如可以治疗胸闷、胃胀、腹胀，可以治疗心、胸、胃的疾患。陈皮有开胃的作用，可以治疗食欲不振，
    也可以治疗吐泄、呕吐、泄泻的胃肠道消化功能的障碍。除此之外，陈皮有燥湿的作用，燥湿化痰，可以治疗这种咳嗽、
    痰多等病症。陈皮在临床非常常用，陈皮、半夏经常是搭配在一起来使用。
10  </body>
11  </html>
```

在例 2-14 中，使用 hspace 和 vspace 属性为图像设置了水平边距和垂直边距。为了使水平边距和垂直边距的显示效果更加明显，同时给图像添加了 1 像素的边框，并且使用 align="left" 使图像左对齐。

运行例 2-14，效果如图 2-21 所示。

图 2-20　图像标签的默认对齐效果　　　　图 2-21　图像标签的边距和对齐属性

注意：

1. 实际制作中并不建议图像标签 <img /> 直接使用 border、vspace、hspace 及 align 属性，可用 CSS 样式替代。

2. 网页制作中，装饰性的图像不建议直接插入 <img /> 标签，最好通过 CSS 设置背景图像来实现。

2.5.3　相对路径和绝对路径

在计算机查找文件时，需要明确文件所在位置。网页中的路径通常分为绝对路径和相对路径两种，具体介绍如下。

1. 绝对路径

绝对路径就是网页上的文件或目录在硬盘上的真正路径，例如"D:\ 案例源码 \chapter03\ images\banner1.jpg"，或完整的网络地址，如"http://www.zcool.com.cn/images/logo.gif"。

2. 相对路径

相对路径就是相对于当前文件的路径。相对路径没有盘符，通常是以 HTML 网页文件为起点，通过层级关系描述目标图像的位置。总地来说，相对路径的设置分为以下 3 种。

● 图像文件和 html 文件位于同一文件夹：只需输入图像文件的名称即可，如 <img src="logo.gif" />。

● 图像文件位于 html 文件的下一级文件夹：输入文件夹名和文件名，之间用 "/" 隔开，如 <img src="img/img01/logo.gif" />。

● 图像文件位于 html 文件的上一级文件夹：在文件名之前加入 "../"，如果是上两级，则需要使用 "../ ../"，以此类推，如 <img src="../logo.gif" />。

值得一提的是，网页中并不推荐使用绝对路径，因为网页制作完成之后我们需要将所有的文件上传到服务器，此时图像文件可能在服务器的 C 盘，也有可能在 D 盘、E 盘，可能在 A 文件夹中，也有可能在 B 文件夹中，因此很有可能不存在 "D:\ 网页制作与设计（HTML+CSS）\案例源码 \chapter03\images\banner1.jpg" 这样一个很精准的路径，这样就会造成图片路径错误，网页没办法正常显示设置的图片。

2.6　阶段案例——制作图文混排新闻

本章前几节重点讲解了 HTML 的结构、HTML 文本控制标签和 HTML 图像标签。为了使初学者能够更好地认识 HTML，本节将通过案例的形式分步骤实现网页中常见的图文混排效果，如图 2–22 所示。

2.6.1　分析新闻模块效果图

为了提高网页制作的效率，每拿到一个页面的效果图时，都应当对其结构和样式进行分析。在图 2–22 中既有图像又有文字，并且图像居左文字居右排列，图像和文字之间有一定的距离。同时文字由标题和段落文本组成，它们之间设置了水平分割线。在段落文本中还有一些文字以特殊的颜色突出显示，同时每个段落前都有一定的留白。

图 2-22　图文混排新闻

通过上面的分析，可以知道在页面中需要使用 <img /> 标签插入图像，同时使用 <h2> 标签和 <p> 标签分别设置标题和段落文本。接下来对 <img /> 标签应用 align 属性和 hspace 属性实现图像居左文字居右、且图像和文字之间有一定距离的排列效果。为了控制标题和段落文本的样式，还需要使用文本样式标签 <font> 和 <strong>，最后在每个段落前使用空格符 " " 实现留白效果。分割线可以使用 <hr /> 标签通过属性定义具体样式。

2.6.2　搭建新闻模块结构

根据上面的分析，可以使用相应的 HTML5 来搭建网页结构，如例 2-15 所示。

例 2–15　example15.html

```
1   <!doctype html>
2   <html>
3   <head>
4   <meta charset="utf-8">
5   <title>图文混排新闻 </title>
6   </head>
7   <body>
8   <img src="jieduan.jpg" alt="5G 图片 " />
9   <h2>5G 技术将如何改变我们的生活？ </h2>
10  <hr/>
11  <p>
12  2019 年 05 月 18 日综合科技报道
13  </p>
14  <hr/>
15  <p> 如果你认为 5G 带来的只是下载视频更快，上网更加流畅，那你就错了。5G 可以带给我们的远不止这些。在 5G
    时代，你眼前的一切都可以连接在一起，水杯、汽车、空调、电视机、农作物……真正实现了万物互联互通。5G 具有超高
    速率、超大连接、超低时延三大特性，通信速率会比 4G 高出 10 ~ 100 倍，5G 生态圈中的云计算、AI、无人机、VR 和大
    视频都会同步发展。在此基础上，各行各业都会产生新的应用和商业模式，将会颠覆你对当前社会的认知。</p>
16  </body>
17  </html>
```

在例 2–15 中，使用 <img /> 标签插入图像，同时通过 <h2> 标签和 <p> 标签分别定义标题和段落文本。使用 <hr /> 标签定义水平分割线。

运行例 2–15，效果如图 2–23 所示。

2.6.3　控制新闻模块图像

在图 2–23 所示的页面中，文字位于图像下方，要想实现图 2–22 所示的图像居左文字居右，并且图像和文字之间有一定距离的排列效果，就需要使用图像的对齐属性 align 和水平边距属性 hspace。

接下来我们对例 2–15 中的图像加以控制，将第 8 行代码更改如下：

图 2–23　HTML5 页面结构

```
<img src="jieduan.jpg" alt="HTML5 图文混排页面
" align="left" hspace="30"/>
```

保存 HTML 文件，刷新网页，效果如图 2–24 所示。

图 2–24　控制图像

2.6.4　控制新闻模块文本

通过对图像进行控制，实现了图像居左文字居右的效果。接下来，我们对例 2–15 中的文本加以控制，具体代码如例 2–16 所示。

例 2-16　example16.html

```
1   <!doctype html>
2   <html>
3   <head>
4   <meta charset="utf-8">
5   <title>图文混排新闻</title>
6   </head>
7   <body>
8   <img src="jieduan.jpg" alt="HTML5 图文混排页面" align="left" hspace="30"/>
9   <h2><font face=" 微软雅黑 " size="6" color="#545454">5G 技术将如何改变我们的生活？</font></h2>
10  <hr color="#CCCCCC" size="1" />
11  <p>
12      <font color="#FF0000" face=" 楷体 ">
13          <time datetime="2019-5-18">
14          2019 年 05 月 18 日
15          </time>
16      </font>
17      <font color="#3366CC" face=" 楷体 ">
18           综合科技报道
19      </font>
20  </p>
21  <hr color="#CCCCCC" size="1" />
22  <p>
23      <font size="2" color="#515151">
24           如果你认为 5G 带来的只是下载视频更快，上网更加流畅，那你就错了。5G 可以带
给我们的远不止这些。在 5G 时代，你眼前的一切都可以连接在一起，水杯、汽车、空调、电视机、农作物……真正实现了万
物互联共通。5G 具有 <strong> 超高速率 </strong>、<strong> 超大连接 </strong>、<strong> 超低时延 </strong>
三大特性，<font color="#FF0000"> 通信速率会比 4G 高出 10 ～ 100 倍 </font>，5G 生态圈中的云计算、AI、无人机、
VR 和大视频都会同步发展。在此基础上，各行各业都会产生新的应用和商业模式，将会颠覆你对当前社会的认知。
25      </font>
26  </p>
27  </body>
28  </html>
```

在例 2-16 的代码中，通过 <font> 标签和 <strong> 标签改变字体、字号、颜色和粗细。
第 13 行代码使用文本语义标签 <time> 定义时间。第 10 行和第 21 行代码通过添加水平线标
签属性，设置水平线样式。同时在段落的开始处使用多个空格符   实现留白效果。

运行例 2-16，效果如图 2-25 所示。

至此，我们就通过 HTML 标签及其属
性实现了网页中常见的图文混排效果。

图 2-25　控制样式

2.7　本章小结

本章首先介绍了 HTML5 的优势、结构
以及标签的概念，然后讲解了常用的文本
控制标签和图像标签，最后运用所学知识制作了一个图文混排的页面。

通过本章的学习，读者应该能够了解 HTML5 文档的基本结构，掌握 HTML 文本及图像
标签的应用技巧，能够为网页添加文本样式和图片效果。

2.8　课后练习题

查看本章课后练习题，请扫描二维码。

第**3**章

初识 CSS3

拓展阅读

学习目标

★了解 CSS3 的发展历史以及主流浏览器的支持情况。

★掌握 CSS 基础选择器的使用方法，能够运用 CSS 选择器定义标签样式。

★熟悉 CSS 文本样式属性，能够运用相应的属性定义文本样式。

★理解 CSS 优先级，能够区分复合选择器权重的大小。

随着网页制作技术的不断发展，单调的 HTML 属性样式已经无法满足网页设计的需求。开发者往往需要更多的字体选择、更方便的样式效果、更绚丽的图形动画。CSS 可以在不改变原有 HTML 结构的情况下，增加丰富的样式效果，极大地满足了开发者的需求。本章将详细讲解 CSS 及其最新版本 CSS3 的相关知识。

3.1 结构与表现分离

使用 HTML 标签属性对网页进行修饰的方式存在很大的局限和不足，因为我们所有的样式都是写在标签中，这样既不利于代码阅读，将来维护代码也非常困难。如果希望网页美观、大方、维护方便，就需要使用 CSS 实现结构与表现的分离。结构与表现相分离是指在网页设计中，HTML 标签只用于搭建网页的基本结构，不使用标签属性设置显示样式，所有的样式交由 CSS 来设置。

CSS 非常灵活，既可以嵌入在 HTML 文档中，也可以是一个单独的外部文件，如果是独立的文件，则必须以 .css 为后缀名。图 3-1 所示的代码片段，就是将 CSS 嵌入在 HTML 文档中，虽然与 HTML 在同一个文档中，但 CSS 集中写在 HTML 文档的头部，也是符合结构与表现相分离的。

如今大多数网页都是遵循 Web 标准开发的，即用 HTML 编写网页结构和内容，而相关版面布局、文本或图片的显示样式都使用 CSS 控制。HTML 与 CSS 的关系就像人的身体与衣服，通过更改 CSS 样式，可以轻松控制网页的表现样式。

图 3-1　HTML 和 CSS 代码片段

3.2　CSS3 的优势

CSS3 是 CSS 规范的最新版本，在 CSS 2.1 的基础上增加了很多强大的新功能，以帮助开发人员解决一些实际面临的问题。使用 CSS3 不仅可以设计炫酷美观的网页，还能提高网页性能。与传统的 CSS 相比，CSS3 最突出的优势主要体现在节约成本和提高性能两方面，本节将做具体介绍。

1．节约成本

CSS3 提供了很多新特性，如圆角、多背景、透明度、阴影、动画、图表等功能。在老版本的 CSS 中，这些功能都需要大量的代码或复杂的操作来完成，有些动画功能还涉及 JavaScript 脚本。但 CSS3 的新功能帮我们摒弃了冗余的代码结构，远离很多 JavaScript 脚本或者 Flash 代码，网页设计者不再需要花大把时间去写脚本，极大地节约了开发成本。例如，图 3-2 所示是老版本 CSS 实现圆角的方法，设计者需要先将圆角裁切，然后通过 HTML 标签进行拼接才能完成，但使用 CSS3 直接通过圆角属性就能完成。

背景原图　　　　　　左侧圆角图　中间平铺图　右侧圆角图

图 3-2　老版本 CSS 实现圆角的方法

2．提高性能

由于功能的加强，CSS3 能够用更少的图片或脚本制作出图形化网站。在进行网页设计时，减少了标签的嵌套和图片的使用数量，网页页面加载也会更快。此外，减少图片、脚本代码，Web 站点就会减少 HTTP 请求数，页面加载速度和网站的性能就会得到提升。

3.3　CSS 核心基础

在学习 CSS3 之前，我们首先要掌握 CSS 的基础知识，为学习 CSS3 夯实基础。本节将从 CSS 样式规则、引入 CSS 样式表、CSS 基础选择器 3 个方面详细讲解 CSS 的基础知识。

3.3.1　CSS 样式规则

要想熟练地使用 CSS 对网页进行修饰，首先要了解 CSS 样式规则。设置 CSS 样式的具体语法规则如下：

```
选择器 { 属性 1: 属性值 1; 属性 2: 属性值 2; 属性 3: 属性值 3; …}
```

在上面的样式规则中，选择器用于指定需要改变样式的 HTML 标签，花括号内部是一条或多条声明。每条声明由一个属性和属性值组成，以"键值对"的形式出现。

其中属性是对指定的标签设置的样式属性，例如字体大小、文本颜色等。属性和属性值之间用英文冒号":"连接，多个声明之间用英文分号";"进行分隔。例如，图 3-3 所示是一个 CSS 样式规则的结构示意图。

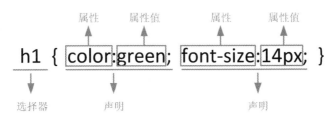

图 3-3 CSS 样式规则的结构示意图

值得一提的是，在书写 CSS 样式时，除了要遵循 CSS 样式规则，还必须注意 CSS 代码结构的特点，具体如下。

● CSS 样式中的选择器严格区分大小写，而声明不区分大小写，按照书写习惯一般将选择器、声明都采用小写的方式。

● 多个属性之间必须用英文状态下的分号隔开，最后一个属性后的分号可以省略，但是为了便于增加新样式最好保留。

● 如果属性的属性值由多个单词组成且中间包含空格，则必须为这个属性值加上英文状态下的引号。例如：

```
p {font-family:"Times New Roman";}
```

● 在编写 CSS 代码时，为了提高代码的可读性，可使用 "/* 注释语句 */" 来进行注释，例如上面的样式代码可添加如下注释：

```
p {font-family:"Times New Roman";}
/* 这是 CSS 注释文本，有利于方便查找代码，此文本不会显示在浏览器窗口中 */
```

● 在 CSS 代码中空格是不被解析的，花括号以及分号前后的空格可有可无。因此可以使用空格键、Tab 键、回车键等对样式代码进行排版，即所谓的格式化 CSS 代码，这样可以提高代码的可读性。例如：

代码段 1：

```
h1{ color:green; font-size:14px; }
```

代码段 2：

```
h1{
    color:green;                    /* 定义颜色属性  */
    font-size:14px;                 /* 定义字体大小属性  */
}
```

上述两段代码所呈现的效果是一样的，但是 "代码段 2" 书写方式的可读性更高。

需要注意的是，属性值和单位之间是不允许出现空格的，否则浏览器解析时会出错。例如下面这行代码就是错误的：

```
h1{font-size:14 px; }                      /* 14 和单位 px 之间有空格，浏览器解析时会出错 */
```

3.3.2 引入 CSS 样式表

要想使用 CSS 修饰网页，就需要在 HTML 文档中引入 CSS 样式表。CSS 提供了 4 种引入方式，分别为行内式、内嵌式、外链式、导入式，具体介绍如下。

1. 行内式

行内式也被称为内联样式，是通过标签的 style 属性来设置标签的样式，其基本语法格式如下：

```
<标签名 style="属性 1:属性值 1; 属性 2:属性值 2; 属性 3:属性值 3;"> 内容 </标签名>
```

上述语法中，style 是标签的属性，实际上任何 HTML 标签都拥有 style 属性，用来设置行内式。属性和属性值的书写规范与 CSS 样式规则一样，行内式只对其所在的标签及嵌套在其中的子标签起作用。

通常 CSS 的书写位置是在 <head> 头部标签中，但是行内式却是写在 <html> 根标签中，例如下面的示例代码即为行内式 CSS 样式的写法：

```
<h1 style="font-size:20px; color:blue;"> 使用 CSS 行内式修饰一级标题的字体大小和颜色 </h1>
```

在上述代码中，使用 <h1> 标签的 style 属性设置行内式 CSS 样式，用来修饰一级标题的字体大小和颜色。示例代码对应效果如图 3-4 所示。

需要注意的是，行内式是通过标签的属性来控制样式的，这样并没有做到结构与样式分离，所以不推荐使用。

图 3-4　行内式效果展示

2. 内嵌式

内嵌式是将 CSS 代码集中写在 HTML 文档的 <head> 头部标签中，并且用 <style> 标签定义，其基本语法格式如下：

```
<head>
<style type="text/css">
     选择器 { 属性 1: 属性值 1; 属性 2: 属性值 2; 属性 3: 属性值 3;}
</style>
</head>
```

上述语法中，<style> 标签一般位于 <title> 标签之后，也可以把它放在 HTML 文档的任何地方。但是由于浏览器是从上到下解析代码的，把 CSS 代码放在头部有利于提前下载和解析，从而避免网页内容下载后没有样式修饰带来的尴尬。除此之外，需要设置 type 的属性值为 "text/css"，这样浏览器才知道 <style> 标签包含的是 CSS 代码。在一些宽松的语法格式中，type 属性可以省略。

下面我们通过一个案例来体验如何在 HTML 文档中使用内嵌式 CSS 样式。复制 "example01 样式代 .txt" 中的样式代码，粘贴到例 3-1 所示位置。

例 3-1　example01.html

```
1   <!doctype html>
2   <html>
3   <head>
4   <meta charset="utf-8">
5   <title> 内嵌式引入 CSS 样式表 </title>
6   <style type="text/css">
7   h2{text-align:center;}        /* 定义标题标签居中对齐 */
8   p{                            /* 定义段落标签的样式 */
9       font-size:16px;
10      font-family:" 楷体 ";
11      color:purple;
12      text-decoration:underline;
13      }
14  </style>
15  </head>
16  <body>
17  <h2> 内嵌式 CSS 样式 </h2>
18  <p> 使用 style 标签可定义内嵌式 CSS 样式表，style 标签一般位于 head 头部标签中，title 标签之后。</p>
19  </body>
20  </html>
```

在例 3-1 中，第 7 ～ 13 行代码为嵌入的 CSS 样式代码，这里不用了解代码的含义，只需了解嵌入方式即可。

运行例 3-1，效果如图 3-5 所示。

通过例 3-1 可以看出，内嵌式将结构与样式进行了不完全分离。由于内嵌式 CSS 样式只对其所在的 HTML 页面有效，因此仅设计一个页面时，使用内嵌式是个不错的选择。但如果

图 3-5　内嵌式效果展示

是一个网站，则不建议使用这种方式，因为内嵌式不能充分发挥 CSS 代码重用的优势。

3. 外链式

外链式也叫链入式，是将所有的样式放在一个或多个以 .css 为扩展名的外部样式表文件中，通过 <link /> 标签将外部样式表文件链接到 HTML 文档中，其基本语法格式如下：

```
<head>
<link href="CSS 文件的路径 " type="text/css" rel="stylesheet" />
</head>
```

上述语法中，<link /> 标签需要放在 <head> 头部标签中，并且必须指定 <link /> 标签的 3 个属性，具体如下。

● href：定义所链接外部样式表文件的 URL，可以是相对路径，也可以是绝对路径。

● type：定义所链接文档的类型，在这里需要指定为 "text/css"，表示链接的外部文件为 CSS 样式表。在一些宽松的语法格式中，type 属性可以省略。

● rel：定义当前文档与被链接文档之间的关系，在这里需要指定为 "stylesheet"，表示被链接的文档是一个样式表文件。

下面我们通过一个案例来演示如何通过外链式引入 CSS 样式表，具体步骤如下。

（1）创建一个 HTML 文档，并在该文档中添加一个标题和一个段落文本，如例 3-2 所示。

例 3-2　example02.html

```
1   <!doctype html>
2   <html>
3   <head>
4   <meta charset="utf-8">
5   <title>外链式引入 CSS 样式表 </title>
6   </head>
7   <body>
8   <h2>外链式 CSS 样式 </h2>
9   <p> 通过 link 标签可以将扩展名为 .css 的外部样式表文件链接到 HTML 文档中。</p>
10  </body>
11  </html>
```

（2）将该 HTML 文档命名为 example02.html，保存在 chapter03 文件夹中。

（3）打开 Dreamweaver 工具，在菜单栏单击"文件→新建"选项，界面中会弹出"新建文档"窗口，如图 3-6 所示。

（4）在"新建文档"窗口的页面类型中选择"CSS"选项，单击"创建"按钮，即可弹出 CSS 文档编辑窗口，如图 3-7 所示。

（5）选择"文件→保存"选项，弹出"另存为"对话框，如图 3-8 所示。

（6）在图 3-8 所示的窗口中，将文件命名为 style.css，保存在 example02.html 文件所在的文件夹 chapter03 中。

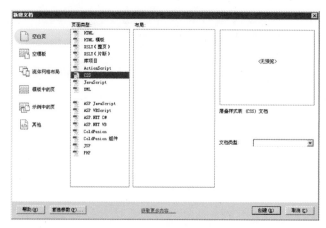

图 3-6　"新建文档"窗口

图 3-7　CSS 文档编辑窗口

图 3-8　另存为窗口

（7）在图 3-7 所示的 CSS 文档编辑窗口中输入以下代码，并保存 CSS 样式表文件：

```
h2{text-align:center;}          /* 定义标题标签居中对齐 */
p{                              /* 定义段落标签的样式 */
    font-size:16px;
    font-family:" 楷体 ";
    color:purple;
    text-decoration:underline;
}
```

（8）在例 3-2 的 `<head>` 头部标签中添加 `<link />` 语句，将 style.css 外部样式表文件链接到 example02.html 文档中，具体代码如下：

```
<link href="style.css" type="text/css" rel="stylesheet" />
```

（9）再次保存 example02.html 文档后，成功链接后如图 3-9 框线标识所示。

图 3-9　外链式引入 CSS 样式表

（10）运行例 3-2，效果如图 3-10 所示。

图 3-10　外链式效果展示

外链式最大的好处是同一个 CSS 样式表可以被不同的 HTML 页面链接使用，同时一个 HTML 页面也可以通过多个 \<link /\> 标签链接多个 CSS 样式表。在网页设计中，外链式是使用频率最高，也最实用的 CSS 样式表，因为它将 HTML 代码与 CSS 代码分离为两个或多个文件，实现了将结构和样式完全分离，使得网页的前期制作和后期维护都十分方便。

4．导入式

导入式与链入式相同，都是针对外部样式表文件的。对 HTML 头部文档应用 style 标签，并在 \<style\> 标签内的开头处使用 @import 语句，即可导入外部样式表文件，其基本语法格式如下：

```
<style type="text/css" >
    @import url(css 文件路径 );或 @import "css 文件路径 ";
    /* 在此还可以存放其他 CSS 样式 */
</style>
```

该语法中，style 标签内还可以存放其他的内嵌样式，@import 语句需要位于其他内嵌样式的上面。

如果对例 3-3 应用导入式 CSS 样式，只需把 HTML 文档中的 \<link /\> 语句替换成以下代码即可：

```
<style type="text/css">
    @import "style.css";
</style>
```

或者：

```
<style type="text/css">
    @import url(style.css);
</style>
```

虽然导入式和链入式功能基本相同，但是大多数网站都是采用链入式引入外部样式表的，主要原因是两者的加载时间和顺序不同。当一个页面被加载时，\<link /\> 标签引用的 CSS 样式表将同时被加载，而 @import 引用的 CSS 样式表会等到页面全部下载完后再被加载。因此，当用户的网速比较慢时，会先显示没有 CSS 修饰的网页，这样会造成不好的用户体验，所以大多数网站采用链入式。

3.3.3　CSS 基础选择器

要想将 CSS 样式应用于特定的 HTML 标签，首先需要找到该目标元素。在 CSS 中，执行这一任务的样式规则被称为选择器。在 CSS 中的基础选择器有标签选择器、类选择器、id 选择器、通配符选择器，对它们的具体解释如下。

1．标签选择器

标签选择器是指用 HTML 标签名称作为选择器，按标签名称分类，为页面中某一类标签指定统一的 CSS 样式，其基本语法格式如下：

标签名 { 属性 1: 属性值 1; 属性 2: 属性值 2; 属性 3: 属性值 3; }

该语法中，所有的 HTML 标签名都可以作为标签选择器，例如 body、h1、p、strong 等。用标签选择器定义的样式对页面中该类型的所有标签都有效。

例如，可以使用 p 选择器定义 HTML 页面中所有段落的样式，示例代码如下：

p{font-size:12px; color:#666; font-family:" 微软雅黑 ";}

上述 CSS 样式代码用于设置 HTML 页面中所有的段落文本，其中字体大小为 12 像素、颜色为 #666、字体为微软雅黑。标签选择器最大的优点是能快速为页面中同类型的标签统一样式，同时这也是它的缺点，不能设计差异化样式。

2. 类选择器

类选择器使用 "."（英文点号）进行标识，后面紧跟类名，其基本语法格式如下：

. 类名 { 属性 1: 属性值 1; 属性 2: 属性值 2; 属性 3: 属性值 3; }

该语法中，类名即为 HTML 元素的 class 属性值，大多数 HTML 元素都可以定义 class 属性。类选择器最大的优势是可以为元素对象定义单独的样式。

下面我们通过一个案例进一步学习类选择器的使用，如例 3-3 所示。

例 3-3　example03.html

```
1   <!doctype html>
2   <html>
3   <head>
4   <meta charset="utf-8">
5   <title> 类选择器 </title>
6   <style type="text/css">
7   .red{color:red;}
8   .green{color:green;}
9   .font22{font-size:22px;}
10  p{
11    text-decoration:underline;
12    font-family:" 微软雅黑 ";
13  }
14  </style>
15  </head>
16  <body>
17  <h2 class="red">二级标题文本 </h2>
18  <p class="green font22">段落一文本内容 </p>
19  <p class="red font22"> 段落二文本内容 </p>
20  <p> 段落三文本内容 </p>
21  </body>
22  </html>
```

在例 3-3 中，为标题标签 <h2> 和第 2 个段落标签 <p> 添加类名 class=" red"，并通过类选择器设置它们的文本颜色为红色。为第 1 个段落和第 2 个段落添加类名 class=" font22"，并通过类选择器设置它们的字号为 22 像素，同时还对第 1 个段落应用类 "green"，将其文本颜色设置为绿色。然后，通过标签选择器统一设置所有的段落字体为微软雅黑，并添加下画线效果。

运行例 3-3，效果如图 3-11 所示。

在图 3-11 中，"二级标题文本" 和 "段落二文本内容" 均显示为红色，可见多个标签可以使用同一个类名，这样就可以为不同类型的标签指定相同的样式。同时一个 HTML 元素也可以应用多个 class 类，设置多个样式。在 HTML 标签中多个类名之间需要用空格隔开，如例 3-3 中的前两个 <p> 标签，就设置了两个类名。

注意:

类名的第一个字符不能使用数字，并且严格区分大小写，一般采用小写的英文字符。

3. id 选择器

id 选择器使用 "#" 进行标识，后面紧跟 id 名，其基本语法格式如下：

```
#id名 { 属性 1：属性值 1；属性 2：属性值 2；属性 3：属性值 3； }
```

该语法中，id 名即为 HTML 元素的 id 属性值，大多数 HTML 元素都可以定义 id 属性，元素的 id 名是唯一的，只能对应于文档中某一个具体的元素。

下面我们通过一个案例进一步学习 id 选择器的使用，如例 3-4 所示。

例 3-4　example04.html

```
1   <!doctype html>
2   <html>
3   <head>
4   <meta charset="utf-8">
5   <title>id 选择器 </title>
6   <style type="text/css">
7   #bold {font-weight:bold;}
8   #font24 {font-size:24px;}
9   </style>
10  </head>
11  <body>
12  <p id="bold"> 段落 1：id="bold"，设置粗体文字。</p>
13  <p id="font24"> 段落 2：id="font24"，设置字号为 24px。</p>
14  <p id="font24"> 段落 3：id="font24"，设置字号为 24px。</p>
15  <p id="bold font24"> 段落 4：id="bold font24"，同时设置粗体和字号 24px。</p>
16  </body>
17  </html>
```

在例 3-4 中，为 4 个 <p> 标签同时定义了 id 属性，并通过相应的 id 选择器设置粗体文字和字号大小。其中，第 2 个和第 3 个 <p> 标签的 id 属性值相同，第 4 个 <p> 标签有两个 id 属性值。

运行例 3-4，效果如图 3-12 所示。

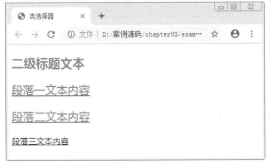

图 3-11　使用类选择器

图 3-12　使用 id 选择器

从图 3-12 中容易看出，第 2 行和第 3 行文本都显示了 #font24 定义的样式。在很多浏览器下，同一个 id 也可以应用于多个标签，浏览器并不报错，但是这种做法是不被允许的，因为 JavaScript 等脚本语言调用 id 时会出错。另外，最后一行没有应用任何 CSS 样式，这意味着 id 选择器不支持像类选择器那样定义多个值，类似 "id=" bold font24"" 的写法是错误的。

4. 通配符选择器

通配符选择器用 "*" 号表示，它是所有选择器中作用范围最广的，能匹配页面中所有的元素，其基本语法格式如下：

```
*{ 属性 1：属性值 1；属性 2：属性值 2；属性 3：属性值 3； }
```

例如下面的代码，使用通配符选择器定义 CSS 样式，清除所有 HTML 标签的默认边距：

```
* {
    margin: 0;                          /* 定义外边距 */
    padding: 0;                         /* 定义内边距 */
}
```

但在实际网页开发中不建议使用通配符选择器，因为通配符选择器设置的样式对所有的 HTML 标签都生效，不管标签是否需要该样式，这样反而降低了代码的执行速度。

3.4 设置文本样式

学习 HTML 时，我们可以使用文本样式标签及其属性控制文本的显示样式，但是这种方式烦琐且不利于代码的共享和移植。为此，CSS 提供了相应的文本设置属性。使用 CSS 可以更轻松方便地控制文本样式。本节将对常用的文本样式属性进行详细的讲解。

3.4.1 CSS 字体样式属性

为了更方便地控制网页中各种各样的字体，CSS 提供了一系列的字体样式属性，具体如下。

1. font-size：字号大小

font-size 属性用于设置字号，该属性的值可以使用相对长度单位，也可以使用绝对长度单位，具体如表 3-1 所示。

表 3-1   CSS 长度单位

相对长度单位	说明
em	倍率，相对于当前对象内文本的字体尺寸
px	像素，最常用，推荐使用
绝对长度单位	**说明**
in	英寸
cm	厘米
mm	毫米
pt	点

其中，相对长度单位比较常用，推荐使用像素单位 px，绝对长度单位使用较少。例如将网页中所有段落文本的字号大小设为 12px，可以使用如下 CSS 样式代码：

```
p{font-size:12px;}
```

2. font-family：字体

font-family 属性用于设置字体。网页中常用的字体有宋体、微软雅黑、黑体等，例如将网页中所有段落文本的字体设置为微软雅黑，可以使用以下 CSS 样式代码：

```
p{font-family:" 微软雅黑 ";}
```

可以同时指定多个字体，中间用逗号隔开，如果浏览器不支持第一个字体，则会尝试下一个，直到找到合适的字体，例如下面的代码：

```
body{font-family:" 华文彩云 "," 宋体 "," 黑体 ";}
```

当应用上面的字体样式时，系统会首选"华文彩云"，如果用户计算机上没有安装该字体则选择"宋体"，如果没有安装"宋体"则选择"黑体"。当指定的字体都没有安装时，就会使用浏览器默认字体。

使用 font-family 设置字体时，需要注意以下几点。

● 各种字体之间必须使用英文状态下的逗号隔开。

● 中文字体需要加英文状态下的引号，英文字体一般不需要加引号。当需要设置英文字体时，英文字体名称必须位于中文字体名称之前，例如下面的代码：

```
body{font-family: Arial,"微软雅黑","宋体","黑体";}     /* 正确的书写方式 */
body{font-family: "微软雅黑","宋体","黑体",Arial;}     /* 错误的书写方式 */
```

● 如果字体名中包含空格、#、$ 等符号，则该字体必须加英文状态下的单引号或双引号，例如 font-family: "Times New Roman";。

● 尽量使用系统默认字体，保证在任何用户的浏览器中都能正确显示。

3. font-weight：字体粗细

font-weight 属性用于定义字体的粗细，其可用属性值如表 3-2 所示。

表 3-2　font-weight 可用属性值

值	描述
normal	默认值。定义标准的字符
bold	定义粗体字符
bolder	定义更粗的字符
lighter	定义更细的字符
100 ~ 900（100 的整数倍）	定义由细到粗的字符。其中 400 等同于 normal，700 等同于 bold，值越大字体越粗

实际工作中，常用的 font-weight 的属性值为 normal 和 bold，用来定义正常或加粗显示的字体。

4. font-style：字体风格

font-style 属性用于定义字体风格，如设置斜体、倾斜或正常字体，其可用属性值如下。

● normal：默认值，浏览器会显示标准的字体样式。

● italic：浏览器会显示斜体的字体样式。

● oblique：浏览器会显示倾斜的字体样式。

其中 italic 和 oblique 都用于定义斜体，两者在显示效果上并没有本质区别，但 italic 是使用了文字本身的斜体属性，oblique 是让没有斜体属性的文字作为倾斜处理。实际工作中常使用 italic。

5. font：综合设置字体样式

font 属性用于对字体样式进行综合设置，其基本语法格式如下：

```
选择器 {font: font-style font-weight font-size/line-height font-family;}
```

使用 font 属性时，必须按上面语法格式中的顺序书写，各个属性以空格隔开。其中 line-height 指的是行高，在 3.4.2 节将具体介绍。例如：

```
p{
    font-family:Arial,"宋体";
    font-size:30px;
    font-style:italic;
    font-weight:bold;
    line-height:40px;
}
```

等价于：

```
p{font:italic bold 30px/40px Arial,"宋体";}
```

其中不需要设置的属性可以省略（取默认值），但必须保留 font-size 和 font-family 属性，否则 font 属性将不起作用。

下面我们使用 font 属性对字体样式进行综合设置，如例 3-5 所示。

例 3-5　example05.html

```
1   <!doctype html>
2   <html>
3   <head>
4   <meta charset="utf-8">
5   <title>font 属性</title>
6   <style type="text/css">
7   .one{ font:italic 18px/30px " 隶书 ";}
8   .two{ font:italic 18px/30px;}
9   </style>
10  </head>
11  <body>
12  <p class="one"> 段落 1：使用 font 属性综合设置段落文本的字体风格、字号、行高和字体。</p>
13  <p class="two"> 段落 2：使用 font 属性综合设置段落文本的字体风格、字号和行高。由于省略了字体属性
    font-family，这时 font 属性不起作用。</p>
14  </body>
15  </html>
```

在例 3-5 中，定义了两个段落，同时使用 font 属性分别对它们进行相应的设置。

运行例 3-5，效果如图 3-13 所示。

从图 3-13 容易看出，font 属性设置的样式并没有对第 2 个段落文本生效，这是因为对第 2 个段落文本的设置中省略了字体属性 font-family。

图 3-13　使用 font 属性综合设置字体样式

6. @font-face 规则

@font-face 是 CSS3 的新增规则，用于定义服务器字体。通过 @font-face 规则，网页设计师可以在用户计算机未安装字体时，使用任何喜欢的字体。使用 @font-face 规则定义服务器字体的基本语法格式如下：

```
@font-face{
    font-family:字体名称 ;
    src:字体路径 ;
}
```

在上面的语法格式中，font-family 用于指定该服务器字体的名称，该名称可以随意定义；src 属性用于指定该字体文件的路径。

下面我们通过一个剪纸字体的案例，来演示 @font-face 规则的具体用法，如例 3-6 所示。

例 3-6　example06.html

```
1   <!doctype html>
2   <html>
3   <head>
```

```
4    <meta charset="utf-8">
5    <title>@font-face 规则 </title>
6    <style type="text/css">
7       @font-face{
8           font-family:jianzhi;        /* 服务器字体名称 */
9           src:url(FZJZJW.TTF);        /* 服务器字体名称 */
10      }
11      p{
12          font-family:jianzhi;        /* 设置字体样式 */
13          font-size:32px;
14      }
15   </style>
16   </head>
17   <body>
18   <p> 为莘莘学子改变命运而讲课 </p>
19   <p> 为千万学生少走弯路而著书 </p>
20   </body>
21   </html>
```

在例 3-6 中，第 7 ~ 10 行代码用于定义服务器字体，第 12 代码用于为段落标签设置字体样式。

运行例 3-6，效果如图 3-14 所示。

从图 3-14 容易看出，当定义并设置服务器字体后，页面就可以正常显示剪纸字体。需要注意的是，服务器字体定义完成后，还需要对元素应用 "font-family" 字体样式。

总结例 3-10，可以得出使用服务器字体的步骤，如下所示。

（1）下载字体，并存储到相应的文件夹中。

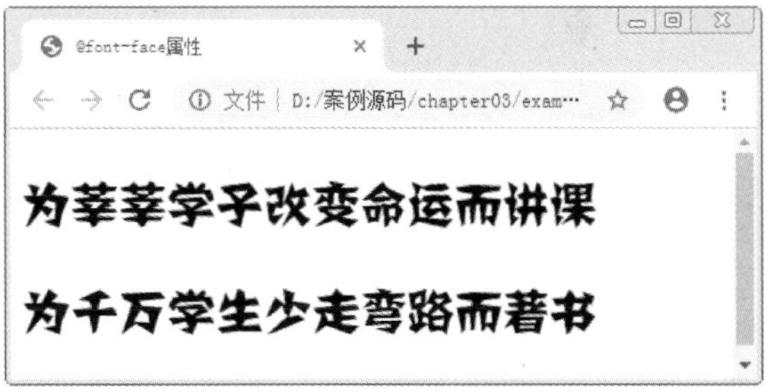

图 3-14　@font-face 规则定义服务器字体

（2）使用 @font-face 规则定义服务器字体。

（3）对元素应用 "font-family" 字体样式。

3.4.2　CSS 文本外观属性

使用 HTML 可以对文本外观进行简单的控制，但是效果并不理想。为此 CSS 提供了一系列的文本外观样式属性，具体如下。

1. color：文本颜色

color 属性用于定义文本的颜色，其取值方式有如下 3 种。

● 预定义的颜色值，如 red、green、blue 等。

● 十六进制，如 #FF0000、#FF6600、#29D794 等。实际工作中，十六进制是最常用的定义颜色的方式。

● RGB 代码，如红色可以表示为 rgb(255,0,0) 或 rgb(100%,0%,0%)。

例如我们要把一段 <p> 标签定义的段落文本设置为红色，可以书写以下代码：

```
p{
    color:red;
}
```

注意：

如果使用 RGB 代码的百分比颜色值，取值为 0 时也不能省略百分号，必须写为 0%。

多学一招：颜色值的缩写

十六进制颜色值是由 # 开头的 6 位十六进制数值组成，每两位为一个颜色分量，分别表示颜色的红、绿、蓝 3 个分量。当 3 个分量的两位十六进制数都各自相同时，可使用 CSS 缩写，例如 #FF6600 可缩写为 #F60，#FF0000 可缩写为 #F00，#FFFFFF 可缩写为 #FFF。使用颜色值的缩写可简化 CSS 代码。

2. letter-spacing：字间距

letter-spacing 属性用于定义字间距，所谓字间距就是字符与字符之间的空白。其属性值可为不同单位的数值。定义字间距时，允许使用负值，默认属性值为 normal。例如下面的代码，分别为 h2 和 h3 定义了不同的字间距：

```
h2{letter-spacing:20px;}
h3{letter-spacing:-0.5em;}
```

3. word-spacing：单词间距

word-spacing 属性用于定义英文单词之间的间距，对中文字符无效。和 letter-spacing 一样，其属性值可为不同单位的数值，允许使用负值，默认为 normal。

word-spacing 和 letter-spacing 均可对英文进行设置。不同的是 letter-spacing 定义的为字母之间的间距，而 word-spacing 定义的为英文单词之间的间距。

下面我们通过一个案例来演示 word-spacing 和 letter-spacing 的不同，如例 3-7 所示。

例 3-7   example07.html

```
1   <!doctype html>
2   <html>
3   <head>
4   <meta charset="utf-8">
5   <title>word-spacing 和 letter-spacing</title>
6   <style type="text/css">
7   .letter{letter-spacing:20px;}
8   .word{word-spacing:20px;}
9   </style>
10  </head>
11  <body>
12  <p class="letter">letter spacing(字母间距)</p>
13  <p class="word">word spacing word spacing(单词间距)</p>
14  </body>
15  </html>
```

在例 3-7 中，对两个段落文本分别应用了 letter-spacing 和 word-spacing 属性。

运行例 3-7，效果如图 3-15 所示。

4. line-height：行间距

line-height 属性用于设置行间

图 3-15   letter-spacing 和 word-spacing 效果对比

距，所谓行间距就是行与行之间的距离，即字符的垂直间
距，一般称为行高。如图 3-16 所示，背景颜色的高度即
为这段文本的行高。

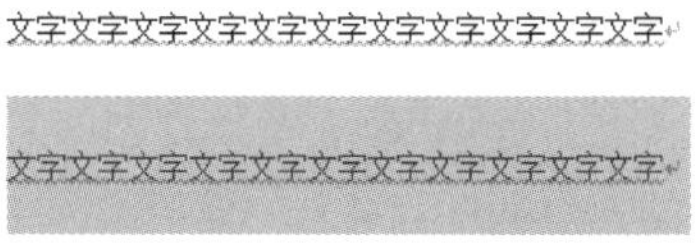

line-height 常用的属性值单位有 3 种，分别为像素 px、
相对值 em 和百分比 %，实际工作中使用最多的是像素 px。

下来我们通过一个案例来学习 line-height 属性的使
用，如例 3-8 所示。

文字文字文字文字文字文字文字文字文字文字文字

文字文字文字文字文字文字文字文字文字文字文字

文字文字文字文字文字文字文字文字文字文字文字

图 3-16　行高示例

例 3-8　example08.html

```
1   <!doctype html>
2   <html>
3   <head>
4   <meta charset="utf-8">
5   <title> 行高 line-height 的使用 </title>
6   <style type="text/css">
7   .one{
8       font-size:16px;
9       line-height:18px;
10  }
11  .two{
12      font-size:12px;
13      line-height:2em;
14  }
15  .three{
16      font-size:14px;
17      line-height:150%;
18  }
19  </style>
20  </head>
21  <body>
22  <p class="one"> 段落 1：使用像素 px 设置 line-height。该段落字体大小为 16px，line-height 属性值为
18px。</p>
23  <p class="two"> 段落 2：使用相对值 em 设置 line-height。该段落字体大小为 12px，line-height 属性值
为 2em。</p>
24  <p class="three"> 段落 3：使用百分比 % 设置 line-height。该段落字体大小为 14px，line-height 属性值
为 150%。</p>
25  </body>
26  </html>
```

在例 3-8 中，分别使用像素 px、相对值 em 和百分比 % 设置了 3 个段落的行高。

运行例 3-8，效果如图 3-17 所示。

图 3-17　设置行高

5. text-transform：文本转换

text-transform 属性用于控制英文字符的大小写，其可用属性值如下。

- none：不转换（默认值）。
- capitalize：首字母大写。
- uppercase：全部字符转换为大写。
- lowercase：全部字符转换为小写。

6. text-decoration：文本装饰

text-decoration 属性用于设置文本的下画线、上画线、删除线等装饰效果，其可用属性值如下。

- none：没有装饰（正常文本默认值）。
- underline：下画线。
- overline：上画线。
- line-through：删除线。

text-decoration 后可以赋多个值，用于给文本添加多种显示效果，例如希望文字同时有下画线和删除线效果，就可以将 underline 和 line-through 同时赋给 text-decoration。

下面我们通过一个案例来演示 text-decoration 各个属性值的显示效果，如例 3-9 所示。

例 3-9　example14.html

```
1   <!doctype html>
2   <html>
3   <head>
4   <meta charset="utf-8">
5   <title> 文本装饰 text-decoration</title>
6   <style type="text/css">
7   .one{text-decoration:underline;}
8   .two{text-decoration:overline;}
9   .three{text-decoration:line-through;}
10  .four{text-decoration:underline line-through;}
11  </style>
12  </head>
13  <body>
14  <p class="one"> 设置下画线（underline）</p>
15  <p class="two"> 设置上画线（overline）</p>
16  <p class="three"> 设置删除线（line-through）</p>
17  <p class="four"> 同时设置下画线和删除线（underline line-through）</p>
18  </body>
19  </html>
```

在例 3-9 中，定义了 4 个段落文本，并且使用 text-decoration 属性对它们添加不同的文本装饰效果。其中对第 4 个段落文本同时应用了 underline 和 line-through 两个属性值，添加了两种效果。

运行例 3-18，效果如图 3-18 所示。

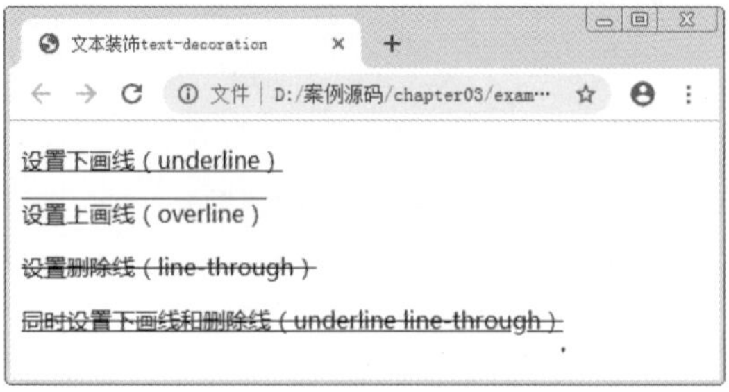

7. text-align：水平对齐方式

text-align 属性用于设置文本内容的水平对齐，相当于 html 中的 align 对齐属性，其可用属性值如下。

- left：左对齐（默认值）
- right：右对齐。
- center：居中对齐。

例如设置二级标题居中对齐，可使用如下 CSS 代码：

图 3-18　设置文本装饰

```
h2{text-align:center;}
```

1. text-align 属性仅适用于块级元素，对行内元素无效，关于块元素和行内元素，在后面的章节将具体介绍。

2. 如果需要对图像设置水平对齐，可以为图像添加一个父标签（如 <p>），然后对父标签应用 text-align 属性，即可实现图像的水平对齐。

8. text-indent：首行缩进

text-indent 属性用于设置首行文本的缩进，其属性值可为不同单位的数值、em 字符宽度的倍数或相对于浏览器窗口宽度的百分比 %，允许使用负值，建议使用 em 作为设置单位。

下面我们通过一个案例来学习 text-indent 属性的使用，如例 3-10 所示。

例 3-10　example10.html

```
1  <!doctype html>
2  <html>
3  <head>
4  <meta charset="utf-8">
5  <title>首行缩进 text-indent</title>
6  <style type="text/css">
7  p{font-size:14px;}
8  .one{text-indent:2em;}
9  .two{text-indent:50px;}
10 </style>
11 </head>
12 <body>
13 <p class="one">这是段落 1 中的文本，text-indent 属性可以对段落文本设置首行缩进效果，段落 1 使用
text-indent:2em;。</p>
14 <p class="two">这是段落 2 中的文本，text-indent 属性可以对段落文本设置首行缩进效果，段落 2 使用
text-indent:50px;。</p>
15 </body>
16 </html>
```

在例 3-10 中，对第 1 段文本应用了 text-indent:2em;，无论字号多大，首行文本都会缩进两个字符；对第 2 段文本应用了 text-indent:50px;，首行文本将缩进 50 像素，与字号大小无关。

运行例 3-10，效果如图 3-19 所示。

图 3-19　设置段落首行缩进

text-indent 属性仅适用于块级元素，对行内元素无效。

9. white-space：空白符处理

使用 HTML 制作网页时，不论源代码中有多少空格，在浏览器中只会显示一个字符的空

白。在 CSS 中，使用 white-space 属性可设置空白符的处理方式，其属性值如下。

- normal：常规（默认值），文本中的空格、空行无效，满行（到达区域边界）后自动换行。
- pre：预格式化，按文档的书写格式保留空格、空行，原样显示。
- nowrap：空格空行无效，强制文本不能换行，除非遇到换行标签
。内容超出元素的边界也不换行，若超出浏览器页面则会自动增加滚动条。

下面我们通过一个案例来演示 white-space 各个属性值的效果，如例 3-11 所示。

例 3-11　example11.html

```
1  <!doctype html>
2  <html>
3  <head>
4  <meta charset="utf-8">
5  <title>white-space 空白符处理</title>
6  <style type="text/css">
7  .one{white-space:normal;}
8  .two{white-space:pre;}
9  .three{white-space:nowrap;}
10 </style>
11 </head>
12 <body>
13 <p class="one">这个              段落中          有很多
14 空格。此段落应用 white-space:normal;。</p>
15 <p class="two">这个              段落中          有很多
16 空格。此段落应用 white-space:pre;。</p>
17 <p class="three">此段落应用 white-space:nowrap;。这是一个较长的段落。这是一个较长的段落。这是一
   个较长的段落。这是一个较长的段落。这是一个较长的段落。这是一个较长的段落。这是一个较长的段落。这是一个较长的
   段落。这是一个较长的段落。这是一个较长的段落。</p>
18 </body>
19 </html>
```

在例 3-11 中定义了 3 个段落，其中前两个段落中包含很多空白符，第 3 个段落较长，使用 white-space 属性分别设置了段落中空白符的处理方式。

运行例 3-11，效果如图 3-20 所示。

从图 3-20 容易看出，使用 "white-space:pre;" 定义的段落，会保留空白符，在浏览器中原样显示；使用 "white-space:nowrap;" 定义的段落未换行，并且浏览器窗口出现了滚动条。

10. text-shadow: 阴影效果

text-shadow 是 CSS3 新增属性，使用该属性可以为页面中的文本添加阴影效果。text-shadow 属性的基本语法格式如下：

```
选择器 {text-shadow:h-shadow v-shadow blur color;}
```

在上面的语法格式中，h-shadow 用于设置水平阴影的距离，v-shadow 用于设置垂直阴影的距离，blur 用于设置模糊半径，color 用于设置阴影颜色。

下面我们通过一个案例来演示 text-shadow 属性的用法，如例 3-12 所示。

例 3-12　example12.html

```
1  <!doctype html>
2  <html>
3  <head>
4  <meta charset="utf-8">
```

```
5   <title>text-shadow属性</title>
6   <style type="text/css">
7   P{
8       font-size: 50px;
9       text-shadow:10px 10px 10px red;   /* 设置文字阴影的距离、模糊半径和颜色 */
10  }
11  </style>
12  </head>
13  <body>
14  <p>Hello CSS3</p>
15  </body>
16  </html>
```

在例 3-12 中，第 9 行代码用于为文字添加阴影效果，设置阴影的水平和垂直偏移距离为 10px，模糊半径为 10px，阴影颜色为红色。

运行例 3-12，效果如图 3-21 所示。

图 3-20　设置空白符处理方式

图 3-21　文字阴影效果

通过图 3-21 可以看出，文本右下方出现了模糊的红色阴影效果。值得一提的是，当设置阴影的水平距离参数或垂直距离参数为负值时，可以改变阴影的投射方向。

注意：

阴影的水平或垂直距离参数可以设为负值，但阴影的模糊半径参数只能设置为正值，并且数值越大阴影向外模糊的范围也就越大。

多学一招：设置多个阴影叠加效果

可以使用 text-shadow 属性给文字添加多个阴影，从而产生阴影叠加的效果，方法为设置多组阴影参数，中间用逗号隔开。例如对例 3-12 中的段落设置红色和绿色阴影叠加的效果，可以将 p 标签的样式更改为：

```
P{
    font-size:32px;
    text-shadow:10px 10px 10px red,20px 20px 20px green;   /* 红色和绿色的投影叠加 */
}
```

在上面的代码中，为文本依次指定了红色和绿色的阴影效果，并设置了相应的位置和模糊数值。对应的效果如图 3-22 所示。

11. text-overflow: 标示对象内溢出文本

text-overflow 属性同样为 CSS3 的新增属性，该属性用于处理溢出的文本，其基本语法格式如下：

```
选择器 {text-overflow: 属性值 ;}
```

在上面的语法格式中，text-overflow 属性的常用取值有两个，具体解释如下。

- clip：修剪溢出文本，不显示省略标签"…"。
- ellipsis：用省略标签"…"替代被修剪文本，省略标签插入的位置是最后一个字符。

下面我们通过一个案例来演示 text-overflow 属性的用法，如例 3-13 所示。

例 3-13　example13.html

```
1   <!doctype html>
2   <html>
3   <head>
4   <meta charset="utf-8">
5   <title>text-overflow 属性 </title>
6   <style type="text/css">
7   P{
8       width:200px;
9       height:100px;
10      border:1px solid #000;
11      white-space:nowrap;        /* 强制文本不能换行 */
12      overflow:hidden;           /* 修剪溢出文本 */
13      text-overflow:ellipsis;    /* 用省略标签标示被修剪的文本 */
14  }
15  </style>
16  </head>
17  <body>
18  <p> 把很长的一段文本中溢出的内容隐藏，出现省略号 </p>
19  </body>
20  </html>
```

在例 3-13 中，第 11 行代码用于强制文本不能换行；第 12 行代码用于修剪溢出文本；第 13 行代码用于标示被修剪的文本。

运行例 3-13，效果如图 3-23 所示。

图 3-22　阴影叠加效果

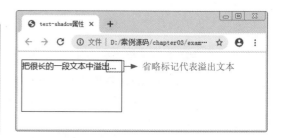

图 3-23　省略标签表示溢出文本

通过图 3-23 可以看出，当文本内容溢出时，会显示省略标签标示溢出文本。需要注意的是，要实现省略号标示溢出文本的效果，"white-space:nowrap;""overflow:hidden;"和"text-overflow:ellipsis;"这 3 个样式必须同时使用，缺一不可。

总结例 3-13，可以得出设置省略标签标示溢出文本的具体步骤如下。

（1）为包含文本的对象定义宽度。

（2）应用"white-space:nowrap;"样式强制文本不能换行。

（3）应用"overflow:hidden;"样式隐藏溢出文本。

（4）应用"text-overflow:ellipsis;"样式显示省略标签。

12. word-wrap 属性

word-wrap 是 CSS3 的新增属性，该属性用于实现长单词和 URL 地址的自动换行，其基本语法格式如下：

选择器 {word-wrap: 属性值 ;}

在上面的语法格式中，word-wrap 属性的取值有两种，如表 3-3 所示。

表 3-3　word-wrap 属性值

值	描述
normal	只在允许的断字点换行（浏览器保持默认处理）
break-word	在长单词或 URL 地址内部进行换行

下面我们通过一个 URL 地址换行的案例演示 word-wrap 属性的用法，如例 3-14 所示。

例 3-14　example14.html

```
1   <!doctype html>
2   <html>
3   <head>
4   <meta charset="utf-8">
5   <title>word-wrap 属性 </title>
6   <style type="text/css">
7     p{
8        width:100px;
9        height:100px;
10       border:1px solid #000;
11     }
12     .break_word{word-wrap:break-word;}      /* 网址在段落内部换行 */
13  </style>
14  </head>
15  <body>
16  <span>word-wrap:normal;</span>
17  <p> 网页平面 ui 设计学院 http://icd.XXXXXXX.cn/</p>
18  <span>word-wrap:break-word;</span>
19  <p class="break_word"> 网页平面 ui 设计学院 http://icd.XXXXXXXX.cn/</p>
20  </body>
21  </html>
```

在例 3-14 中，定义了两个包含网址的段落，对它们设置相同的宽度、高度，但对第 2 个段落应用 "word-wrap:break-word;" 样式，使得网址在段落内部可以换行。

运行例 3-14，效果如图 3-24 所示。

图 3-24　word-wrap 属性定义服务器字体

通过图 3-24 容易看出，当浏览器默认处理时，段落文本中的 URL 地址会溢出边框；当 word-wrap 属性值为 break-word 时，URL 地址会沿边框自动换行。

3.5 高级特性

3.5.1 CSS 复合选择器

书写 CSS 样式表时，可以使用 CSS 基础选择器选中目标元素。但是在实际网站开发中，一个网页可能包含成千上万的元素，仅使用 CSS 基础选择器是远远不够的。为此 CSS 提供了几种复合选择器，实现了更强、更方便的选择功能。复合选择器是由两个或多个基础选择器通过不同的方式组合而成的，具体如下。

1. 标签指定式选择器

标签指定式选择器又称交集选择器，由两个选择器构成，其中第 1 个为标签选择器，第 2 个为 class 选择器或 id 选择器，两个选择器之间不能有空格，如 h3.special 或 p#one。

下面我们通过一个案例来进一步理解标签指定式选择器，如例 3-15 所示。

例 3-15 example15.html

```
1  <!doctype html>
2  <html>
3  <head>
4  <meta charset="utf-8">
5  <title>标签指定式选择器的应用</title>
6  <style type="text/css">
7  p{ color:blue;}
8  .special{ color:green;}
9  p.special{ color:red;}      /* 标签指定式选择器 */
10 </style>
11 </head>
12 <body>
13 <p>普通段落文本（蓝色）</p>
14 <p class="special">指定了 .special 类的段落文本（红色）</p>
15 <h3 class="special">指定了 .special 类的标题文本（绿色）</h3>
16 </body>
17 </html>
```

在例 3-15 中，分别定义了 <p> 标签和 .special 类的样式，此外还单独定义了 p.special，用于控制特殊的样式。

运行例 3-15，效果如图 3-25 所示。

从图 3-25 容易看出，第 2 段文本变成了红色。可见标签选择器 p.special 定义的样式仅仅适用于 <p class="special"> 标签，而不会影响使用了 special 类的其他标签。

2. 后代选择器

后代选择器用来选择元素或元素组的后代，其写法就是把外层标签写在前面，内层标签写在后面，中间用空格分隔。当标签发生嵌套时，内层标签就成为外层标签的后代。

例如，当 <p> 标签内嵌套 <strong> 标签时，就可以使用后代选择器对其中的 <strong> 标签进行控制，如例 3-16 所示。

<div align="center">例 3-16 example16.html</div>

```
1   <!doctype html>
2   <html>
3   <head>
4   <meta charset="utf-8">
5   <title>后代选择器</title>
6   <style type="text/css">
7   p strong{color:red;}          /* 后代选择器 */
8   strong{color:blue;}
9   </style>
10  </head>
11  <body>
12  <p>段落文本<strong>嵌套在段落中，使用 strong 标签定义的文本（红色）。</strong></p>
13  <strong>嵌套之外由 strong 标签定义的文本（蓝色）。</strong>
14  </body>
15  </html>
```

在例 3-16 中，定义了两个 <strong> 标签，并将第 1 个 <strong> 标签嵌套在 <p> 标签中，然后分别设置 strong 标签和 p strong 的样式。

运行例 3-16，效果如图 3-26 所示。

<div align="center">图 3-25　标签指定式选择器的应用　　　　图 3-26　后代选择器的应用</div>

由图 3-26 中容易看出，后代选择器 p strong 定义的样式仅仅适用于嵌套在 <p> 标签中的 <strong> 标签，其他的 <strong> 标签不受影响。

后代选择器不限于使用两个元素，如果需要加入更多的元素，只需在元素之间加上空格即可。如果例 13-6 中的 <strong> 标签中还嵌套有一个 <em> 标签，要想控制这个 <em> 标签，就可以使用 p strong em 选中它。

3. 并集选择器

并集选择器是各个选择器通过逗号（英文状态）连接而成的，任何形式的选择器（包括标签选择器、类选择器以及 id 选择器）都可以作为并集选择器的一部分。如果某些选择器定义的样式完全相同或部分相同，就可以利用并集选择器为它们定义相同的 CSS 样式。

例如在页面中有 2 个标题和 3 个段落，它们的字号和颜色相同。同时其中一个标题和两个段落文本有下画线效果，这时就可以使用并集选择器定义 CSS 样式，如例 3-17 所示。

<div align="center">例 3-17 example17.html</div>

```
1   <!doctype html>
2   <html>
3   <head>
4   <meta charset="utf-8">
5   <title>并集选择器</title>
6   <style type="text/css">
7   h2,h3,p{color:red; font-size:14px;}           /* 不同标签组成的并集选择器 */
```

```
8    h3,.special,#one{text-decoration:underline;}  /* 标签、类、id组成的的并集选择器 */
9    </style>
10   </head>
11   <body>
12   <h2>二级标题文本。</h2>
13   <h3>三级标题文本，加下画线。</h3>
14   <p class="special">段落文本 1，加下画线。</p>
15   <p>段落文本 2，普通文本。</p>
16   <p id="one">段落文本 3，加下画线。</p>
17   </body>
18   </html>
```

在例 3-17 中，首先使用由不同标签通过逗号连接而成的并集选择器 h2,h3,p，控制所有标题和段落的字号和颜色。然后使用由标签、类、id 通过逗号连接而成的并集选择器 h3,.special,#one，定义某些文本的下画线效果。

运行例 3-17，效果如图 3-27 所示。

由图 3-27 容易看出，使用并集选择器定义样式与用各个基础选择器单独定义的样式效果完全相同，而且这种方式书写的 CSS 代码更简洁、高效。

图 3-27　并集选择器的应用

3.5.2　CSS 的层叠性和继承性

CSS 是层叠式样式表的简称，层叠性和继承性是其基本特征。对于网页设计师来说，应深刻理解和灵活运用这两种特性。

1．层叠性

所谓层叠性是指多种 CSS 样式的叠加。例如当使用内嵌式 CSS 样式表定义 <p> 标签字号大小为 12 像素，使用链入式定义 <p> 标签颜色为红色，那么段落文本将显示为 12 像素红色，即这两种样式产生了叠加。

下面我们通过一个案例使读者更好地理解 CSS 的层叠性，如例 3-18 所示。

例 3-18　example18.html

```
1    <!doctype html>
2    <html>
3    <head>
4    <meta charset="utf-8">
5    <title>CSS 层叠性 </title>
6    <style type="text/css">
7    p{
8        font-size:12px;
9        font-family:" 楷体 ";
10   }
11   .special{ font-size:16px;}
12   #one{ color:red;}
13   </style>
14   </head>
```

```
15  <body>
16  <p class="special" id="one">段落文本 1</p>
17  <p>段落文本 2</p>
18  <p>段落文本 3</p>
19  </body>
20  </html>
```

在例 3-18 中，定义了 3 个 <p> 标签，并通过标签选择器统一设置段落的字号和字体，然后通过类选择器和 id 选择器为第 1 个 <p> 标签单独定义字号和颜色。

运行例 3-18，效果如图 3-28 所示。

从图 3-28 容易看出，段落文本 1 显示了标签选择器 p 定义的字体"楷体"，id 选择器 #one 定义的颜色"红色"，类选择

图 3-28　CSS 层叠性

器 .special 定义的字号 16px，即这 3 个选择器定义的样式产生了叠加。

需要注意的是，例 3-18 中，标签选择器 p 和类选择器 .special 都定义了段落文本 1 的字号，而实际显示的效果是类选择器 .special 定义的 16px。这是因为类选择器的优先级高于标签选择器。对于优先级读者这里只需了解，在 3.5.3 节将具体讲解。

2. 继承性

继承性是指书写 CSS 样式表时，子标签会继承父标签的某些样式，如文本颜色和字号。例如定义主体元素 body 的文本颜色为黑色，那么页面中所有的文本都将显示为黑色，这是因为其他的标签都嵌套在 <body> 标签中，是 <body> 标签的子标签。

继承性非常有用，它使设计师不必在元素的每个后代上添加相同的样式。如果设置的属性是一个可继承的属性，只需将它应用于父元素即可，例如下面的代码：

```
p,div,h1,h2,h3,h4,ul,ol,dl,li{color:black;}
```

就可以写成：

```
body{ color:black;}
```

第 2 种写法可以达到相同的控制效果，且代码更简洁（第 1 种写法中有一些陌生的标签，了解即可，在后面的章节将会详细介绍）。

恰当地使用继承可以简化代码，降低 CSS 样式的复杂性。但是，如果在网页中所有的元素都大量继承样式，那么判断样式的来源就会很困难，所以对于字体、文本属性等网页中通用的样式可以使用继承。例如，字体、字号、颜色、行距等可以在 body 元素中统一设置，然后通过继承影响文档中所有文本。

并不是所有的 CSS 属性都可以继承，例如，下面的属性就不具有继承性。

- 边框属性
- 外边距属性
- 内边距属性
- 背景属性
- 定位属性
- 布局属性
- 元素宽高属性

> **注意：**
>
> 当为 body 元素设置字号属性时，标题文本不会采用这个样式，读者可能会认为标题没有继承文本字号，这种想法是不正确的。标题文本之所以不采用 body 元素设置的字号，是因为标题标签 h1 ~ h6 有默认字号样式，这时默认字号覆盖了继承的字号。

3.5.3　CSS 的优先级

定义 CSS 样式时，经常出现两个或更多样式规则应用在同一元素上，这时就会出现优先级的问题，应用的元素此时该显示哪种样式呢？接下来我们将对 CSS 优先级进行具体讲解。

为了体验 CSS 优先级，我们首先来看一个具体的例子，其 CSS 样式代码如下：

```
p{ color:red;}              /* 标签样式 */
.blue{ color:green;}        /*class 样式 */
#header{ color:blue;}       /*id 样式 */
```

对应的 HTML 结构为：

```
<p id="header" class="blue">
    帮帮我，我到底显示什么颜色？
</p>
```

在上面的例子中，使用不同的选择器对同一个标签设置了文本颜色，这时浏览器会根据选择器的优先级规则解析 CSS 样式。其实 CSS 为每一种基础选择器都分配了一个权重，我们可以通过数值为其匹配权重，那么标签选择器具有权重为 1，类选择器具有权重则为 10，id 选择器具有权重则为 100。这样 id 选择器 #header 就具有最大的优先级，因此文本显示为蓝色。

对于由多个基础选择器构成的复合选择器（并集选择器除外），其权重为这些基础选择器权重的叠加。例如下面的 CSS 代码：

```
p strong{color:black}          /* 权重为 :1+1*/
strong.blue{color:green;}      /* 权重为 :1+10*/
.father strong{color:yellow}   /* 权重为 :10+1*/
p.father strong{color:orange;} /* 权重为 :1+10+1*/
p.father .blue{color:gold;}    /* 权重为 :1+10+10*/
#header strong{color:pink;}    /* 权重为 :100+1*/
#header strong.blue{color:red;} /* 权重为 :100+1+10*/
```

对应的 HTML 结构为：

```
<p class="father" id="header" >
    <strong class="blue">文本的颜色</strong>
</p>
```

这时，页面文本将应用权重最高的样式，即文本颜色为红色。

此外，在考虑权重时，读者还需要注意一些特殊的情况，具体如下。

● 继承样式的权重为 0。即在嵌套结构中，不管父元素样式的权重多大，被子元素继承时，它的权重都为 0，也就是说子元素定义的样式会覆盖继承来的样式。

例如下面的 CSS 样式代码：

```
strong{color:red;}
#header{color:green;}
```

对应的 HTML 结构为：

```
<p id="header" class="blue">
    <strong>继承样式不如自己定义 </strong>
</p>
```

在上面的代码中，虽然 #header 具有权重 100，但被 strong 继承时权重为 0，而 strong 选择器的权重虽然仅为 1，但它大于继承样式的权重，所以页面中的文本显示为红色。

- 行内样式优先。应用 style 属性的元素，其行内样式的权重非常高，可以理解为远大于 100。总之，它拥有比上面提到的选择器都大的优先级。
- 权重相同时，CSS 遵循就近原则。也就是说靠近元素的样式具有最大的优先级，或者说排在最后的样式优先级最大。例如：

```
/*CSS 文档，文件名为 style.css*/
#header{color:red;}                           /* 外部样式 */
```

HTML 文档结构如下：

```
1   <!doctype html>
2   <html>
3   <head>
4   <meta charset="utf-8">
5   <title>CSS 优先级 </title>
6   <link rel="stylesheet" href="style.css" type="text/css"/>
7   <style type="text/css">
8   #header{color:gray;}                      /* 内嵌式样式 */
9   </style>
10  </head>
11  <body>
12  <p id="header"> 权重相同时，就近优先 </p>
13  </body>
14  </html>
```

上面的页面被解析后，段落文本将显示为灰色，即内嵌式样式优先，这是因为内嵌样式比链入的外部样式更靠近 HTML 元素。同样的道理，如果同时引用两个外部样式表，则排在下面的样式表具有较大的优先级。

如果此时将内嵌样式更改为：

```
p{color:gray;}                                /* 内嵌式样式 */
```

此时权重不同，#header 的权重更高，文字将显示为外部样式定义的红色。

- CSS 定义了一个 !important 命令，该命令被赋予最大的优先级。也就是说不管权重如何、位置的远近，使用 !important 的标签都具有最大优先级。例如：

```
/*CSS 文档，文件名为 style.css*/
#header{color:red!important;}                 /* 外部样式表 */
```

HTML 文档结构如下：

```
1   <!doctype html>
2   <html>
3   <head>
4   <meta charset="utf-8">
5   <title>!important 命令最优先 </title>
6   <link rel="stylesheet" href="style.css" type="text/css" />
7   <style type="text/css">
8   #header{ color:gray;}
9   </style>
10  </head>
11  <body>
12  <p id="header" style="color:yellow">     <!-- 行内式 CSS 样式 -->
13     天王盖地虎，!important 命令最优先
14  </p>
15  </body>
16  </html>
```

该页面被解析后,段落文本显示为红色,即使用 !important 命令的样式拥有最大的优先级。需要注意的是,!important 命令必须位于属性值和分号之间,否则无效。

复合选择器的权重为组成它的基础选择器权重的叠加,但是这种叠加并不是简单的数字之和。下面我们通过一个案例来具体说明,如例 3-19 所示。

例 3-19　example19.html

```
1   <!doctype html>
2   <html>
3   <head>
4   <meta charset="utf-8">
5   <title> 复合选择器权重的叠加 </title>
6   <style type="text/css">
7   .inner{ text-decoration:line-through;}        /* 类选择器定义删除线, 权重为 10*/
8   div div div div div div div div div div div{ text-decoration:underline;}
9   /* 后代选择器定义下画线, 权重为 11 个 1 的叠加 */
10  </style>
11  </head>
12  <body>
13  <div>
14    <div><div><div><div><div><div><div><div>
15      <div class="inner"> 文本的样式 </div>
16    </div></div></div></div></div></div></div></div>
17  </div>
18  </body>
19  </html>
```

在例 3-19 中共使用了 11 对 <div> 标签(div 是 HTML 中常用的一种布局标签,后面章节将会具体介绍),它们层层嵌套,对最里层的 <div> 定义类名 inner。

这时可以使用后代选择器或类选择器定义最里层 div 的样式,如第 7 ~ 8 行代码所示。

那么浏览器中文本的样式到底如何呢?如果仅仅将基础选择器的权重相加,后代选择器 div div div div div div div div div div div(包含 11 层 div)的权重为 11,大于类选择器 .inner 的权重 10,文本将添加下画线。

图 3-29　复合选择器的权重

运行例 3-19,效果如图 3-29 所示。

在图 3-29 中,文本并没有像预期的那样添加下画线,而显示了类选择器 .inner 定义的删除线,即类选择器 .inner 的权重大于后代选择器 div div div div div div div div div div div。无论再在外层添加多少个 div 标签,即复合选择器的权重无论为多少个标签选择器的叠加,其权重都不会高于类选择器。同理,复合选择器的权重无论为多少个类选择器和标签选择器的叠加,其权重都不会高于 id 选择器。

3.6　阶段案例——制作活动通知页面

本章前几节重点讲解了 CSS 样式规则、选择器、CSS 文本相关样式及高级特性。为了使初学者更好地认识 CSS,本节将通过案例的形式分步骤制作网页中常见的活动通知页面,其效果如图 3-30 所示。

图 3-30　通知页面效果图

3.6.1　分析活动通知页面效果图

为了提高网页制作的效率，我们首先对效果图的结构和样式进行分析，具体如下。

1. 结构分析

图 3-30 所示的活动通知页面由标题、段落、图片和 1 条水平线构成。其中标题分为主标题和副标题，可以分别使用 h3 标签和 h4 标签定义；段落文字可以使用 p 标签定义，为了设置段落中某些特殊显示的文本，还可以在段落中嵌套文本格式化标签如 <strong>、<mark> 等。

2. 样式分析

定义页面样式时，通常使用先整体再局部的控制方式。仔细观察效果图，可以发现页面中大部分文本的颜色相同。因此可以在 body 标签中通过 color 属性统一设置文本颜色。

接下来，从上到下对页面模块进行分析。主标题可以使用 text-align 属性设置居中，使用的特殊字体可以使用 @font-face 规则来定义，阴影可以使用 text-shadow 来定义。副标题设置的字体为"楷体"，可以直接使用 font-family 属性设置。

正文的第一行有首行缩进效果，可以使用 text-indent 属性设置，其他需要单独定义的样式，可以通过设置类选择器的方式单独控制样式。例如最后落款的部门和时间设置为右对齐，就可以单独定义 text-align 属性。

3.6.2　搭建活动通知页面结构

对效果图有了一定的了解后，接下来我们使用相应的 HTML 标签搭建页面结构，如例 3-20 所示。

例 3-20　example20.html

```
1   <!doctype html>
2   <html>
3   <head>
4   <meta charset="utf-8">
5   <title> 通知 </title>
6   </head>
7   <body>
8   <h3> 活动通知 </h3>
9   <h4>——第一期员工活动主题为 " 放飞身心 踏青徒步 "</h4>
10  <hr/>
11  <p><strong> 各位公司同仁：</strong></p>
12  <P class="indent">
```

```
13  首期员工活动在春暖花开、阳光明媚的五月正式开始，邀请大家走出钢筋水泥的大森林，享受阳光、亲近自然、放松
    心情，进行踏青徒步。<mark>踏青徒步活动时间为 5 月 6 日 </mark>。
14  </P>
15  <img src="taqing.png" alt=" 踏青图片 " align="left">
16  <p class="space">
17      <strong>1. 安排如下 </strong>
18      ● <mark>13:00</mark> 在公司门口集合。
19      ● <mark>13:30</mark> 集体徒步前往目的地。
20      ● <mark>16:30</mark> 活动结束，大家可以自由活动。
21      <strong>2. 活动须知 </strong>
22      ● 各位同事提前安排好工作，如因工作原因不能参加本次活动的人员请通
23          知行政人事部。
24      ● 公司为所有参与人员准备饮用水、面包、餐布等必需物品。
25      ● 上衣穿着公司统一购买的 T 恤，下身员工可自行选择方便运动、徒步的服装。
26  </p>
27  <br/>
28  <p class="right"> 行政文化中心 <br/>2019 年 4 月 22 日 </p>
29  </body>
30  </html>
```

在例 3-20 中，分别使用 <h3>、<h4>、<p> 和 <hr /> 标签定义标题、段落和水平线，同时使用 <strong> 标签控制加粗部分，使用 <mark> 标签控制需要高亮显示的时间部分。第 12、16、28 行的 <p> 标签需要单独控制的文本样式，可以分别指定不同的类名。

运行例 3-20，效果如图 3-31 所示。

图 3-31　HTML 结构页面效果

3.6.3　定义活动通知页面样式

使用 HTML 标记，得到的是没有任何样式修饰的活动通知页面（如例 3-20 的 HTML 结构），要想实现图 3-30 所示的效果，就需要使用 CSS 对文本进行控制。由于只有一个页面，我们可以直接使用内嵌式来嵌入 CSS 样式，具体 CSS 代码如下：

```
1   <style type="text/css">
2       @font-face{
3           font-family:jianzhi;   /* 服务器字体名称 */
4           src:url(FZJZJW.TTF);   /* 服务器字体名称 */
5       }
6       body{color:#128095;}
7       h3{
8           font-family:jianzhi;   /* 设置字体样式 */
9           font-size:32px;
10          text-align:center;
```

```
11          letter-spacing:10px;
12          text-shadow:2px 10px 20px #CCC ;
13      }
14      h4{
15          font-family:" 楷体 ";
16          text-align:center;
17      }
18      p{line-height:28px;}
19      .indent{text-indent:2em;}
20      .space{ white-space:pre;}
21      .right{
22          text-align:right;
23          font-weight:bold;
24      }
25  </style>
```

在上面的 CSS 代码中，第 2 ~ 5 行代码用于设置服务器字体。第 6 行代码用于控制整个页面的文本颜色。第 19 ~ 24 行代码通过类选择器单独定义特殊的文本样式。

保存文件，刷新浏览器页面，效果如图 3-32 所示。

图 3-32　活动通知页面

至此，我们通过 HTML 搭建网页结构，同时使用 CSS 控制文本样式，完成了活动通知页面的制作。

3.7　本章小结

本章首先介绍了 CSS 样式规则、引入方式以及 CSS 基础选择器，然后讲解了常用的 CSS 文本样式属性、CSS 复合选择器、CSS 的层叠性、继承性以及优先级，最后通过 HTML 搭建结构和 CSS 修饰文本，制作出了一个活动通知页面。

通过本章的学习，读者应该能够充分理解 CSS 所实现的结构与表现分离原理，以及 CSS 样式的优先级规则，能够熟练地使用 CSS 控制页面中的字体和文本外观样式。

3.8　课后练习题

查看本章课后练习题，请扫描二维码。

第4章

CSS3 选择器

拓展阅读

★熟悉 CSS3 中新增加的属性选择器。

★理解关系选择器的用法。

★理解常用的结构化伪类选择器。

★掌握伪元素选择器的用法。

选择器是 CSS3 中一个重要的内容，在上一章中已经介绍过一些常用的选择器，这些选择器基本上能够满足设计者常规的设计需求。但在 CSS3 中还有一些选择器，使用这些选择器可以大幅度提高设计者书写和修改样式表的效率。本章将详细介绍 CSS 中其他类型的选择器。

4.1 属性选择器

属性选择器可以根据元素的属性及属性值来选择元素。CSS3 中新增了 3 种属性选择器：E[att^=value]、E[att$=value] 和 E[att*=value]，本节将详细介绍这 3 种选择器。

4.1.1 E[att^=value] 属性选择器

E[att^=value] 属性选择器是指选择名称为 E 的标签，且该标签定义了 att 属性，att 属性值包含前缀为 value 的子字符串。需要注意的是，E 是可以省略的，如果省略则表示可以匹配满足条件的任意标签。例如，div[id^=section] 表示匹配包含 id 属性，且 id 属性值是以"section"字符串开头的 div 元素。

下面我们通过一个案例对 E[att^=value] 属性选择器的用法进行演示，如例 4-1 所示。

例 4-1　example01.html

```
1   <!doctype html>
2   <html lang="en">
3   <head>
4   <meta charset="UTF-8">
5   <title>E[att^=value] 属性选择器的应用</title>
6   <style type="text/css">
7   p[id^="one"]{
```

```
8          color:pink;
9          font-family:" 微软雅黑 ";
10         font-size:20px;
11     }
12     </style>
13     </head>
14     <body>
15     <p id="one">
16         为了看日出，我常常早起。那时天还没有大亮，周围非常清静，船上只有机器的响声。
17     </p>
18     <p id="two">
19         天空还是一片浅蓝，颜色很浅。转眼间天边出现了一道红霞，慢慢地在扩大它的范围，加强它的亮光。我知道太
阳要从天边升起来了，便不转眼地望着那里。
20     </p>
21     <p id="one1">
22         果然过了一会儿，在那个地方出现了太阳的小半边脸，红是真红，却没有亮光。这个太阳好像负着重荷似的一步
一步、慢慢地努力上升，到了最后，终于冲破了云霞，完全跳出了海面，颜色红得非常可爱。一刹那间，这个深红的圆东西，
忽然发出了夺目的亮光，射得人眼睛发痛，它旁边的云片也突然有了光彩。
23     </p>
24     <p id="two1">
25         有时太阳走进了云堆中，它的光线却从云里射下来，直射到水面上。这时候要分辨出哪里是水，哪里是天，倒也
不容易，因为我就只看见一片灿烂的亮光。
26     </p>
27     </body>
28     </html>
```

　　在例 4-1 中，使用了 [att^=value] 选择器 "p[id^="one"]"。只要 p 元素中的 id 属性值是以 "one" 开头就会被选中，从而呈现特殊的文本效果。

　　运行例 4-1，效果如图 4-1 所示。

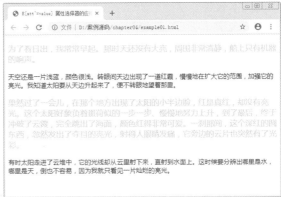

图 4-1　E[att^=value] 属性选择器效果展示

4.1.2　E[att$=value] 属性选择器

　　E[att$=value] 属性选择器是指选择名称为 E 的标签，且该标签定义了 att 属性，att 属性值包含后缀为 value 的子字符串。与 E[att^=value] 选择器一样，E 元素可以省略，如果省略则表示可以匹配满足条件的任意元素。例如，div[id$=section] 表示匹配包含 id 属性，且 id 属性值是以 "section" 字符串结尾的 div 元素。

　　下面我们通过一个案例对 E[att$=value] 属性选择器的用法进行演示，如例 4-2 所示。

例 4-2　example02.html

```
1      <!doctype html>
2      <html lang="en">
3      <head>
4      <meta charset="UTF-8">
5      <title>E[att$=value] 属性选择器的应用 </title>
6      <style type="text/css">
7      p[id$="main"]{
8          color:#0cf;
9          font-family: " 宋体 ";
10         font-size:20px;
```

```
11  }
12  </style>
13  </head>
14  <body>
15  <p id="old1">
16      盼望着，盼望着，东风来了，春天的脚步近了。
17  </p>
18  <p id="old2">
19      小草偷偷地从土里钻出来，嫩嫩的，绿绿的。园子里，田野里，瞧去，一大片一大片满是的。坐着，躺着，打两个滚，
    踢几脚球，赛几趟跑，捉几回迷藏。风轻悄悄的，草绵软软的。
20  </p>
21  <p id="oldmain">
22      桃树、杏树、梨树，你不让我，我不让你，都开满了花赶趟儿。红的像火，粉的像霞，白的像雪。花里带着甜味，
    闭了眼，树上仿佛已经满是桃儿、杏儿、梨儿！花下成千成百的蜜蜂嗡嗡地闹着……
23  </p>
24  <p id="newmain">
25      "吹面不寒杨柳风"，不错的，像母亲的手抚摸着你。风里带来些新翻的泥土的气息，混着青草味，还有各种花的香，
    都在微微润湿的空气里酝酿。鸟儿将窠巢安在繁花嫩叶当中，高兴起来了……
26  </p>
27  </body>
28  </html>
```

在例 4-2 中，使用了 [att=value] 选择器 "p[id="main"]"，只要 p 标签中的 id 属性值是以 "main" 结尾就会被选中，从而呈现特殊的文本效果。

运行例 4-2，效果如图 4-2 所示。

4.1.3 E[att*=value] 属性选择器

E[att*=value] 选择器用于选择名称为 E 的标签，且该标签定义了 att 属性，att 属性值包含 value 子字符串。该选择器与前两个选择器一样，E 元素也可以省略，如果省

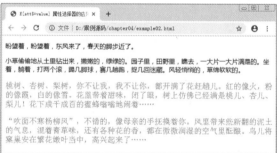

图 4-2 E[att$=value] 属性选择器使用效果展示

略则表示可以匹配满足条件的任意元素。例如，div[id*=section] 表示匹配包含 id 属性，且 id 属性值包含 "section" 字符串的 div 元素。

下面我们通过一个案例对 E[att*=value] 属性选择器的用法进行演示，如例 4-3 所示。

例 4-3 example03.html

```
1   <!doctype html>
2   <html lang="en">
3   <head>
4   <meta charset="UTF-8">
5   <title>E[att*=value] 属性选择器的使用 </title>
6   <style type="text/css">
7   p[id*="demo"]{
8       color:#0ca;
9       font-family: " 宋体 ";
10      font-size:20px;
11  }
12  </style>
13  </head>
14  <body>
```

```
15  <p id="demo1">
16      我们消受得秦淮河上的灯影，当圆月犹皎的仲夏之夜。
17  </p>
18  <p id="main1">
19      在茶店里吃了一盘豆腐干丝，两个烧饼之后，以歪歪的脚步踅上夫子庙前停泊着的画舫，就懒洋洋地躺到藤椅
上去了。好郁蒸的江南，傍晚也还是热的。"快开船罢！"桨声响了。
20  </p>
21  <p id="newdemo">
22      小的灯舫初次在河中荡漾；于我，情景是颇朦胧，滋味是怪羞涩的。我要错认它作七里的山塘；可是，河房里
明窗洞启，映着玲珑入画的栏杆，顿然省得身在何处了……
23  </p>
24  <p id="olddemo">
25      又早是夕阳西下，河上妆成一抹胭脂的薄媚。是被青溪的姊妹们所熏染的吗？还是匀得她们脸上的残脂呢？寂
寂的河水，随双桨打它，终没言语。密匝匝的绮恨逐老去的年华，已都如蜜饧似的融在流波的心窝里、连呜咽也将嫌它多事，
更哪里论到哀嘶……
26  </p>
27  </body>
28  </html>
```

在上述代码中，使用了 [att*=value] 选择器 "p[id*="demo"]"，只要 p 标签中的 id 属性值
包含 "demo" 就会被选中，从而呈现特殊的文本效果。

运行例 4-3，效果如图 4-3 所示。

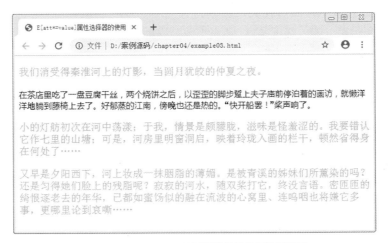

图 4-3　E[att*=value] 属性选择器使用效果展示

4.2　关系选择器

关系选择器和前面讲的复合选择器类似，但关系选择器可以更精确地控制元素样式。
CSS3 中的关系选择器主要包括子元素选择器和兄弟选择器，其中子元素选择器由符号 ">"
连接，兄弟选择器由符号 "+" 和 "~" 连接，本节将详细讲解这两种选择器。

4.2.1　子元素选择器

子元素选择器主要用来选择某个元素的第一级子元素。例如希望选择只作为 h1 标签子
元素的 strong 标签，可以这样写：h1>strong。

下面我们通过一个案例对子元素选择器的用法进行演示，如例 4-4 所示。

例 4-4　example04.html

```
1   <!doctype html>
2   <html lang="en">
3   <head>
4   <meta charset="UTF-8">
5   <title> 子元素择器的应用 </title>
6   <style type="text/css">
7   h1>strong{
8       color:red;
9       font-size:20px;
10      font-family:" 微软雅黑 ";
11  }
12  </style>
13  </head>
14  <body>
15  <h1> 这个 <strong> 知识点 </strong> 很 <strong> 重要 </strong></h1>
16  <h1> 首都 <em><strong> 人民 </strong></em> 欢迎你! </h1>
17  </body>
18  </html>
```

在上述代码中，第 15 行代码中的 strong 标签
为 h1 标签的子元素，第 16 行代码中的 strong 标
签为 h1 标签的孙元素（按照后代关系排列，也
可以分为第一级元素，第二级元素），因此代码
中设置的样式只对第 15 行代码有效。

运行例 4-4，效果如图 4-4 所示。

图 4-4　子元素选择器使用效果展示

4.2.2　兄弟选择器（+、~）

兄弟选择器用来选择与某元素位于同一个父元素之中，且位于该元素之后的兄弟元素。
兄弟选择器分为临近兄弟选择器和普通兄弟选择器两种，对它们的讲解如下。

1. 临近兄弟选择器

该选择器使用加号"+"来连接前后两个选择器。选择器中的两个元素有同一个父元素，
而且第 2 个元素必须紧跟第 1 个元素。

下面我们通过一个案例对临近兄弟选择器的用法进行演示，如例 4-5 所示。

例 4-5　example05.html

```
1   <!doctype html>
2   <html lang="en">
3   <head>
4   <meta charset="UTF-8">
5   <title> 临近兄弟选择器的应用 </title>
6   <style type="text/css">
7   p+h2{
8       color:green;
9       font-family:" 宋体 ";
10      font-size:20px;
11  }
12  </style>
13  </head>
14  <body>
15  <h2>《赠汪伦》</h2>
16  <p> 李白乘舟将欲行, </p>
17  <h2> 忽闻岸上踏歌声。</h2>
```

```
18   <h2> 桃花潭水深千尺，</h2>
19   <h2> 不及汪伦送我情。</h2>
20   </body>
21   </html>
```

在上述代码中，第 7 ~ 11 行代码用于为 p 元素后紧邻的第 1 个兄弟元素 h2 定义样式。从结构中可以看出 p 元素后紧邻的第 1 个兄弟元素所在位置为第 17 行代码，因此第 17 行代码的文字内容将以定义好的样式显示。

运行例 4-5，效果如图 4-5 所示。

从图 4-5 中可以看出，只有紧跟 p 元素的 h2 元素应用了代码中设定的样式。

2．普通兄弟选择器

普通兄弟选择器使用 "~" 来链接前后两个选择器。选择器中的两个元素有同一个父亲，但第 2 个元素不必紧跟第 1 个元素。

下面我们通过一个案例对普通兄弟选择器的用法进行演示，如例 4-6 所示。

例 4-6　example06.html

```
1    <!doctype html>
2    <html lang="en">
3    <head>
4    <meta charset="UTF-8">
5    <title> 普通兄弟选择器 </title>
6    <style type="text/css">
7    p ~ h2{
8        color:pink;
9        font-family:" 微软雅黑 ";
10       font-size:20px;
11   }
12   </style>
13   </head>
14   <body>
15   <p> 你站在桥上看风景 </p>
16   <h2> 看风景的人在楼上看你 </h2>
17   <h2> 明月装饰了你的窗子 </h2>
18   <h2> 你装饰了别人的梦 </h2>
19   </body>
20   </html>
```

在上述代码中，第 7 ~ 11 行代码用于为 p 标签的所有兄弟元素定义文本样式，观察代码结构不难发现，所有的 h2 标签均为 p 标签的兄弟元素。

运行例 4-6，效果如图 4-6 所示。

图 4-5　临近兄弟选择器使用效果展示　　　　图 4-6　普通兄弟选择器使用效果展示

从图 4-6 中可以看出，p 标签的所有兄弟元素 h2 都应用了代码中所设定的样式。

4.3 结构化伪类选择器

结构化伪类选择器允许开发者根据文档结构来指定元素的样式。在 CSS3 中增加了许多新的结构化伪类选择器，方便网页设计师精准地控制元素样式。常用的结构化伪类（详见多学一招）选择器有 :root 选择器 、:not 选择器 、:only-child 选择器 、:first-child 选择器 、:last-child 选择器等。本节将对一些常用的结构化伪类选择器做具体介绍。

4.3.1 :root 选择器

:root 选择器用于匹配文档根标签，在 HTML 中，根标签始终是 html。也就是说使用 ":root 选择器" 定义的样式对所有页面标签都生效。对于不需要该样式的标签，可以单独设置样式进行覆盖。

下面我们通过一个案例对 :root 选择器的用法进行演示，如例 4-7 所示。

例 4-7　example07.html

```
1  <!doctype html>
2  <html lang="en">
3  <head>
4  <meta charset="UTF-8">
5  <title>:root 选择器的使用</title>
6  <style type="text/css">
7  :root{color:red;}
8  h2{color:blue;}
9  </style>
10 </head>
11 <body>
12 <h2>《面朝大海春暖花开》</h2>
13 <p>从明天起做个幸福的人
14 喂马劈柴周游世界
15 从明天起关心粮食和蔬菜
16 我有一所房子
17 面朝大海春暖花开 </p>
18 </body>
19 </html>
```

在上述代码中，第 7 行代码使用 ":root 选择器" 将页面中所有的文本设置为红色；第 8 行代码用于为 h2 标签设置蓝色文本，以覆盖第 7 行代码中设置的红色文本样式。

运行例 4-7，效果如图 4-7 所示。

如果不指定 h2 元素的字体颜色，仅仅使用 ":root 选择器" 设置的样式，即删除第 8 行代码，效果如图 4-8 所示。

图 4-7　:root 选择器效果展示 1

图 4-8　:root 选择器效果展示 2

4.3.2　:not 选择器

如果对某个结构标签使用样式，但是想排除这个结构元素下面的子结构元素，让子结构元素不使用这个样式，可以使用 :not 选择器。下面我们通过一个案例来做具体演示，如例 4-8 所示。

例 4-8　example08.html

```
1  <!doctype html>
2  <html lang="en">
3  <head>
4  <meta charset="UTF-8">
5  <title>:not 选择器的使用 </title>
6  <style type="text/css">
7  body *:not(h3){
8      color: orange;
9      font-size: 20px;
10     font-family: " 宋体 ";
11 }
12 </style>
13 </head>
14 <body>
15 <h3>《世界上最远的距离》</h3>
16 <p> 世界上最远的距离 </p>
17 <p> 不是生与死的距离 </p>
18 <p> 而是我站在你面前 </p>
19 <p> 你却不知道我爱你……</p>
20 </body>
21 </html>
```

在例 4-8 中，第 7 ~ 11 行代码定义了页面 body 的文本样式，"body *:not(h3)" 选择器用于排除 body 结构中的子结构元素 h3，使其不应用设置的文本样式。

运行例 4-8，效果如图 4-9 所示。

从图 4-9 中可以看出，只有 h3 标签所定义的文字内容没有添加新的样式。

图 4-9　:not 选择器使用效果展示

4.3.3　:only-child 选择器

:only-child 选择器用于匹配属于某父元素的唯一子元素，也就是说，如果某个父元素仅有一个子元素，则使用 ":only-child 选择器" 可以选择这个子元素。

下面我们通过一个案例对 ":only-child 选择器" 的用法进行演示，如例 4-9 所示。

例 4-9　example09.html

```
1  <!doctype html>
2  <html lang="en">
3  <head>
4  <meta charset="UTF-8">
5  <title>:only-child 选择器的使用 </title>
6  <style type="text/css">
```

```
7     strong:only-child{color:red;}
8     </style>
9     </head>
10    <body>
11       <p>
12       <strong>一代宗师 </strong>
13       <strong>英雄 </strong>
14       </p>
15       <p>
16       <strong>复仇者联盟 4</strong>
17       </p>
18       <p>
19       <strong>非诚勿扰 </strong>
20       <strong>火影忍者 </strong>
21       <strong>进击的巨人 </strong>
22       </p>
23    </body>
24    </html>
```

在例 4-9 中使用了 :only-child 选择器
"strong:only-child"，用于选择作为 p 标签唯
一子元素的 strong 标签，并设置其文本颜色
为红色。

运行例 4-9，效果如图 4-10 所示。

4.3.4 :first-child 和 :last-child 选择器

图 4-10   :only-child 选择器使用效果展示

:first-child 选择器和 :last-child 选择器分别用于选择父元素中的第一个和最后一个子元素。下面我们通过一个案例来演示它们的使用方法，如例 4-10 所示。

例 4-10   example10.html

```
1     <!doctype html>
2     <html lang="en">
3     <head>
4     <meta charset="UTF-8">
5     <title>:first-child 和 :last-child 选择器的使用 </title>
6     <style type="text/css">
7     p:first-child{
8        color:pink;
9        font-size:16px;
10       font-family:" 宋体 ";
11    }
12    p:last-child{
13       color:blue;
14       font-size: 16px;
15       font-family: " 微软雅黑 ";
16    }
17    </style>
18    </head>
19    <body>
20    <p>第一篇  毕业了 </p>
21    <p>第二篇  关于考试 </p>
22    <p>第三篇  夏日飞舞 </p>
23    <p>第四篇  惆怅的心 </p>
24    <p>第五篇  畅谈美丽 </p>
```

```
25  </body>
26  </html>
```

在例 4-10 中，分别使用了选择器
"p:first-child" 和 "p:last-child"，用于选择父
元素的第一个子元素和最后一个子元素（本
案例中的父元素为 body ）。然后为它们设置
特殊的文本样式。

运行例 4-10，效果如图 4-11 所示。

4.3.5　:nth-child(n) 和 :nth-last-child(n) 选择器

图 4-11　:first-child 和 :last-child 选择器使用效果展示

使用 :first-child 选择器和 :last-child 选
择器可以选择某个父元素中第一个或最后一个子元素，但是如果用户想要选择第 2 个或倒
数第 2 个子元素，这两个选择器就不起作用了。为此，CSS3 引入了 :nth-child(n) 和 :nth-last-
child(n) 选择器，它们是 :first-child 选择器和 :last-child 选择器的扩展。

下面我们在例 4-10 的基础上对 :nth-child(n) 和 :nth-last-child(n) 选择器的用法进行演示，
如例 4-11 所示。

例 4-11　example11.html

```
1   <!doctype html>
2   <html lang="en">
3   <head>
4   <meta charset="UTF-8">
5   <title>:nth-child(n) 和 :nth-last-child(n) 选择器的使用 </title>
6   <style type="text/css">
7   p:nth-child(2){
8       color:pink;
9       font-size:16px;
10      font-family:" 宋体 ";
11  }
12  p:nth-last-child(2){
13      color:blue;
14      font-size:16px;
15      font-family:" 微软雅黑 ";
16  }
17  </style>
18  </head>
19  <body>
20  <p> 第一篇　毕业了 </p>
21  <p> 第二篇　关于考试 </p>
22  <p> 第三篇　夏日飞舞 </p>
23  <p> 第四篇　惆怅的心 </p>
24  <p> 第五篇　畅谈美丽 </p>
25  </body>
26  </html>
```

在例 4-11 中，分别使用了选择器 "p:nth-child(2)" 和 "p:nth-last-child(2)"，用于选择父
元素的第 2 个子元素 p 和倒数第 2 个子元素 p(本案例中的父元素为 body)。然后为它们设置
特殊的文本样式。

运行例 4-11，效果如图 4-12 所示。

图 4-12 :nth-child(n) 和 :nth-last-child(n) 选择器使用效果展示

4.3.6 :nth-of-type(n) 和 :nth-last-of-type(n) 选择器

:nth-of-type(n) 和 :nth-last-of-type(n) 这两种选择器与 4.3.5 节介绍的两种选择器的不同之处在于，:nth-of-type(n) 和 :nth-last-of-type(n) 选择器用于匹配属于父元素的特定类型的第 n 个子元素和倒数第 n 个子元素，而 :nth-child(n) 和 :nth-last-child(n) 选择器用于匹配属于父元素的第 n 个子元素和倒数第 n 个子元素，与元素类型无关。

下面我们就通过一个案例来对 :nth-of-type(n) 和 :nth-last-of-type(n) 选择器的用法做具体演示，如例 4-12 所示。

例 4-12 example12.html

```
1   <!doctype html>
2   <html lang="en">
3   <head>
4   <meta charset="UTF-8">
5   <title>:nth-of-type(n) 和 :nth-last-of-type(n) 选择器的使用 </title>
6   <style type="text/css">
7   h2:nth-of-type(odd){color:#f09;}
8   h2:nth-of-type(even){color:#12ff65;}
9   p:nth-last-of-type(2){font-weight:bold;}
10  </style>
11  </head>
12  <body>
13  <h2> 网页设计 </h2>
14  <p> 网页设计是根据企业希望向浏览者传递的信息（包括产品、服务、理念、文化），进行网站功能策划，然后进行的页面设计美化工作。</p>
15  <h2>Java</h2>
16  <p>Java 是一种可以撰写跨平台应用程序的面向对象的程序设计语言。</p>
17  <h2>iOS</h2>
18  <p>iOS 是由苹果公司开发的移动操作系统。</p>
19  <h2>PHP</h2>
20  <p>PHP（Hypertext Preprocessor, 超文本预处理器）是一种通用开源脚本语言。</p>
21  </body>
22  </html>
```

在例 4-12 中，第 7 行代码 "h2:nth-of-type(odd){color:#f09;}" 用于将所有 h2 中奇数行的字体颜色设置为玫红色；第 8 行代码 "h2:nth-of-type(even){color:#12ff65;}" 用于将所有 h2 中偶数行的字体颜色设置为绿色；第 9 行代码 "p:nth-last-of-type(2){font-weight:bold;}" 用于将倒数第 2 个 p 标签的字体加粗显示。

运行例 4–12，效果如图 4–13 所示。

图 4–13　:nth–of–type(n) 和 :nth–last–of–type(n) 选择器使用效果展示

从图 4–13 中可以看出，所有奇数行文章标题的字体颜色为红色，所有偶数行文章标题的字体颜色为绿色，倒数第 2 个 p 标签定义的字体样式为粗体显示，实现了最终想要的结果。

4.3.7　:empty 选择器

:empty 选择器用来选择没有子元素或文本内容为空的所有元素。下面我们通过一个案例对 :empty 选择器的用法进行演示，如例 4–13 所示。

例 4–13　example13.html

```
1   <!doctype html>
2   <html lang="en">
3   <head>
4   <meta charset="UTF-8">
5   <title>:empty 选择器的使用</title>
6   <style type="text/css">
7   p{
8       width:150px;
9       height:30px;
10  }
11  :empty{background-color: #999;}
12  </style>
13  </head>
14  <body>
15  <p> 北京校区 </p>
16  <p> 上海校区 </p>
17  <p> 广州校区 </p>
18  <p></p>
19  <p> 武汉校区 </p>
20  </body>
21  </html>
```

在例 4–13 中，第 18 行代码用于定义空元素 p；第 11 行代码使用 :empty 选择器将页面中空元素的背景颜色设置为灰色。

运行例 4–13，效果如图 4–14 所示。

从图 4–14 中可以看出，没有内容的 p 元素被添加了灰色背景色。

图 4-14　:empty 选择器使用效果展示

4.4　伪元素选择器

　　所谓伪元素选择器，是针对 CSS 中已经定义好的伪元素（详见本节"多学一招"）使用的选择器。CSS 中常用的伪元素选择器有 :before 伪元素选择器和 :after 伪元素选择器（CSS2 中的选择器），下面我们就来详细介绍这两种伪元素选择器。

4.4.1　:before 伪元素选择器

　　:before 伪元素选择器用于在被选元素的内容前面插入内容，必须配合 content 属性来指定要插入的具体内容，其基本语法格式如下：

```
<元素>:before
{
    content:文字/url();
}
```

　　在上述语法中，被选元素位于":before"之前，"{ }"中的 content 属性用来指定要插入的具体内容，该内容既可以为文本也可以为图片。需要注意的是，":before"也可以写为"::before"（伪元素的标准写法），这两种写法的作用是一样的。如果网站只需要兼容谷歌、火狐等浏览器，建议对于伪元素采用双冒号的写法，如果需要兼容 IE 浏览器，使用单冒号写法比较安全。

　　下面我们通过一个案例对 :before 伪元素选择器的用法进行演示，如例 4-14 所示。

例 4-14　example14.html

```
1   <!doctype html>
2   <html lang="en">
3   <head>
4   <meta charset="UTF-8">
5   <title>before 选择器的使用 </title>
6   <style type="text/css">
7   p:before{
8   content:" 学习 IT 视频教程 ";
9   color:#c06;
10  font-size: 20px;
11  font-family: " 微软雅黑 ";
12  font-weight: bold;
13  }
```

```
14  </style>
15  </head>
16  <body>
17  <p>黑马教程是一个教程完整且不加密的 IT 学习分享交流平台，站内资源每日更新涵盖了 Java，前
端，python,PHP,ios,android,人工智能，大数据,C/C++,linux,go 语言，微信小程序，平面设计，UI 等。</p>
18  </body>
19  </html>
```

在例 4–14 中，使用了选择器 "p:before"，用于在段落前面添加内容，同时使用 content 属性来指定添加的具体内容。为了使插入效果更美观，还设置了文本样式。

运行例 4–14，效果如图 4–15 所示。

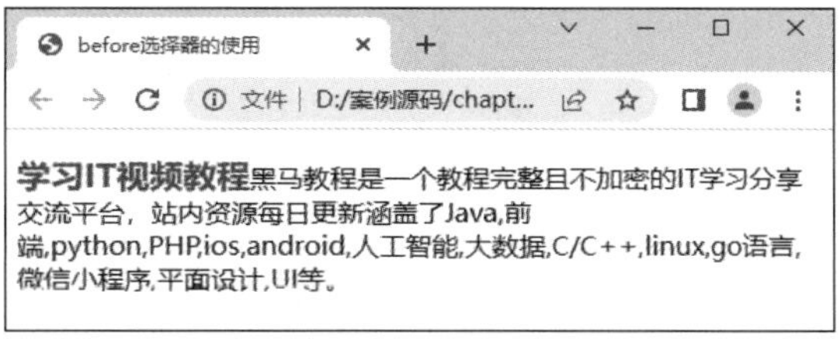

图 4-15　:before 选择器使用效果展示

4.4.2　:after 伪元素选择器

:after 伪元素选择器用于在某个元素之后插入一些内容，使用方法与 :before 选择器相同。下面我们通过一个案例来做具体演示，如例 4–15 所示。

例 4–15　example15.html

```
1   <!doctype html>
2   <html lang="en">
3   <head>
4   <meta charset="UTF-8">
5   <title>:after 选择器的使用</title>
6   <style type="text/css">
7   p:after{content:url(zhongqiu.png);}
8   </style>
9   </head>
10  <body>
11  <p>十五的月亮 <br></p>
12  </body>
13  </html>
```

在例 4–15 中，第 7 行代码 "p:after{content:url(zhongqiu.png);}" 用于在段落之后添加一张图片。

运行例 4–15，效果如图 4–16 所示。

图 4-16　:after 选择器使用效果展示

多学一招：认识伪类和伪元素

在前面的学习中，多次出现了伪类和伪元素的概念，那么伪类和伪元素又是什么呢？我们

可以把伪类简单理解为不能被 CSS 获取到的抽象信息。例如，在图 4-17 中我们想要选择小明，我们可以直接通过名字（选择器）选中，也可以通过位置——第 2 排第 3 列的同学（伪类）选中。

1
2
3
4
5
1
同学
同学
同学
同学
同学
2
同学
同学
小明
同学
同学
3
同学
同学
同学
同学
同学

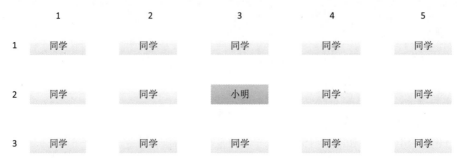

图 4-17　伪类图例

同样在获取某个元素的时候，我们可以通过选择器直接获取该元素，但要获取第几个元素时（例如偶数行元素），我们就无法使用常规的 CSS 选择器获取，例如我们想要获取若干列表项的第一个元素，可以通过“:first-child”来获取到，“:first-child”就是一个伪类。使用伪类可以弥补选择器的不足。

伪元素依托现有元素，创建一个虚拟元素，我们可以为这个虚拟元素添加内容或样式。例如下面的 HTML 代码，为文本的第一个字母添加了 span 标签：

```
<p>
    <span class="first-letter">H</span>ello, World
</p>
```

我们可以通过指定类选择器的方式，为 HTML 文档中的第一个字母添加样式代码，具体代码如下：

```
.first-letter {
    color: red;
}
```

如果我们使用伪元素的话，可以不用设置专门的标签，将 HTML 代码变为如下样式：

```
<p>
    Hello, World
</p>
```

对应的 CSS 代码如下：

```
p::first-letter {
    color: red;
}
```

在上面的 CSS 代码中，“::first-letter” 就是一个伪元素，相当于为“H” 字母设置了一个虚拟的标签（如 <span class="first-letter">H</span>）。

4.5 阶段案例——制作招聘页面

本章前几节重点讲解了 CSS3 中不同种类选择器的使用，为了使读者更好地掌握这些相关知识点，本节将通过案例的形式分步骤制作一个“招聘页面”，其默认效果如图 4-18 所示。

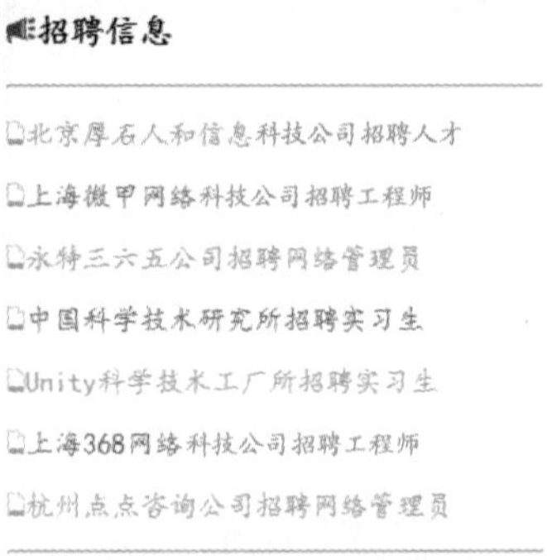

招聘信息
北京厚石人和信息科技公司招聘人才
上海微甲网络科技公司招聘工程师
永特三六五公司招聘网络管理员
中国科学技术研究所招聘实习生
Unity科学技术工厂所招聘实习生
上海368网络科技公司招聘工程师
杭州点点咨询公司招聘网络管理员

图 4-18　招聘页面效果

4.5.1　分析招聘页面效果图

为了提高网页制作的效率，每拿到一个页面的效果图时，都应当对其结构和样式进行分析，下面我们就对效果图 4-18 进行分析。

1. 结构分析

根据所学知识，我们可以将招聘页面分为两部分，其中黑色加粗的大号文字可以作为标题，使用 h3 标签定义，其他的文本内容可以使用段落标签 p 设置。标题和段落文本之间使用水平线进行分割。

2. 样式分析

在招聘页面中，无论是标题文本还是段落文本，前面都会有一个小图标，我们可以使用伪元素选择器"∶before"来设置。仔细观察招聘页面会发现，页面中的奇数行文字和偶数行文字显示两种颜色，我们可以使用"∶nth-of-type(n)"来匹配不同类型的元素。

4.5.2　搭建招聘页面结构

根据上面的分析，我们可以使用相应的 HTML 标记来搭建网页结构，如例 4-16 所示。

例 4-16　example16.html

```
1   <!doctype html>
2   <html lang="en">
3   <head>
4   <meta charset="UTF-8">
5   <title> 新闻页面 </title>
6   </head>
7   <body>
8   <h3> 招聘信息 </h3>
9   <hr />
10  <p> 北京厚石人和信息科技公司招聘人才 </p>
11  <p> 上海微甲网络科技公司招聘工程师 </p>
12  <p> 永特三六五公司招聘网络管理员 </p>
13  <p> 中国科学技术研究所招聘实习生 </p>
14  <p>Unity 科学技术工厂所招聘实习生 </p>
15  <p> 上海 368 网络科技公司招聘工程师 </p>
16  <p> 杭州点点咨询公司招聘网络管理员 </p>
17  <hr />
18  </body>
19  </html>
```

在例 4-16 中使用 h3 标签定义页面标题，p 标签定义文本内容。文本中不添加任何 CSS 选择器。

运行例 4-16，效果如图 4-19 所示。

图 4-19　HTML 结构

4.5.3　定义招聘页面样式

搭建完页面的结构后，接下来我们使用 CSS 对页面的样式进行修饰。这里，我们将使用 CSS3 中的选择器定义招聘页面的样式。将下面的 CSS 代码嵌入到 HTML 页面中：

```
1  <style type="text/css">
2      :root{font-family:" 楷体 ";}
3      h3:before{content:url(title_bg.png);}
4      p:nth-of-type(odd){color:#999}
5      p:nth-of-type(even){color:#066;}
6      p:before{content:url(icon.png);}
7  </style>
```

在上面的代码中，":root"用于定义页面的所有元素样式，":before"用于添加文本前面的图标。":nth-of-type(odd)"用于设置奇数行文本的颜色，":nth-of-type(even)"用于设置偶数行文本的颜色。

保存文件，刷新页面，效果如图 4-20 所示。

图 4-20　招聘页面样式

4.6　本章小结

本章从 CSS3 新增的选择器开始，依次介绍了属性选择器、关系选择器、结构化伪类选择器、伪元素选择器等选择器的使用方法，最后利用本章知识点实践了一个招聘页面的案例。

选择器是 CSS3 中很重要的组成部分，它实现了页面内对样式的各种需求，本章仅仅演示了这些选择器比较常用的功能和使用方法，读者可以自行深入研究学习其他高级功能。

4.7　课后练习题

查看本章课后练习题，请扫描二维码。

第 **5** 章

盒子模型

拓展阅读

★掌握盒子的相关属性，能够制作常见的盒子模型效果。

★掌握背景属性的设置方法，能够设置背景颜色和图像。

★理解渐变属性的原理，能够设置渐变背景。

★掌握元素类型的分类，能够进行元素类型的转换。

盒子模型是网页布局的基础，只有掌握了盒子模型的各种规律和特征，才可以更好地控制网页中各个元素所呈现的效果。本章将对盒子模型的概念、盒子相关属性进行详细讲解。

5.1 认识盒子模型

在浏览网站时，我们会发现页面的内容都是按照区域划分的。在页面中，每一块区域分别承载不同的内容，使网页的内容虽然零散，但是在版式排列上依然清晰有条理。例如图 5-1 所示的设计类网站。

在图 5-1 所示的网站页面中，这些承载内容的区域被称为盒子模型。盒子模型就是把 HTML 页面中的元素看作是一个方形的盒子，也就是一个盛装内容的容器。每个方形都由元素的内容、内边距（padding）、边框（border）和外边距（margin）组成。

为了更形象地认识 CSS 盒子模型，首先我们从生活中常见的手机包装盒的构成说起。一个完整的手机盒子通常包含手机、填充泡沫和盛装手机的纸盒。如果把手机想象成 HTML 元素，那么手机盒子就是一个 CSS 盒子模型，其中手机为 CSS 盒子模型的内容，填充泡沫的厚度为 CSS 盒子模型的内边距，纸盒的厚度为 CSS 盒子模型的边框，如图 5-2 所示。当多个手机盒子放在一起时，它们之间的距离就是 CSS 盒子模型的外边距。

网页中所有的元素和对象都是由图 5-2 所示的基本结构组成，并呈现出矩形的盒子效果。在浏览器看来，网页就是多个盒子嵌套排列的结果。其中，内边距出现在内容区域的周围，当给元素添加背景色或背景图像时，该元素的背景色或背景图像也将出现在内边距中；外边距是该元素与相邻元素之间的距离，如果给元素定义边框属性，边框将出现在内边距和外边距之间。

需要注意的是，虽然盒子模型拥有内边距、边框、外边距、宽和高这些基本属性，但是并不要求每个元素都必须定义这些属性。

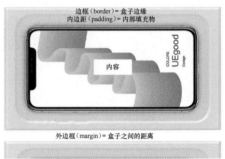

图 5-1 设计类网站   图 5-2 手机盒子的构成

5.2 盒子模型的相关属性

要想随心所欲地控制页面中每个盒子的样式，还需要掌握盒子模型的相关属性，盒子模型的相关属性就是我们前面提到边框、边距、背景、宽、高等，本节将对这些属性进行详细的讲解。

5.2.1 边框属性

为了分割页面中不同的盒子，常常需要给元素设置边框效果。在 CSS 中边框属性包括边框样式属性（border-style）、边框宽度属性（border-width）、边框颜色属性（border-color）、单侧边框的属性、边框的综合属性，如表 5-1 所示。

表 5-1 CSS 边框属性

设置内容	样式属性	常用属性值
上边框	border-top-style: 样式；	
	border-top-width: 宽度；	
	border-top-color: 颜色；	
	border-top: 宽度 样式 颜色；	
下边框	border-bottom-style: 样式；	
	border- bottom-width: 宽度；	
	border- bottom-color: 颜色；	
	border-bottom: 宽度 样式 颜色；	
左边框	border-left-style: 样式；	
	border-left-width: 宽度；	
	border-left-color: 颜色；	
	border-left: 宽度 样式 颜色；	

续表

设置内容	样式属性	常用属性值
右边框	border-right-style: 样式；	
	border-right-width: 宽度；	
	border-right-color: 颜色；	
	border-right: 宽度 样式 颜色；	
样式综合设置	border-style: 上边 [右边 下边 左边]；	none 无（默认）、solid：单实线、dashed：虚线、dotted：点线、double：双实线
宽度综合设置	border-width: 上边 [右边 下边 左边]；	像素值
颜色综合设置	border-color: 上边 [右边 下边 左边]；	颜色值、# 十六进制、rgb(r,g,b)、rgb(r%,g%,b%)
边框综合设置	border: 四边宽度 四边样式 四边颜色；	

仅通过表 5-1 的简单解释，初学者可能很难理解边框属性的应用技巧，下面我们将详细讲解边框属性。

1. 边框样式

边框样式用于定义页面中边框的风格，在 CSS 属性中，border-style 属性用于设置边框样式，其常用属性值如下。

- none：没有边框，即忽略所有边框的宽度（默认值）。
- solid：边框为单实线。
- dashed：边框为虚线。
- dotted：边框为点线。
- double：边框为双实线。

例如，想要定义边框显示为双实线，可以书写以下代码样式：

```
border-style:double;
```

在设置边框样式时，可以对盒子的单边进行设置，具体格式如下：

```
border-top-style:上边框样式；
border-right-style:右边框样式；
border-bottom-style:下边框样式；
border-left-style:左边框样式；
```

同时，为了避免代码过于冗余，也可以综合设置 4 条边的样式，具体格式如下：

```
border-style:上边框样式 右边框样式 下边框样式 左边框样式；
border-style:上边框样式 左右边框样式 下边框样式；
border-style:上下边框样式 左右边框样式；
border-style:上下左右边框样式；
```

观察上面的代码格式会发现，在综合设置边框样式时，其属性值可以设置 1 ~ 4 个。当设置 4 个属性值时，边框样式的写法会按照上右下左的顺时针顺序排列。当省略某个属性值时，边框样式会采用值复制的原则，将省略的属性值默认为某一边的样式。设置 3 个属性值时，为上、左右、下；设置 2 个属性值时，为上下和左右，设置 1 个属性值时，为 4 边的公用样式。

了解了边框样式的相关属性，接下来我们通过一个案例来演示其用法和效果。新建 HTML 页面，并在页面中添加标题和段落文本，然后通过边框样式属性控制标题和段落的边框效果，如例 5-1 所示。

例 5-1　example01.html

```
1   <!doctype html>
2   <html>
3   <head>
```

```
4    <meta charset="utf-8">
5    <title>设置边框样式 </title>
6    <style type="text/css">
7    h2{ border-style:double;}                        /*4 条边框相同——双实线 */
8    .one{
9       border-top-style:dotted;                     /* 上边框——点线 */
10      border-bottom-style:dotted;                   /* 下边框——点线 */
11      border-left-style:solid;                      /* 左边框——单实线 */
12      border-right-style:solid;                     /* 右边框——单实线 */
13       /* 上面 4 行代码等价于 :border-style:dotted solid;*/
14   }
15   .two{
16      border-style:solid dotted dashed;             /* 上实线、左右点线、下虚线 */
17   }
18   </style>
19   </head>
20   <body>
21   <h2>边框样式——双实线 </h2>
22   <p class="one">边框样式——上下为点线，左右为单实线 </p>
23   <p class="two">边框样式——上边框单实线、左右点线、下边框虚线 </p>
24   </body>
25   </html>
```

在例 5-1 中，使用边框样式 border-style 属性，设置标题和段落文本的边框样式。其中标题设置了一个边框属性值，类名为“one”的文本用单边框属性设置样式，类名为“two”的文本用综合边框属性设置样式。

运行例 5-1，效果如图 5-3 所示。

需要注意的是，由于兼容性的问题，在不同的浏览器中点线 dotted 和虚线 dashed 的显示样式可能会略有差异。图 5-4 所示为例 5-1 在火狐浏览器中的预览效果，其中虚线（dashed）显示效果要比谷歌浏览器稀疏。

图 5-3   谷歌浏览器中的边框效果

图 5-4   火狐浏览器中的边框效果

2. 边框宽度

border-width 属性用于设置边框的宽度，其常用取值单位为像素 px。同边框样式一样，边框宽度也可以针对 4 条边分别设置，或综合设置 4 条边的宽度，具体如下 :

```
border-top-width :上边框宽度 ;
border-right-width :右边框宽度 ;
border-bottom-width :下边框宽度 ;
border-left-width :左边框宽度 ;
border- width :上边框宽度 [ 右边框宽度 下边框宽度 左边框宽度 ];
```

综合设置 4 边宽度必须按上右下左的顺时针顺序采用值复制，即 1 个值为 4 边，2 个值

为上下 / 左右，3 个值为上 / 左右 / 下。

　　了解了边框宽度属性，接下来我们通过一个案例来演示其用法。新建 HTML 页面，并在页面中添加段落文本，然后通过边框宽度属性对段落进行控制，如例 5-2 所示。

例 5-2　example02.html

```
1   <!doctype html>
2   <html>
3   <head>
4   <meta charset="utf-8">
5   <title>设置边框宽度</title>
6   <style type="text/css">
7   p{
8       border-width:1px;          /* 综合设置 4 边宽度 */
9       border-top-width:3px;      /* 设置上边宽度覆盖 */
10      /* 上面两行代码等价于：border-width:3px 1px 1px; */
11  }
12  </style>
13  </head>
14  <body>
15  <p>边框宽度—上 3px，下左右 1px。边框样式—单实线。</p>
16  </body>
17  </html>
```

　　在例 5-2 中，先综合设置 4 边的边框宽度，然后单独设置上边框宽度进行覆盖，使上边框的宽度不同。

　　运行例 5-2，效果如图 5-5 所示。

　　如图 5-5 所示，段落文本并没有像预期的一样添加边框效果。这是因为在设置边框宽度时，必须同时设置边框样式，如果未设置样式或设置为 none，则不论宽度设置为多少都无效。

　　在例 5-2 的 CSS 代码中，为 <p> 标签添加边框样式，代码如下：

```
border-style:solid;          /* 综合设置边框样式 */
```

　　保存 HTML 文件，刷新网页，效果如图 5-6 所示。

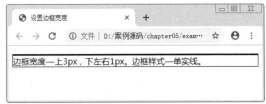

<table>
<tr><td align="center">图 5-5　仅设置边框宽度</td><td align="center">图 5-6　同时设置边框宽度和样式</td></tr>
</table>

　　如图 5-6 所示，段落文本添加了预期的边框效果。

3. 设置边框颜色

　　border-color 属性用于设置边框的颜色，其取值可为预定义的颜色英文单词（如 red、blue）、十六进制颜色值 #RRGGBB（如 #FF0000 或 #F00）或 RGB 模式 rgb(r,g,b)（如 rgb(0,255,0)，括号里是颜色色值或百分比），实际工作中最常用的是十六进制颜色值。

　　边框的默认颜色为元素本身的文本颜色，对于没有文本的元素，例如只包含图像的表格，其默认边框颜色为父元素的文本颜色。与边框样式和宽度相同，边框颜色的单边与综合设置方式如下：

```
border-top-color:上边框颜色;
border-right-color:右边框颜色;
border-bottom-color:下边框颜色;
border-left-color:左边框颜色;
border-color:上边框颜色 [右边框颜色 下边框颜色 左边框颜色];
```

综合设置 4 边颜色必须按顺时针顺序采用值复制原则，即 1 个值为 4 边，2 个值为上下 / 左右，3 个值为上 / 左右 / 下。

例如设置段落的边框样式为实线，上下边灰色，左右边红色，代码如下：

```
p{
    border-style:solid;              /*综合设置边框样式*/
    border-color:#CCC #FF0000;       /*设置边框颜色：2 个值为上下、左右*/
}
```

再如设置二级标题的边框样式为实线，且下边框为红色，其余边框采用默认文本的颜色，代码如下：

```
h2{
    border-style:solid;              /*综合设置边框样式*/
    border-bottom-color:red;         /*单独设置下边框颜色*/
}
```

注意：

1. 设置边框颜色时同样必须设置边框样式，如果未设置样式或设置为 none，则其他的边框属性无效。

2. 使用 RGB 模式设置颜色时，如果括号里面的数值为百分比，必须把"0"也加上百分号，写作"0%"。

多学一招：巧用边框透明色（transparent）

CSS 2.1 将元素背景延伸到了边框，同时增加了 transparent 透明色。如果需要将已有的边框设置为暂时不可见，可使用"border-color:transparent;"，这时如同没有边框，看到的是背景色，需要边框可见时再设置相应的颜色，这样可以保证元素的区域不发生变化。这种方式与取消边框样式不同，取消边框样式时，虽然边框也不可见，但是这时边框的宽度为 0，即元素的区域发生了变化。

4. 综合设置边框

使用 border-style、border-width、border-color 虽然可以实现丰富的边框效果，但是这种方式书写的代码烦琐，且不便于阅读。其实 CSS 提供了更简单的边框设置方式，具体设置方式如下：

```
border-top:上边框宽度 样式 颜色;
border-right:右边框宽度 样式 颜色;
border-bottom:下边框宽度 样式 颜色;
border-left:左边框宽度 样式 颜色;
border:四边宽度 样式 颜色;
```

上面的设置方式中，边框的宽度、样式、颜色顺序任意，不分先后，可以只指定需要设置的属性，省略的部分将取默认值（样式不能省略）。

当每一侧的边框样式都不同，或者只需单独定义某一侧的边框样式时，可以使用单侧边框的综合设置样式属性 border-top、border-bottom、border-left 或 border-right。例如单独定义段落的上边框，代码如下：

```
p{ border-top:2px solid #CCC;}        /*定义上边框，各个值顺序任意*/
```

该样式将段落的上边框设置为 2 像素、单实线、灰色，其他各边的边框按默认值不可见，这段代码等价于：

```
p{
    border-top-style:solid;
    border-top-width:2px;
    border-top-color:#CCC;
}
```

当 4 条边的边框样式都相同时，可以使用 border 属性进行综合设置。例如将二级标题的边框设置为双实线、红色、3 像素宽，代码如下：

```
h2{border:3px double red;}
```

像 border、border-top 等这样能够一个属性定义元素的多种样式，在 CSS 中称为复合属性。常用的复合属性有 font、border、margin、padding 和 background 等。实际工作中常使用复合属性，它可以简化代码，提高页面的运行速度，但是如果只设置一个属性值，最好不要应用复合属性，以免样式不被兼容。

为了使初学者更好地理解复合属性，接下来我们对标题、段落和图像分别应用 border 相关的复合属性设置边框，如例 5-3 所示。

例 5-3　example03.html

```
1   <!doctype html>
2   <html>
3   <head>
4   <meta charset="utf-8">
5   <title> 综合设置边框 </title>
6   <style type="text/css">
7   h2{
8       border-bottom:5px double blue;        /*border-bottom 复合属性设置下边框 */
9       text-align:center;
10  }
11  .text{                                    /* 单侧复合属性设置各边框 */
12      border-top:3px dashed #F00;
13      border-right:10px double #900;
14      border-bottom:3px dotted #CCC;
15      border-left:10px solid green;
16  }
17  .pingmian{                                /*border 复合属性设置各边框相同 */
18      border:15px solid #CCC;
19  }
20  </style>
21  </head>
22  <body>
23  <h2> 设置边框属性 </h2>
24  <p class="text"> 该段落使用单侧边框的综合属性，分别给上、右、下、左四个边设置不同的样式。</p>
25  <img class="pingmian" src="tu.png" alt=" 图片 " />
26  </body>
27  </html>
```

在例 5-3 中，使用边框的单侧复合属性设置二级标题和段落文本，其中二级标题添加下边框，段落文本的各侧边框样式都不同，然后使用复合属性 border 为图像设置 4 条相同的边框。

运行例 5-3，效果如图 5-7 所示。

图 5-7   综合设置边框

5.2.2   内边距属性

为了调整内容在盒子中的显示位置，常常需要给元素设置内边距。内边距也称为内填充，指的是元素内容与边框之间的距离。下面我们即对内边距相关属性进行详细讲解。

在 CSS 中 padding 属性用于设置内边距，同边框属性 border 一样，padding 也是复合属性，其相关设置方式如下：

```
padding-top: 上内边距 ;
padding-right: 右内边距 ;
padding-bottom: 下内边距 ;
padding-left: 左内边距 ;
padding: 上内边距 [右内边距 下内边距 左内边距 ];
```

在上面的设置中，padding 相关属性的取值可为 auto 自动（默认值）、不同单位的数值、相对于父元素（或浏览器）宽度的百分比。在实际工作中 padding 属性值最常用的单位是像素值 px，并且不允许使用负值。

同边框相关属性一样，使用复合属性 padding 定义内边距时，必须按顺时针顺序采用值复制的原则，1 个值为 4 边、2 个值为上下 / 左右，3 个值为上 / 左右 / 下。

了解了内边距的相关属性，接下来我们通过一个案例来演示其效果。新建 HTML 页面，在页面中添加一个图像和一段文本，然后使用 padding 相关属性控制它们的显示位置，如例 5-4 所示。

例 5-4   example04.html

```
1    <!doctype html>
2    <html>
3    <head>
4    <meta charset="utf-8">
5    <title> 设置内边距 </title>
6    <style type="text/css">
7    .border{ border:5px solid #ccc;}              /* 为图像和段落设置边框 */
8    img{
9        padding:80px;                             /* 图像 4 个方向内边距相同 */
10       padding-bottom:0;                         /* 单独设置下边距 */
11       /* 上面两行代码等价于 padding:80px 80px 0;*/
```

```
12  }
13  p{ padding:5%;}                          /* 段落内边距为父元素宽度的 5%*/
14  </style>
15  </head>
16  <body>
17  <img class="border" src="padding_in.png" alt=" 内边距 " />
18  <p class="border"> 段落内边距为父元素宽度的5%。</p>
19  </body>
20  </html>
```

在例 5-4 中，使用 padding 相关属性设置了图像和段落的内边距，其中段落内边距使用百分比数值。

运行例 5-4，效果如图 5-8 所示。

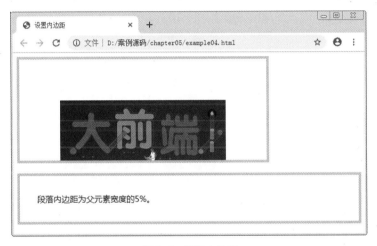

图 5-8　设置内边距

由于段落的内边距设置为百分比数值，当拖动浏览器窗口改变其宽度时，段落的内边距会随之发生变化。

> **注意：**
>
> 如果设置内外边距属性值为百分比，则内外边距不论上下或左右，都是相对于父元素宽度 width 的百分比，随父元素 width 的变化而变化，和高度 height 无关。

5.2.3　外边距属性

网页是由多个盒子排列而成的，要想拉开盒子与盒子之间的距离，合理地布局网页，就需要为盒子设置外边距。所谓外边距指的是标签边框与相邻标签之间的距离。在 CSS 中 margin 属性用于设置外边距，它是一个复合属性，与内边距 padding 的用法类似。设置外边距的方法如下：

```
margin-top: 上外边距 ;
margin-right: 右外边距 ;
margin-bottom: 下外边距 ;
margin-left: 左外边距 ;
margin: 上外边距 [ 右外边距 下外边距 左外边距 ];
```

margin 取值遵循值复制的原则，其取 1 ～ 4 个值的情况与 padding 相同，但是外边距可以使用负值，使相邻标签发生重叠。

当对块级元素（将在 5.4 节详细介绍）应用宽度属性 width，并将左右的外边距都设置为

auto 时，可使块级元素水平居中，实际工作中常用这种方式进行网页布局，示例代码如下：

```
.num{ margin:0 auto;}
```

下面我们通过一个案例来演示外边距属性的用法和效果。新建 HTML 页面，在页面中添加一个图像和一个段落，然后使用 margin 相关属性对图像和段落进行排版，如例 5-5 所示。

例 5-5   example05.html

```
1   <!doctype html>
2   <html>
3   <head>
4   <meta charset="utf-8">
5   <title> 外边距 </title>
6   <style type="text/css">
7   img{
8       border:5px solid green;
9       float:left;                      /* 设置图像左浮动 */
10      margin-right:50px;               /* 设置图像的右外边距 */
11      margin-left:30px;                /* 设置图像的左外边距 */
12      /* 上面两行代码等价于 margin:0 50px 0 30px;*/
13      }
14  p{text-indent:2em;}                  /* 段落文本首行缩进 2 字符 */
15  </style>
16  </head>
17  <body>
18  <img src="longmao.png" alt=" 龙猫和小月姐妹 " />
19  <p> 龙猫剧情简介：小月的母亲生病住院了，父亲带着她与妹妹到乡下居住。她们在乡下遇到了很多小精灵，更与一只大大胖胖的龙猫成为了朋友。龙猫与小精灵们利用它们的神奇力量，为小月与妹妹带来了很多神奇的景观……</p>
20  </body>
21  </html>
```

在例 5-5 中，第 9 行代码使用浮动属性 float 将图像居左；而第 10 行和第 11 行代码设置图像的左右外边距分别为 30px 和 50px，使图像和文本之间拉开一定的距离，实现常见的排版效果（浮动属性将在第 8 章详细讲解）。

运行例 5-5，效果如图 5-9 所示。

如图 5-9 所示，图像和段落文本之间拉开了一定的距离，实现了图文混排的效果。但是仔细观察效果图会发现，浏览器边界与网页内容之间也存在一定的距离，然而我们并没有对 <p> 标签或 <body> 标签应用内边距或外边距，可见这些标签默认就存在内边距和外边距样式。网页中默认存在内外边距的标签有 <body>、<h1> ～ <h6>、<p> 等。

图 5-9   外边距的使用

为了更方便地控制网页中的标签，制作网页时添加如下代码，即可清除标签默认的内外边距：

```
*{
    padding:0;              /* 清除内边距 */
    margin:0;               /* 清除外边距 */
}
```

注意：

如果没有明确定义标签的宽高时，内边距相比外边距的容错率高。

5.2.4　背景属性

网页能通过背景图像给浏览者留下第一印象，如节日题材的网站一般采用喜庆祥和的图片来突出效果，所以在网页设计中，控制背景颜色和背景图像是一个很重要的步骤。下面我们将详细介绍 CSS 控制背景颜色和背景图像的方法。

1. 设置背景颜色

在 CSS 中，网页元素的背景颜色使用 background-color 属性来设置，其属性值与文本颜色的取值一样，可使用预定义的颜色值、十六进制 #RRGGBB 或 RGB 代码 rgb(r,g,b)。background-color 的默认值为 transparent，即背景透明，这时子元素会显示其父元素的背景。

了解了背景颜色属性 background-color，接下来我们通过一个案例来演示其用法。新建 HTML 页面，在页面中添加标题和段落文本，然后通过 background-color 属性控制标题标签 \<h2\> 和主体标签 \<body\> 的背景颜色，如例 5-6 所示。

例 5-6　example06.html

```
1   <!doctype html>
2   <html>
3   <head>
4   <meta charset="utf-8">
5   <title> 背景颜色 </title>
6   <style type="text/css">
7   body{background-color:#CCC;}          /* 设置网页的背景颜色 */
8   h2{
9       font-family:" 微软雅黑 ";
10      color:#FFF;
11      background-color:#36C;                /* 设置标题的背景颜色 */
12  }
13  </style>
14  </head>
15  <body>
16  <h2> 短歌行 </h2>
17  <p> 对酒当歌，人生几何! 譬如朝露，去日苦多。慨当以慷，忧思难忘。何以解忧? 唯有杜康。青青子衿，悠悠我心。但为君故，沉吟至今。呦呦鹿鸣，食野之苹。我有嘉宾，鼓瑟吹笙。明明如月，何时可掇? 忧从中来，不可断绝。越陌度阡，枉用相存。契阔谈讌，心念旧恩。月明星稀，乌鹊南飞。绕树三匝，何枝可依? 山不厌高，海不厌深。周公吐哺，天下归心。</p>
18  </body>
19  </html>
```

在例 5-6 中，通过 background-color 属性分别控制标题和网页主体的背景颜色。

运行例 5-6，效果如图 5-10 所示。

如图 5-10 所示，标题文本的背景颜色为红色，段落文本显示父元素 body 的背景颜色。这是由于未对段落标签 \<p\> 设置背景颜色，其默认属性值为 transparent(显示透明色)，所以段落将显示其父元素的背景颜色。

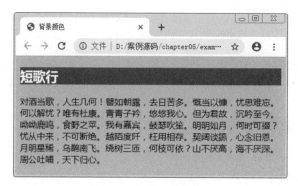

图 5-10　设置背景颜色

2. 设置背景图像

背景不仅可以设置为某种颜色，还可以将图像作为标签的背景。在 CSS 中通过 background-image 属性设置背景图像。

以例 5-6 为基础，准备一张背景图像，如图 5-11 所示，将图像放在 example06.html 文件所在的文件夹中，然后更改 body 元素的 CSS 样式代码：

```
body{
        background-color:#CCC;            /* 设置网页的背景颜色 */
        background-image:url(bg.jpg);     /* 设置网页的背景图像 */
}
```

保存 HTML 页面，刷新网页，效果如图 5-12 所示。

图 5-11　准备的背景图像　　　　　　　图 5-12　设置网页的背景图像

如图 5-12 所示，背景图像自动沿着水平和竖直两个方向平铺，充满整个网页，并且覆盖了 <body> 的背景颜色。

3. 设置背景图像平铺

默认情况下，背景图像会自动向水平和竖直两个方向平铺。如果不希望图像平铺，或者只沿着一个方向平铺，可以通过 background-repeat 属性来控制，该属性的取值如下。

- repeat：沿水平和竖直两个方向平铺（默认值）。
- no-repeat：不平铺（图像位于元素的左上角，只显示一次）。
- repeat-x：只沿水平方向平铺。
- repeat-y：只沿竖直方向平铺。

例如，希望上面例子中的图像只沿着水平方向平铺，可以将 body 元素的 CSS 代码更改如下：

```
body{
    background-color:#CCC;              /* 设置网页的背景颜色 */
    background-image:url(bg.jpg);       /* 设置网页的背景图像 */
    background-repeat:repeat-x;         /* 设置背景图像的平铺 */
}
```

保存 HTML 页面，刷新页面，效果如图 5-13 所示。

在图 5-13 中，图像只沿着水平方向平铺，背景图像覆盖的区域就显示背景图像，背景图像没有覆盖的区域按照设置的背景颜色显示。可见当背景图像和背景颜色同时存在时，背景图像优先显示。

4．设置背景图像的位置

如果将背景图像的平铺属性 background-repeat 定义为 no-repeat，图像将显示在元素的左上角，如例 5-7 所示。

例 5-7　example07.html

```
1   <!doctype html>
2   <html>
3   <head>
4   <meta charset="utf-8">
5   <title>设置背景图像的位置</title>
6   <style type="text/css">
7   body{
8   background-image:url(images/he.png);    /* 设置网页的背景图像 */
9   background-repeat:no-repeat;             /* 设置背景图像不平铺 */
10  }
11  </style>
12  </head>
13  <body>
14  <h2>励志早安语</h2>
15  <p>大海因为波澜壮阔而有气势，人生因为荆棘坎坷而有意义。拥有逆境，便拥有一次创造奇迹的机会。挫折是强者的机遇。如果人生的旅程上没有障碍，人还有什么可做的呢。总有一个人要赢，为什么不能是我。</p>
16  <p>忧伤并不是人生绝境、坎坷并非无止境，没有谁能剥夺你的欢乐，因为欢乐是心灵结出的果实。欢乐将指引你在人生正确方向里寻找自己的错误，寻找自己人生的正确目标，并执着的走下去。</p>
17  </body>
18  </html>
```

在例 5-7 中，将主体元素 <body> 的背景图像定义为 no-repeat 不平铺。

运行例 5-7，效果如图 5-14 所示，背景图像位于 HTML 页面的左上角，即 <body> 元素的左上角。

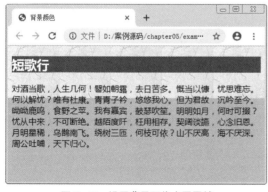

图 5-13　设置背景图像水平平铺

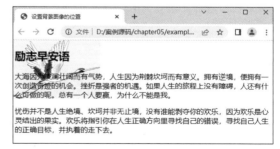

图 5-14　背景图像不平铺

如果希望背景图像出现在其他位置，就需要使用另一个 CSS 属性 background-position 设置背景图像的位置。

例如，将例 5-7 中的背景图像定义在页面的右下角，可以如下更改 body 元素的 CSS 样式代码：

```
body{
    background-image:url(he.png);              /* 设置网页的背景图像 */
    background-repeat:no-repeat;               /* 设置背景图像不平铺 */
    background-position:right bottom;          /* 设置背景图像的位置 */
}
```

保存 HTML 文件，刷新网页，效果如图 5-15 所示，背景图像出现在页面的右下角。

在 CSS 中，background-position 属性的值通常设置为两个，中间用空格隔开，用于定义背景图像在元素的水平和垂直方向的坐标，例如上面的"right bottom"。background-position 属性的默认值为"0 0"或"top left"，即背景图像位于元素的左上角。background-position 属性的取值有多种，具体如下。

（1）使用不同单位（最常用的是像素 px）的数值：直接设置图像左上角在元素中的坐标，例如"background-position:20px 20px;"。

（2）使用预定义的关键字：指定背景图像在元素中的对齐方式。

● 水平方向值：left、center、right。

● 垂直方向值：top、center、bottom。

两个关键字的顺序任意，若只有一个值则另一个默认为 center。例如：

```
center    相当于  center center（居中显示）
top       相当于  top center 或 center top（水平居中、上对齐）
```

（3）使用百分比：按背景图像和元素的指定点对齐。

● 0% 0%　　表示图像左上角与元素的左上角对齐。

● 50% 50%　表示图像 50% 50% 中心点与元素 50% 50% 的中心点对齐。

● 20% 30%　表示图像 20% 30% 的点与元素 20% 30% 的点对齐。

● 100% 100% 表示图像右下角与元素的右下角对齐。

如果取值只有一个百分数，将作为水平值，垂直值则默认为 50%。

接下来我们将 background-position 的值定义为像素值，来控制例 5-7 中背景图像的位置。body 元素的 CSS 样式代码如下：

```
body{
    background-image:url(he.png);          /* 设置网页的背景图像 */
    background-repeat:no-repeat;           /* 设置背景图像不平铺 */
    background-position:50px 80px;         /* 用像素值控制背景图像的位置 */
}
```

保存 HTML 页面，再次刷新网页，效果如图 5-16 所示。

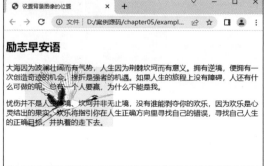

图 5-15　背景图像位置　　　　　　　　　　　图 5-16　控制背景图像的位置

在图 5-16 中，图像距离 body 元素的左边缘为 50px，距离上边缘为 80px。

5. 设置背景图像固定

当网页中的内容较多时，但是希望图像会随着页面滚动条的移动而移动，此时就需要使用 background-attachment 属性来设置。background-attachment 属性有两个属性值，分别代表不同的含义，具体解释如下。

- scroll：图像随页面一起滚动（默认值）。
- fixed：图像固定在屏幕上，不随页面滚动。

例如下面的示例代码，就表示背景图像在距离 body 元素的左边缘为 50px，距离上边缘为 80px 的位置固定：

```
body{
    background-image:url(he.png);              /* 设置网页的背景图像 */
    background-repeat:no-repeat;               /* 设置背景图像不平铺 */
    background-position:50px 80px;             /* 用像素值控制背景图像的位置 */
    background-attachment:fixed;               /* 设置背景图像的位置固定 */
}
```

6. 综合设置元素的背景

同边框属性一样，在 CSS 中背景属性也是一个复合属性，可以将背景相关的样式都综合定义在一个复合属性 background 中。使用 background 属性综合设置背景样式的语法格式如下：

```
background: 背景色 url(" 图像 ") 平铺 定位 固定 ;
```

在上面的语法格式中，各样式顺序任意，中间用空格隔开，不需要的样式可以省略。但实际工作中通常按照背景色、url("图像")、平铺、定位、固定的顺序来书写。

例如，有下面的示例代码：

```
background: url(he.png) no-repeat 50px 80px fixed;
```

上述代码省略了背景颜色样式，等价于：

```
body{
    background-image:url(he.png);              /* 设置网页的背景图像 */
    background-repeat:no-repeat;               /* 设置背景图像不平铺 */
    background-position:50px 80px;             /* 用像素值控制背景图像的位置 */
    background-attachment:fixed;               /* 设置背景图像的位置固定 */
}
```

5.2.5　盒子的宽与高

网页是由多个盒子排列而成的，每个盒子都有固定的大小，在 CSS 中使用宽度属性 width 和高度属性 height 可以对盒子的大小进行控制。width 和 height 的属性值可以为不同单位的数值或相对于父元素的百分比，实际工作中最常用的是像素值。

了解了盒子的 width 和 height 属性，接下来我们通过它们来控制网页中的段落，如例 5-8 所示。

例 5-8　example08.html

```
1  <!doctype html>
2  <html>
3  <head>
4  <meta charset="utf-8">
5  <title> 盒子模型的宽度与高度 </title>
6  <style type="text/css">
7  .box{
8      width:200px;                            /* 设置段落的宽度 */
9      height:80px;                            /* 设置段落的高度 */
```

```
10        background:#CCC;              /* 设置段落的背景颜色 */
11        border:8px solid #F00;         /* 设置段落的边框 */
12        padding:15px;                  /* 设置段落的内边距 */
13        margin:20px;                   /* 设置段落的外边距 */
14    }
15    </style>
16    </head>
17    <body>
18    <p class="box">这是一个盒子</p>
19    </body>
20    </html>
```

在例 5-8 中，通过 width 和 height 属性分别控制段落的宽度和高度，同时对段落应用了盒子模型的其他相关属性，例如边框、内边距、外边距等。

运行例 5-8，效果如图 5-17 所示。

在例 5-8 所示的盒子中，如果问盒子的宽度是多少，初学者可能会不假思索地说是 200px。实际上这是不正确的。因为在 CSS 规范中，元素的 width 和 height 属性仅

图 5-17　控制盒子的宽度与高度

指元素内容的宽度和高度，其周围的内边距、边框和外边距是单独计算的。大多数浏览器，如火狐、谷歌及以上版本都采用了 W3C 规范，符合 CSS 规范的盒子模型的总宽度和总高度的计算原则如下。

- 盒子的总宽度 = width+ 左右内边距之和 + 左右边框宽度之和 + 左右外边距之和。
- 盒子的总高度 = height+ 上下内边距之和 + 上下边框宽度之和 + 上下外边距之和。

▌注意：

宽度属性 width 和高度属性 height 仅适用于块级元素，对行内元素无效（<img /> 和 <input /> 标签除外 ）。

5.3　CSS3 新增盒子模型属性

为了丰富网页的样式功能，去除一些冗余的样式代码，CSS3 中添加了一些新的盒子模型属性，如颜色透明度、圆角、图片边框、阴影、渐变等。本节将详细介绍这些全新的 CSS 样式属性。

5.3.1　颜色透明度

在 CSS3 之前，我们设置颜色的方式包含十六进制颜色（如 #F00）、rgb 模式颜色或指定颜色的英文名称（如 red），但这些方法无法改变颜色的不透明度。在 CSS3 中新增了两种设置颜色不透明度的方法，一种是使用 rgba 模式设置，另一种是使用 opacity 属性设置。下面我们将详细讲解两种设置方法。

1. rgba 模式

rgba 是 CSS3 新增的颜色模式，它是 rgb 颜色模式的延伸。rgba 模式是在红、绿、蓝三原色的基础上添加了不透明度参数，其语法格式如下。

```
rgba(r,g,b,alpha);
```

上述语法格式中，前 3 个参数与 RGB 中的参数含义相同，括号里面书写的是 rgb 的颜色色值或者百分比，alpha 参数是一个介于 0.0（完全透明）和 1.0（完全不透明）之间的数字。

例如，使用 rgba 模式为 p 标签指定透明度为 0.5，颜色为红色的背景，代码如下：

```
p{background-color:rgba(255,0,0,0.5);}
```

或

```
p{background-color:rgba(100%,0%,0%,0.5);}
```

2. opacity 属性

opacity 属性是 CSS3 的新增属性，该属性能够使任何元素呈现出透明效果，作用范围要比 rgba 模式大得多。opacity 属性的语法格式如下：

```
opacity:参数;
```

上述语法中，opacity 属性用于定义标签的不透明度，参数表示不透明度的值，它是一个介于 0 ~ 1 之间的浮点数值，其中，0 表示完全透明，1 表示完全不透明，而 0.5 则表示半透明。

5.3.2　圆角

在网页设计中，经常会看到一些圆角的图形，如按钮、头像图片等，运用 CSS3 中的 border-radius 属性可以将矩形边框四角圆角化，实现圆角效果。border-radius 属性基本语法格式如下：

```
border-radius:水平半径参数1 水平半径参数2 水平半径参数3 水平半径参数4/垂直半径参数1 垂直半径参数2 垂直半径参数3 垂直半径参数4;
```

在上面的语法格式中，水平和垂直半径参数均有 4 个参数值，分别对应着矩形的 4 个圆角（每个角包含着水平和垂直半径参数），如图 5-18 所示。border-radius 的属性值主要包含两个参数，即水平半径参数和垂直半径参数，参数之间用"/"隔开，参数的取值单位可以为 px(像素值) 或 %(百分比)。

下面我们通过一个案例来演示 border-radius 属性的用法，如例 5-9 所示。

例 5-9　example09.html

```
1   <!doctype html>
2   <html>
3   <head>
4   <meta charset="utf-8">
5   <title> 圆角边框 </title>
6   <style type="text/css">
7   img{
8       border:8px solid black;
9       border-radius:50px 20px 10px 70px/30px 40px 60px 80px;   /* 分别设置四个角水平半径和垂直半
径 */
10  }
11  </style>
12  </head>
13  <body>
14  <img class="circle" src="2.png" alt=" 图片 "/>
15  </body>
16  </html>
```

在例 5-9 中，第 9 行代码分别将图片 4 个角设置了不同的水平半径和垂直半径。

运行例 5-9，效果如图 5-19 所示。

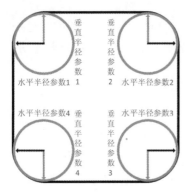
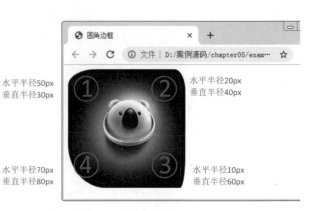

图 5-18　参数所对应的圆角　　　　　　　　　　图 5-19　圆角边框的使用

需要注意的是，border-radius 属性同样遵循值复制的原则，其水平半径参数和垂直半径参数均可以设置 1 ~ 4 个参数值，用来表示四角圆角半径的大小，具体解释如下。

● 水平半径参数和垂直半径参数设置 1 个参数值时，表示四角的圆角半径均相同。

● 水平半径参数和垂直半径参数设置 2 个参数值时，第 1 个参数值代表左上圆角半径和右下圆角半径，第 2 个参数值代表右上和左下圆角半径，具体示例代码如下：

```
img{border-radius:50px 20px/30px 60px;}
```

在上面的示例代码中，设置图像左上和右下圆角水平半径为 50px，垂直半径为 30px，右上和左下圆角水平半径为 20px，垂直半径为 60px。示例代码对应效果如图 5-20 所示。

● 水平半径参数和垂直半径参数设置 3 个参数值时，第 1 个参数值代表左上圆角半径，第 2 个参数值代表右上和左下圆角半径，第 3 个参数值代表右下圆角半径，具体示例代码如下：

```
img{border-radius:50px 20px 10px/30px 40px 60px;}
```

在上面的示例代码中，设置图像左上圆角的水平半径为 50px，垂直半径为 30px；右上和左下圆角水平半径为 20px，垂直半径为 40px；右下圆角的水平半径为 10px，垂直半径为 60px。示例代码对应效果如图 5-21 所示。

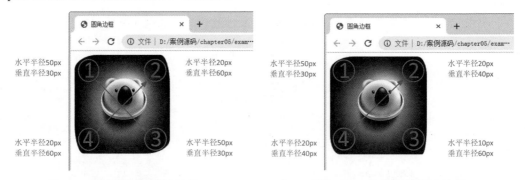

图 5-20　两个参数值的圆角边框　　　　　　　　图 5-21　3 个参数值的圆角边框

● 水平半径参数和垂直半径参数设置 4 个参数值时，第 1 个参数值代表左上圆角半径，第 2 个参数值代表右上圆角半径，第 3 个参数值代表右下圆角半径，第 4 个参数值代表左下圆角半径，具体示例代码如下：

```
img{border-radius:50px 30px 20px 10px/50px 30px 20px 10px;}
```

在上面的示例代码中，设置图像左上圆角的水平垂直半径均为 50px，右上圆角的水平和垂直半径均为 30px，右下圆角的水平和垂直半径均为 20px，左下圆角的水平和垂直半径均为 10px。示例代码对应效果如图 5-22 所示。

　　需要注意的是，当应用值复制原则设置圆角边框时，如果"垂直半径参数"省略，则会默认其等于"水平半径参数"的参数值。此时圆角的水平半径和垂直半径相等。例如设置 4 个参数值的示例代码则可以简写为：

```
img{border-radius:50px 30px 20px 10px;}
```

　　值得一提的是，如果想要设置例 5-9 中图片的圆角边框显示效果为圆形，只需将第 9 行代码更改为：

```
img{border-radius:150px;}                /* 设置显示效果为圆形 */
```

　　或：

```
img{border-radius:50%;}                  /* 利用 % 设置显示效果为圆形 */
```

　　由于案例中图片的宽高均为 300 像素，所以图片的半径是 150px，使用百分比会比换算图片的半径更加省事。运行案例对应的效果如图 5-23 所示。

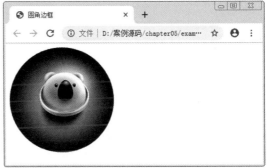

图 5-22　4 个参数值的圆角边框　　　　　　　　图 5-23　圆角边框的圆形效果

5.3.3　图片边框

　　在网页设计中，我们还可以使用图片作为元素的边框。运用 CSS3 中的 border-image 属性可以轻松实现这个效果。border-image 属性是一个复合属性，内部包含 border-image-source、border-image-slice、border-image-width、border-image-outset 以及 border-image-repeat 等属性，其基本语法格式如下：

```
border-image: border-image-source/ border-image-slice/ border-image-width/ border-image-outset/ border-image-repeat;
```

　　对上述代码中名词的解释如表 5-2 所示。

表 5-2　border-image 的属性描述

属性	描述
border-image-source	指定图片的路径
border-image-slice	指定边框图像顶部、右侧、底部、左侧向内偏移量（可以简单理解为图片的裁切位置）
border-image-width	指定边框宽度
border-image-outset	指定边框背景向盒子外部延伸的距离
border-image-repeat	指定背景图片的平铺方式

　　下面我们通过一个案例来演示图片边框的设置方法，如例 5-10 所示。

例 5-10　example10.html

```
1  <!doctype html>
2  <html>
```

```
3   <head>
4   <meta charset="utf-8">
5   <title>图片边框</title>
6   <style type="text/css">
7   p{
8       width:362px;
9       height:362px;
10      border-style:solid;
11      border-image-source:url(3.png);      /* 设置边框图片路径 */
12      border-image-slice:33%;              /* 边框图像顶部、右侧、底部、左侧向内偏移量 */
13      border-image-width:40px;             /* 设置边框宽度 */
14      border-image-outset:0;               /* 设置边框图像区域超出边框量 */
15      border-image-repeat:repeat;          /* 设置图片平铺方式 */
16      }
17  </style>
18  </head>
19  <body>
20  <p></p>
21  </body>
22  </html>
```

在例 5-10 中，第 10 行代码用于设置边框样式，如果想要正常显示图片边框，前提是先设置好边框样式，否则不会显示边框。第 11 ~ 15 行代码，通过设置图片、内偏移、边框宽度和填充方式定义了一个图片边框，图片素材如图 5-24 所示。

运行例 5-10，效果如图 5-25 所示。

对比图 5-24 和图 5-25 发现，边框图片素材的四角位置（即数字 1、3、7、9 标示位置）和盒子边框四角位置的数字是吻合的，也就是说在使用 border-image 属性设置边框图片时，会将素材分割成 9 个区域，即图 5-24 中所示的 1 ~ 9 数字。在显示时，将 "1""3""7""9" 作为四角位置的图片，将 "2""4""6""8"

图 5-24   边框图片素材

作为四边的图片进行平铺，如果尺寸不够，则按照自定义的方式填充。而中间的 "5" 在切割时则被当作透明区域处理。

例如，将例 5-10 中第 15 行代码中图片的填充方式改为 "拉伸填充"，具体代码如下：

```
border-image-repeat:stretch;                    /* 设置图片填充方式 */
```

保存 HTML 文件，刷新页面，效果如图 5-26 所示。

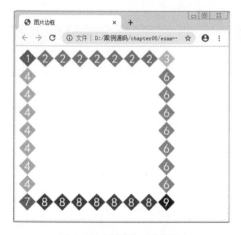

图 5-25   图片边框的使用

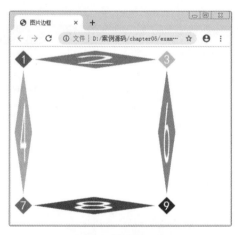

图 5-26   拉伸显示效果

通过图 5-26 可以看出，"2" "4" "6" "8" 区域中的图片被拉伸填充了边框区域。与边框样式和宽度相同，图案边框也可以使用综合属性设置样式。如例 5-10 中设置图案边框的第 11 ～ 15 行代码也可以简写为：

```
border-image:url(3.png) 33%/40PX repeat;
```

在上面的示例代码中，"33%" 表示边框的内偏移，"40px" 表示边框的宽度，二者需要用 "/" 隔开。

5.3.4　阴影

在网页制作中，经常需要对盒子添加阴影效果。使用 CSS3 中的 box-shadow 属性可以轻松实现阴影的添加，其基本语法格式如下：

```
box-shadow: h-shadow v-shadow blur spread color outset;
```

在上面的语法格式中，box-shadow 属性共包含 6 个参数值，如表 5-3 所示。

表 5-3　box-shadow 属性参数值

参数值	描述
h-shadow	表示水平阴影的位置，可以为负值（必选属性）
v-shadow	表示垂直阴影的位置，可以为负值（必选属性）
blur	阴影模糊半径（可选属性）
spread	阴影扩展半径，不能为负值（可选属性）
color	阴影颜色（可选属性）
outset/ inset	默认为外阴影 / 内阴影（可选属性）

表 5-3 列举了 box-shadow 属性参数值，其中 "h-shadow" 和 "v-shadow" 为必选参数值，不可以省略，其余为可选参数值。其中，将 "阴影类型" 默认的 "outset" 更改为 "inset" 后，阴影类型则变为内阴影。

下面我们通过一个为图片添加阴影的案例来演示 box-shadow 属性的用法和效果，如例 5-11 所示。

例 5-11　example11.html

```
1   <!doctype html>
2   <html>
3   <head>
4   <meta charset="utf-8">
5   <title>box-shadow属性</title>
6   <style type="text/css">
7   img{
8       padding:20px;                    /* 内边距 20px*/
9       border-radius:50%;               /* 将图像设置为圆形效果 */
10      border:1px solid #666;
11      box-shadow:5px 5px 10px 2px #999 inset;
12      }
13  </style>
14  </head>
15  <body>
16  <img src="6.jpg" alt=" 爱护眼睛 "/>
17  </body>
18  </html>
```

在例 5-11 中，第 11 行代码给图像添加了内阴影样式。需要注意的是，使用内阴影时须配合内边距属性 padding，让图像和阴影之间拉开一定的距离，不然图片会将内阴影遮挡。

运行例 5-11，效果如图 5-27 所示。

如图 5-27 所示，图片出现了内阴影效果。值得一提的是，同 text-shadow 属性（文字阴影属性）一样，box-shadow 属性也可以改变阴影的投射方向以及添加多重阴影效果，示例代码如下：

```
box-shadow:5px 5px 10px 2px #999 inset,-5px -5px 10px 2px #73AFEC inset;
```

示例代码对应效果如图 5-28 所示。

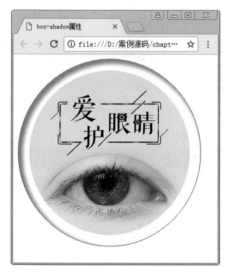

图 5-27　box-shadow 属性的使用

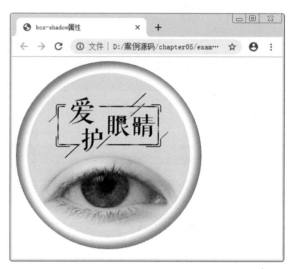

图 5-28　多重内阴影的使用

5.3.5　渐变

在 CSS3 之前的版本中，如果需要添加渐变效果，通常要设置背景图像来实现。而 CSS3 中增加了渐变属性，通过渐变属性可以轻松实现渐变效果。CSS3 的渐变属性主要包括线性渐变、径向渐变和重复渐变，具体介绍如下。

1.　线性渐变

在线性渐变过程中，起始颜色会沿着一条直线按顺序过渡到结束颜色。运用 CSS3 中的 "background-image:linear-gradient（参数值）;" 样式可以实现线性渐变效果，其基本语法格式如下：

```
background-image:linear-gradient(渐变角度,颜色值1,颜色值2……,颜色值n);
```

在上面的语法格式中，linear-gradient 用于定义渐变方式为线性渐变，括号内用于设定渐变角度和颜色值，具体解释如下。

（1）渐变角度

渐变角度指水平线和渐变线之间的夹角，可以是以 deg 为单位的角度数值或 "to" 加 "left" "right" "top" 和 "bottom" 等关键词。在使用角度设定渐变起点的时候，0deg 对应 "to top"，90deg 对应 "to right"，180deg 对应 "to bottom"，270deg 对应 "to left"，整个过程就是以 bottom 为起点顺时针旋转，具体如图 5-29 所示。

当未设置渐变角度时，会默认为 "180deg" 等同于 "to bottom"。

（2）颜色值

颜色值用于设置渐变颜色，其中 "颜色值 1" 表示起始颜色，"颜色值 n" 表示结束颜色，起始颜色和结束颜色之间可以添加多个颜色值，各颜色值之间用 "," 隔开。

下面我们通过一个案例对线性渐变的用法和效果进行演示，如例 5-12 所示。

例 5-12　example12.html

```
1   <!doctype html>
2   <html>
3   <head>
4   <meta charset="utf-8">
5   <title> 线性渐变 </title>
6   <style type="text/css">
7   p{
8       width:200px;
9       height:200px;
10      background-image:linear-gradient(30deg,#0f0,#00F);
11      }
12  </style>
13  </head>
14  <body>
15  <p></p>
16  </body>
17  </html>
```

在例 5-12 中，为 p 标签定义了一个渐变角度为 30deg、绿色（#0f0）到蓝色（#00f）的线性渐变。

运行例 5-12，效果如图 5-30 所示。

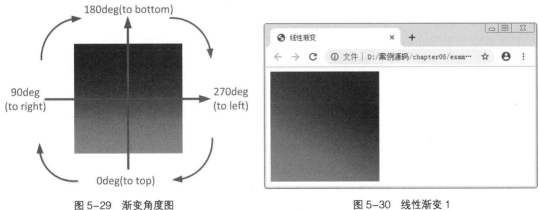

图 5-29　渐变角度图　　　　　　　图 5-30　线性渐变 1

如图 5-30 所示，绿色到蓝色的线性渐变得到了实现。值得一提的是，在每一个颜色值后面还可以书写一个百分比数值，用于标示颜色渐变的位置。例如下面的示例代码：

```
background-image:linear-gradient(30deg,#0f0 50%,#00F 80%);
```

在上面的示例代码中，可以看作绿色（#0f0）由 50% 的位置开始出现渐变至蓝色（#00f）位于 80% 的位置结束渐变。可以用 Photoshop 中的渐变色块进行类比，如图 5-31 所示。

示例代码对应效果如图 5-32 所示。

2. 径向渐变

径向渐变同样是网页中一种常用的渐变，在径向渐变过程中，起始颜色会从一个中心点开始，按照椭圆或圆形形状进行扩张渐变。运用 CSS3 中的 "background-image:radial-gradient（参数值);" 样式可以实现径向渐变效果，其基本语法格式如下：

```
background-image:radial-gradient( 渐变形状  圆心位置 , 颜色值 1, 颜色值 2…, 颜色值 n);
```

图 5-31　定义渐变颜色位置　　　　　　　　图 5-32　线性渐变 2

在上面的语法格式中，radial-gradient 用于定义渐变的方式为径向渐变，括号内的参数值用于设定渐变形状、圆心位置和颜色值，对各参数的具体介绍如下。

（1）渐变形状

渐变形状用来定义径向渐变的形状，其取值即可以是定义水平和垂直半径的像素值或百分比，也可以是相应的关键词。其中关键词主要包括两个值 "circle" 和 "ellipse"，具体解释如下。

● 像素值 / 百分比：用于定义形状的水平和垂直半径，例如 "80px 50px" 即表示一个水平半径为 80px，垂直半径为 50px 的椭圆形。

● circle：指定圆形的径向渐变。

● ellipse：指定椭圆形的径向渐变。

（2）圆心位置

圆心位置用于确定元素渐变的中心位置，使用 "at" 加上关键词或参数值来定义径向渐变的中心位置。该属性值类似于 CSS 中 background-position 属性值，如果省略则默认为 "center"。该属性值主要有以下几种。

● 像素值 / 百分比：用于定义圆心的水平和垂直坐标，可以为负值。

● left：设置左边为径向渐变圆心的横坐标值。

● center：设置中间为径向渐变圆心的横坐标值或纵坐标。

● right：设置右边为径向渐变圆心的横坐标值。

● top：设置顶部为径向渐变圆心的纵标值。

● bottom：设置底部为径向渐变圆心的纵标值。

（3）颜色值

"颜色值 1" 表示起始颜色，"颜色值 n" 表示结束颜色，起始颜色和结束颜色之间可以添加多个颜色值，各颜色值之间用 ","隔开。

下面我们运用径向渐变来制作一个球体，如例 5-13 所示。

例 5-13　example13.html

```
1   <!doctype html>
2   <html>
3   <head>
4   <meta charset="utf-8">
5   <title> 径向渐变 </title>
6   <style type="text/css">
7   p{
8       width:200px;
```

```
9          height:200px;
10         border-radius:50%;          /* 设置圆角边框 */
11         background-image:radial-gradient(ellipse at center,#0f0,#030); /* 设置径向渐变 */
12         }
13   </style>
14   </head>
15   <body>
16   <p></p>
17   </body>
18   </html>
```

在例 5-13 中，为 p 标签定义了一个渐变形状为椭圆形，径向渐变位置在容器中心点，绿色（#0f0）到深绿色（#030）的径向渐变；同时使用 "border-radius" 属性将容器的边框设置为圆角。

运行例 5-13，效果如图 5-33 所示。

如图 5-33 所示，球体实现了绿色到深绿色的径向渐变。

值得一提的是，同 "线性渐变" 类似，在 "径向渐变" 的颜色值后面也可以书写一个百分比数值，用于设置渐变的位置。

3. 重复渐变

在网页设计中，经常会遇到在一个背景上重复应用渐变模式的情况，这时就需要使用重复渐变。重复渐变包括重复线性渐变和重复径向渐变，具体解释如下。

（1）重复线性渐变

在 CSS3 中，通过 "background-image:repeating-linear-gradient(参数值);" 样式可以实现重复线性渐变的效果，其基本语法格式如下：

```
background-image:repeating-linear-gradient( 渐变角度 , 颜色值 1, 颜色值 2…, 颜色值 n);
```

在上面的语法格式中，"repeating-linear-gradient(参数值)" 用于定义渐变方式为重复线性渐变，括号内的参数取值和线性渐变相同，分别用于定义渐变角度和颜色值。颜色值同样可以使用百分比定义位置。

下面我们通过一个案例对重复线性渐变进行演示，如例 5-14 所示。

例 5-14　example14.html

```
1    <!doctype html>
2    <html>
3    <head>
4    <meta charset="utf-8">
5    <title>重复线性渐变</title>
6    <style type="text/css">
7    p{
8        width:200px;
9        height:200px;
10       background-image:repeating-linear-gradient(90deg,#E50743,#E8ED30 10%,#3FA62E 15%);
11       }
12   </style>
13   </head>
14   <body>
15   <p></p>
16   </body>
17   </html>
```

在例 5-14 中，为 p 标签定义了一个渐变角度为 90deg，红黄绿三色的重复线性渐变。

运行例 5-14，效果如图 5-34 所示。

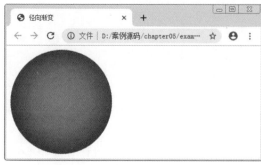

图 5-33　径向渐变

图 5-34　重复线性渐变

（2）重复径向渐变

在 CSS3 中，通过"background-image:repeating-radial-gradient(参数值);"样式可以实现重复线性渐变的效果，其基本语法格式如下。

```
background-image:repeating-radial-gradient(渐变形状 圆心位置,颜色值1,颜色值2…,颜色值n);
```

在上面的语法格式中，"repeating-radial-gradient(参数值)"用于定义渐变方式为重复径向渐变，括号内的参数取值和径向渐变相同，分别用于定义渐变形状、圆心位置和颜色值。

下面我们通过一个案例对重复径向渐变进行演示，如例 5-15 所示。

例 5-15　example15.html

```
1   <!doctype html>
2   <html>
3   <head>
4   <meta charset="utf-8">
5   <title>重复径向渐变</title>
6   <style type="text/css">
7   p{
8       width:200px;
9       height:200px;
10      border-radius:50%;
11       background-image:repeating-radial-gradient(circle at 50% 50%,#E50743, #E8ED30 10%,#3FA62E 15%);
12      }
13  </style>
14  </head>
15  <body>
16  <p></p>
17  </body>
18  </html>
```

在例 5-15 中，为 p 标签定义了一个渐变形状为圆形，径向渐变位置在容器中心点，红黄绿三色的径向渐变。

运行例 5-15，效果如图 5-35 所示。

5.3.6　多背景图像

在 CSS3 之前的版本中，一个容器只能填充一张背景图片，如果重复设置，最后设置的背景图片将覆盖之前的背景。CSS3 中增强了背景图像的功能，允许一个容器里显示多个背景图像，让背景图像效果更容易控制。但是 CSS3 中

图 5-35　重复径向渐变

并没有为实现多背景图片提供对应的属性，而是通过 background-image、background-repeat、background-position 和 background-size 等属性的值来实现多重背景图像效果，各属性值之间用逗号隔开。

下面我们通过一个案例来演示多重背景图像的设置方法，如例 5-16 所示。

例 5-16　example16.html

```
1   <!doctype html>
2   <html>
3   <head>
4   <meta charset="utf-8">
5   <title> 设置多重背景图像 </title>
6   <style type="text/css">
7   p{
8       width:300px;
9       height:300px;
10      border:1px solid black;
11      background-image:url(dog.png),url(bg1.png),url(bg2.png);
12      }
13  </style>
14  </head>
15  <body>
16  <p></p>p
17  </body>
18  </html>
```

在例 5-16 中，第 11 行代码通过 background-image 属性定义了 3 张背景图，需要注意的是排列在最上方的图像应该先链接，其次是中间的装饰，最后才是背景图。

运行例 5-16，效果如图 5-36 所示。

图 5-36　设置多重背景图像

5.3.7　修剪背景图像

在 CSS3 中，还增加了一些新的调整背景图像的属性，例如调整背景图像的大小、设置背景图像的显示区域及裁剪区域等，下面我们就对这些新属性做详细讲解。

1. 设置背景图像的大小（background-size）

在 CSS3 中，新增了 background-size 属性用于控制背景图像的大小，其基本语法格式如下：

```
background-size: 属性值 1 属性值 2;
```

在上面的语法格式中，background-size 属性可以设置一个或两个值定义背景图像的宽高，其中属性值 1 为必选属性值，属性值 2 为可选属性值。属性值可以是像素值、百分比或 "cover" 和 "contain" 关键字，具体解释如表 5-4 所示。

表 5-4　background-size 属性值

属性值	描述
像素值	设置背景图像的高度和宽度。第 1 个值设置宽度，第 2 个值设置高度。如果只设置一个值，则第 2 个值会默认为 auto

续表

属性值	描述
百分比	以父标签的百分比来设置背景图像的宽度和高度。第 1 个值设置宽度，第 2 个值设置高度。如果只设置一个值，则第 2 个值会默认为 auto
cover	把背景图像扩展至足够大，使背景图像完全覆盖背景区域。背景图像的某些部分也许无法显示在背景定位区域中
contain	把图像扩展至最大尺寸，以使其宽度和高度完全适应内容区域

2. 设置背景图像的显示区域（background-origin）

在默认情况下，background-position 属性总是以标签左上角为坐标原点定位背景图像，运用 CSS3 中的 background-origin 属性可以改变这种定位方式，自行定义背景图像的相对位置，其基本语法格式如下：

```
background-origin:属性值;
```

在上面的语法格式中，background-origin 属性有 3 种属性值，分别表示不同的含义，具体介绍如下。

- padding-box：背景图像相对于内边距区域来定位。
- border-box：背景图像相对于边框来定位。
- content-box：背景图像相对于内容框来定位。

3. 设置背景图像的裁剪区域（background-clip）

在 CSS 样式中，background-clip 属性用于定义背景图像的裁剪区域，其基本语法格式如下：

```
background-clip:属性值;
```

上述语法格式上，background-clip 属性和 background-origin 属性的取值相似，但含义不同，具体解释如下。

- border-box：默认值，从边框区域向外裁剪背景。
- padding-box：从内边距区域向外裁剪背景。
- content-box：从内容区域向外裁剪背景。

5.4 元素的类型和转换

在使用这些标签的时候，我们会发现有些标签可以设置宽度和高度属性（如 p 标签），有些标签则不可以（如 strong 标签）。这是因为标签有着特定的类型，不同类型的标签可以设置的属性也不同。本节将详细讲解标签元素的类型和转换方法。

5.4.1 元素的类型

HTML 标签语言提供了丰富的标签，用于组织页面结构。为了使页面结构的组织更加轻松、合理，HTML 标签被定义成了不同的类型，一般分为块元素和行内元素，也称为块标签和行内标签，了解它们的特性可以为使用 CSS 设置样式和布局打下基础。

1. 块元素

块元素在页面中以区域块的形式出现，其特点是，每个块元素通常都会独自占据一行或多行，可以对其设置宽度、高度、对齐等属性，常用于网页布局和网页结构的搭建。

常见的块元素有 <h1> ~ <h6>、<p>、<div>、<ul>、<ol>、<li> 等，其中 <div> 标签是最

典型的块元素。

2. 行内元素

行内元素也称内联元素或内嵌元素，其特点是，不会占据一行，也不强迫其他的标签在新的一行显示。一个行内标签通常会和其他行内标签显示在同一行中，它们不占有独立的区域，仅仅靠自身的文本内容大小和图像尺寸来支撑结构，一般不可以设置宽度、高度、对齐等属性，常用于控制页面中文本的样式。

常见的行内元素有 \<strong\>、\<b\>、\<em\>、\<i\>、\<del\>、\<s\>、\<ins\>、\<u\>、\<a\>、\<span\> 等，其中 \<span\> 标签是最典型的行内元素。

下面我们通过一个案例来进一步认识块元素与行内元素，如例 5-17 所示。

例 5-17　example17.html

```
1   <!doctype html>
2   <html>
3   <head>
4   <meta charset="utf-8">
5   <title> 块元素和行内元素 </title>
6   <style type="text/css">
7   h2{
8       background:#39F;              /* 定义 h2 标签的背景颜色为青色 */
9       width:350px;                 /* 定义 h2 标签的宽度为 350px*/
10      height:50px;                 /* 定义 h2 标签的高度为 50px*/
11      text-align:center;           /* 定义 h2 标签的文本水平对齐方式为居中 */
12      }
13  p{background:#060;}              /* 定义 p 的背景颜色为绿色 */
14  strong{
15      background:#66F;             /* 定义 strong 标签的背景颜色为紫色 */
16      width:360px;                 /* 定义 strong 标签的宽度为 360px*/
17      height:50px;                 /* 定义 strong 标签的高度为 50px*/
18      text-align:center;           /* 定义 strong 标签的文本水平对齐方式为居中 */
19      }
20  em{background:#FF0;}             /* 定义 em 的背景颜色为黄色 */
21  del{background:#CCC;}            /* 定义 del 的背景颜色为灰色 */
22  </style>
23  </head>
24  <body>
25  <h2>h2 标签定义的文本 </h2>
26  <p>p 标签定义的文本 </p>
27  <p>
28      <strong>strong 标签定义的文本 </strong>
29      <em>em 标签定义的文本 </em>
30      <del>del 标签定义的文本 </del>
31  </P>
32  </body>
33  </html>
```

在例 5-17 中，第 25 ～ 31 行代码中使用了不同类型的标签，如使用块标签 \<h2\>、\<p\> 和行内标签 \<strong\>、\<em\>、\<del\> 分别定义文本，然后对不同的标签应用不同的背景颜色，同时，对 \<h2\> 和 \<strong\> 应用相同的宽度、高度和对齐属性。

运行例 5-17，效果如图 5-37 所示。

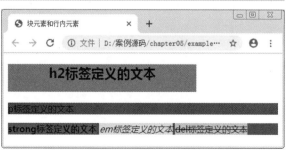

图 5-37　块元素和行内元素的显示效果

从图 5-34 中可以看出，不同类型的元素在页面中所占的区域不同。块元素 <h2> 和 <p> 各自占据一个矩形的区域，依次竖直排列。然而行内元素 <strong>、<em> 和 <del> 排列在同一行。可见块元素通常独占一行，可以设置宽高和对齐属性，而行内元素通常不独占一行，不可以设置宽高和对齐属性。行内元素可以嵌套在块元素中，而块元素不可以嵌套在行内元素中。

注意：

在行内元素中有几个特殊的标签，如 <img /> 和 <input />，对它们可以设置宽高和对齐属性，有些资料可能会称它们为行内块元素。

5.4.2 <div> 和 <span> 标签

为了让读者更好地理解"块元素"和"行内元素"，下面我们将详细介绍在 CSS 布局的页面中经常使用的块元素 <div> 和行内元素 <span>。

1. <div>

div 的英文全称为"division"，译为中文是"分割、区域"。<div> 标签简单而言就是一个块标签，可以实现网页的规划和布局。在 HTML 文档中，页面会被划分为很多区域，不同区域显示不同的内容，如导航栏、banner、内容区等，这些区块一般都通过 <div> 标签进行分隔。

可以在 div 标签中设置外边距、内边距、宽和高，同时内部可以容纳段落、标题、表格、图像等各种网页元素，也就是说大多数 HTML 标签都可以嵌套在 <div> 标签中，<div> 中还可以嵌套多层 <div>。<div> 标签非常强大，通过与 id、class 等属性结合设置 CSS 样式，可以替代大多数的块级文本标签。

下面我们通过一个案例来演示 <div> 标签的用法，如例 5-18 所示。

例 5-18　example18.html

```
1   <!doctype html>
2   <html>
3   <head>
4   <meta charset="utf-8">
5   <title>div 标签 </title>
6   <style type="text/css">
7   .one{
8       width:600px;                /* 盒子模型的宽度 */
9       height:50px;                /* 盒子模型的高度 */
10      background:aqua;            /* 盒子模型的背景 */
11      font-size:20px;            /* 设置字体大小 */
12      font-weight:bold;          /* 设置字体加粗 */
13      text-align:center;         /* 文本内容水平居中对齐 */
14      }
15  .two{
16      width:600px;                /* 设置宽度 */
17      height:100px;               /* 设置高度 */
18      background:lime;           /* 设置背景颜色 */
19      font-size:14px;            /* 设置字体大小 */
20      text-indent:2em;           /* 设置首行文本缩进 2 字符 */
21      }
22  </style>
23  </head>
24  <body>
25  <div class="one">
```

```
26          用div标签设置标题文本
27  </div>
28  <div class="two">
29          <p>div标签中嵌套P标签的文本内容</p>
30  </div>
31  </body>
32  </html>
```

在例 5-18 中，第 25 ~ 27 行和第 28 ~ 30 行代码分别定义了两对 <div>，其中第 2 对 <div> 中嵌套段落标签 <p>。第 25 行和第 28 行代码分别对两对 <div> 分别添加 class 属性，然后通过 CSS 控制其宽、高、背景颜色和文字样式等。

运行例 5-18，效果如图 5-38 所示。

从图 5-38 中可以看出，通过对 <div> 标签设置相应的 CSS 样式实现了预期的效果。

图 5-38　div 标签

注意：

1. <div> 标签最大的意义在于和浮动属性 float 配合，实现网页的布局，这就是常说的 DIV+CSS 网页布局。对于浮动和布局这里了解即可，后面的章节将会详细介绍。

2. <div> 可以替代块级元素如 <h>、<p> 等，但是它们在语义上有一定的区别。例如 <div> 和 <h2> 的不同在于 <h2> 具有特殊的含义，语义较重，代表着标题，而 <div> 是一个通用的块级元素，主要用于布局。

2. <span>

span 中文译为"范围"，作为容器标签被广泛应用在 HTML 语言中。和 <div> 标签不同的是，<span> 是行内元素，仅作为只能包含文本和各种行内标签的容器，如加粗标签 <strong>、倾斜标签 <em> 等。<span> 标签中还可以嵌套多层 <span>。

<span> 标签常用于定义网页中某些特殊显示的文本，配合 class 属性使用。<span> 标签本身没有结构特征，只有在应用样式时，才会产生视觉上的变化。当其他行内标签都不合适时，就可以使用 <span> 标签。

下面我们通过一个案例来演示 <span> 标签的使用，如例 5-19 所示。

例 5-19　example19.html

```
1   <!doctype html>
2   <html>
3   <head>
4   <meta charset="utf-8">
5   <title>span标签的使用 </title>
6   <style type="text/css">
7   #header{                        /* 设置当前div中文本的通用样式 */
8        font-family:" 微软雅黑 ";
9        font-size:16px;
10       color:#099;
11       }
12  #header .main{                  /* 控制第1个span中的特殊文本 */
13       color:#63F;
14       font-size:20px;
15       padding-right:20px;
```

```
16        }
17  #header .art{                      /* 控制第 2 个 span 中的特殊文本 */
18      color:#F33;
19      font-size:18px;
20      }
21  </style>
22  </head>
23  <body>
24  <div id="header">
25   <span class="main">木偶戏</span>是中国一种古老的民间艺术，<span class="art">是中国乡土艺术的
    瑰宝。</span>
26  </div>
27  </body>
28  </html>
```

在例 5-19 中，第 24 ~ 26 行代码使用 <div> 标签定义文本的通用样式。然后在 <div> 中嵌套两对 <span> 标签，用 <span> 标签控制特殊显示的文本，并通过 CSS 设置样式。

运行例 5-19，效果如图 5-39 所示。

图 5-39 所示的特殊显示的文本"木偶戏"和"是中国乡土艺术的瑰宝"，都是通过 CSS 控制 <span> 标签设置的。

图 5-39　span 标签的使用

需要注意的是，<div> 标签可以内嵌 <span> 标签，但是 <span> 标签中却不能嵌套 <div> 标签。可以将 <div> 和 <span> 分别看作是一个大容器和小容器，大容器内可以放下小容器，但是小容器内却放不下大容器。

5.4.3　元素类型的转换

网页是由多个块元素和行内元素构成的盒子排列而成的。如果希望行内元素具有块元素的某些特性，例如可以设置宽高，或者需要块元素具有行内元素的某些特性，例如不独占一行排列，可以使用 display 属性对元素的类型进行转换。

display 属性常用的属性值及含义如下。

● inline：此元素将显示为行内元素（行内元素默认的 display 属性值）。

● block：此元素将显示为块元素（块元素默认的 display 属性值）。

● inline-block：此元素将显示为行内块元素，可以对其设置宽高和对齐等属性，但是该元素不会独占一行。

● none：此元素将被隐藏，不显示，也不占用页面空间，相当于该元素不存在。

使用 display 属性可以对元素的类型进行转换，使元素以不同的方式显示。接下来我们通过一个案例来演示 display 属性的用法和效果，如例 5-20 所示。

例 5-20　example20.html

```
1  <!doctype html>
2  <html>
```

```
3    <head>
4    <meta charset="utf-8">
5    <title> 元素的转换 </title>
6    <style type="text/css">
7    div,span{                              /* 同时设置 div 和 span 的样式 */
8        width:200px;                       /* 宽度 */
9        height:50px;                       /* 高度 */
10       background:#FCC;                   /* 背景颜色 */
11       margin:10px;                       /* 外边距 */
12   }
13   .d_one,.d_two{display:inline;}         /* 将前两个 div 转换为行内元素 */
14   .s_one{display:inline-block;}          /* 将第 1 个 span 转换为行内块元素 */
15   .s_three{display:block;}               /* 将第 3 个 span 转换为块元素 */
16   </style>
17   </head>
18   <body>
19   <div class="d_one">第 1 个 div 中的文本 </div>
20   <div class="d_two">第 2 个 div 中的文本 </div>
21   <div class="d_three">第 3 个 div 中的文本 </div>
22   <span class="s_one">第 1 个 span 中的文本 </span>
23   <span class="s_two">第 2 个 span 中的文本 </span>
24   <span class="s_three">第 3 个 span 中的文本 </span>
25   </body>
26   </html>
```

在例 5-20 中，定义了 3 对 <div> 和 3 对 <span> 标签，为它们设置相同的宽度、高度、背景颜色和外边距。同时，对前两个 <div> 应用 "display:inline;" 样式，使它们从块元素转换为行内元素，对第 1 个和第 3 个 <span> 分别应用 "display: inline-block;" 和 "display:inline;" 样式，使它们分别转换为行内块元素和行内元素。

运行例 5-20，效果如图 5-40 所示。

从图 5-40 中可以看出，前两个 <div> 排列在了同一行，靠自身的文本内容支撑其宽高，这是因为它们被转换成了行内元素。而第 1 个和第 3 个 <span> 则按固定的宽高显示，不同的是前者不会独占一行，后者独占一行，这是因为它们分别被转换成了行内块元素和块元素。

在上面的例子中，使用 display 的相关属性值，可以实现块元素、行内元素和行内块元素之间的转换。如果希望某个元素不被显示，还可以使用 "display:none;" 进行控制。例如，希望上面例子中的第 3 个 <div> 不被显示，可以在 CSS 代码中增加如下样式：

```
.d_three{ display:none;}                   /* 隐藏第 3 个 div*/
```

保存 HTML 页面，刷新网页，效果如图 5-41 所示。

图 5-40　元素的转换

图 5-41　定义 display 为 none 后的效果

从图 5-41 中可以看出，当定义元素的 display 属性为 none 时，该元素将从页面消失，不再占用页面空间。

▌注意：

行内元素只可以定义左右外边距，定义上下外边距无效。

5.5　块元素垂直外边距的合并

当两个相邻或嵌套的块元素相遇时，其垂直方向的外边距会自动合并，发生重叠。了解块元素的这一特性，有助于设计者更好地使用 CSS 进行网页布局。本节将针对块元素垂直外边距的合并进行详细的讲解。

5.5.1　相邻块元素垂直外边距的合并

当上下相邻的两个块元素相遇时，如果上面的标签有下外边距 margin-bottom，下面的标签有上外边距 margin-top，则它们之间的垂直间距不是 margin-bottom 与 margin-top 之和，而是两者中的较大者。这种现象被称为相邻块元素垂直外边距的合并（也称"外边距塌陷"）。

为了更好地理解相邻块元素垂直外边距的合并，接下来我们来看一个具体的案例，如例 5-21 所示。

例 5-21　example21.html

```
1   <!doctype html>
2   <html>
3   <head>
4   <meta charset="utf-8">
5   <title> 相邻块元素垂直外边距的合并 </title>
6   <style type="text/css">
7   .one{
8       width:150px;
9       height:150px;
10      background:#FC0;
11      margin-bottom:20px;    /* 定义第 1 个 div 的下外边距为 20px*/
12      }
13  .two{
14      width:150px;
15      height:150px;
16      background:#63F;
17      margin-top:40px;       /* 定义第 2 个 div 的上外边距为 40px*/
18      }
19  </style>
20  </head>
21  <body>
22  <div class="one">1</div>
23  <div class="two">2</div>
24  </body>
25  </html>
```

在例 5-21 中，第 22、23 行代码分别定义了两对 <div>。第 7 ~ 12 行和第 13 ~ 18 行代码分别为 <div> 设置实体化三属性。不同的是，第 11 行代码为第 1 个 <div> 定义下外边距"margin-bottom:20px;"，第 17 行代码为第 2 个 <div> 定义上外边距"margin-top:40px;"。

运行例 5-21，效果如图 5-42 所示。

由图 5-42 可见，两个 <div> 之间的垂直间距并不是第 1 个 <div> 的 margin-bottom 与第 2 个 <div> 的 margin-top 之和 60px。如果用测量工具测量可以发现，两者之间的垂直间距是 40px，即为 margin-bottom 与 margin-top 中的较大者。

5.5.2　嵌套块元素垂直外边距的合并

对于两个嵌套关系的块元素，如果父标签没有上内距及边框，则父标签的上外边距会与子标记的上外边距发生合并，合并后的外边距为两者中的较大者，即使父标签的上外边距为 0，也会发生合并。

为了更好地理解嵌套块元素垂直外边距的合并，接下来我们看一个具体的案例，如例 5-22 所示。

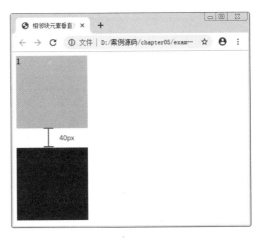

图 5-42　相邻块元素垂直外边距的合并

例 5-22　example22.html

```
1   <!doctype html>
2   <html>
3   <head>
4   <meta charset="utf-8">
5   <title> 嵌套块元素上外边距的合并 </title>
6   <style type="text/css">
7   *{margin:0; padding:0;}        /* 使用通配符清除所有 HTML 标记的默认边距 */
8   div.father{
9       width:400px;
10      height:400px;
11      background:#FC0;
12      margin-top:20px;          /* 定义第 1 个 div 的上外边距为 20px*/
13      }
14  div.son{
15      width:200px;
16      height:200px;
17      background:#63F;
18      margin-top:40px;          /* 定义第 2 个 div 的上外边距为 40px*/
19      }
20  </style>
21  </head>
22  <body>
23  <div class="father">
24      <div class="son"></div>
25  </div>
26  </body>
27  </html>
```

在例 5-22 中，第 23 ~ 25 行代码分别定义了两对 <div>，它们是嵌套的父子关系，分别为其设置宽度、高度、背景颜色和上外边距，其中父 <div> 的上外边距为 20px，子 <div> 的上外边距为 40px。为了便于观察，在第 7 行代码中使用通配符清除所有 HTML 标记的默认边距。

运行例 5-22，效果如图 5-43 所示。

由图 5-43 可见，父 <div> 与子 <div> 的上边缘重合，这是因为它们的外边距发生了合并。如果使用测量工具测量可以发现，此时的外边距为 40px，即取父 <div> 与子 <div> 上外边距中的较大者。

如果希望外边距不合并，可以为父标记定义 1 像素的上边框或上内边距。这里以定义父标记的上边框为例，在父 <div> 的 CSS 样式中增加如下代码：

```
border-top:1px solid #FCC;          /* 定义父 div 的上边框 */
```

保存 HTML 文件，刷新网页，效果如图 5-44 所示。

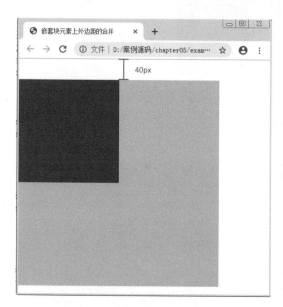

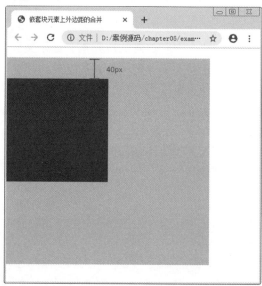

图 5-43　嵌套块元素上外边距的合并　　　　　　图 5-44　父标记有上边框时外边距不合并

在图 5-44 中，父 <div> 与浏览器上边缘的垂直间距为 20px，子 <div> 与父 <div> 上边缘的垂直间距为 40px，也就是说外边距没有发生合并。

5.6　阶段案例——制作音乐排行榜

本章前几节重点讲解了盒子模型的概念、盒子的相关属性、元素的类型和转换等。为了使读者更熟练地运用盒子模型相关属性控制页面中的各个元素，本节将通过案例的形式分步骤制作一个音乐排行榜模块，其效果如图 5-45 所示。

5.6.1　分析音乐排行榜效果图

1. 结构分析

如果把各个元素都看成具体的盒子，则效果图所示的页面由多个盒子构成。音乐排行榜整体主要由唱片背景和歌曲排名两部分构成。其中，唱片背

图 5-45　音乐排行榜效果展示

景可以通过一个大的 div 进行整体控制，歌曲排名部分通过段落标签 p 进行定义。效果图 5-45 对应的结构如图 5-46 所示。

2. 样式分析

控制效果图 5-45 的样式主要分为以下几个部分。

（1）通过最外层的大盒子对页面进行整体控制，需要对其设置宽度、高度、圆角、边框、渐变及内边距等样式，实现唱片背景效果。

（2）整体控制列表内容（div），需要对其设置宽度、高度、圆角、阴影等样式。

（3）设置 5 个 p 标签作为歌曲列表内容，需要设置这些标签的宽高、背景样式属性。其中第一个 p 标签需要添加多重背景图像，最后一个 p 底部要圆角化，需要对它们单独进行控制。

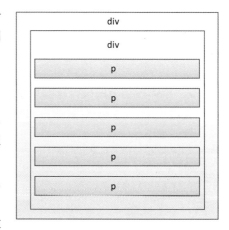

图 5-46　页面结构图

5.6.2　制作音乐排行榜页面结构

根据上面的分析，可以使用相应的 HTML 标签来搭建网页结构，如例 5-23 所示。

例 5-23　example23.html

```
1  <!doctype html>
2  <html><head>
3  <meta charset="utf-8">
4  <title> 音乐排行榜 </title>
5  <link rel="stylesheet" type="text/css" href="style05.css">
6  </head>
7  <body>
8  <div class="bg">
9      <div class="sheet">
10         <p class="tp"></p>
11         <p>vnessa—constance</p>
12         <p>dogffedrd—seeirtit</p>
13         <p>dsieirif—constance</p>
14         <p>wytuu—qeyounted</p>
15         <p class="yj">qurested—conoted</p>
16     </div>
17 </div>
18 </body>
19 </html>
```

在例 5-23 所示的 HTML 结构代码中，最外层的 div 用于对音乐排行榜模块进行整体控制，其内部嵌套了一个小的 div 标签和 p 标签，用于定义音乐排名。

运行例 5-23，效果如图 5-47 所示。

5.6.3　定义音乐排行榜 CSS 样式

搭建完页面的结构，接下来我们来为页

图 5-47　HTML 结构页面效果

面添加 CSS 样式。本节采用从整体到局部的方式实现图 5-45 所示的效果，具体如下。

1. 定义基础样式

在定义 CSS 样式时，首先要清除浏览器默认样式，具体 CSS 代码如下：

```
*{margin:0; padding:0;}
```

2. 整体控制歌曲排行榜模块

通过一个大的 div 对歌曲排行榜模块进行整体控制，根据效果图为其添加相应的样式代码，具体如下：

```
/* 整体控制歌曲排行榜模块 */
.bg{
    width:600px;
    height:550px;
    background-image:repeating-radial-gradient(circle at 50% 50%,#333,#000 1%);
    margin:50px auto;
    padding:40px;
    border-radius:50%;
    padding-top:50px;
    border:10px solid #ccc;
}
```

3. 设置歌曲排名部分样式

歌曲排名部分由一个小的 div 标签和 p 标签组成，需要为它们添加圆角和阴影等样式，具体代码如下：

```
1   /* 歌曲排名部分 */
2   .sheet{
3       width:372px;
4       height:530px;
5       background:#fff;
6       border-radius:30px;
7       box-shadow:15px 15px 12px #000;
8       margin:0 auto;}
9   .sheet p{
10      width:372px;
11      height:55px;
12      background:#504d58 url(yinfu.png) no-repeat 70px 20px;
13      margin-bottom:2px;
14      font-size:18px;
15      color:#d6d6d6;
16      line-height:55px;
17      text-align:center;
18      font-family:" 微软雅黑 ";
19      }
```

4. 设置需要单独控制的列表项样式

在控制歌曲排名部分的无序列表中，第 1 个用于显示图片的标签（p）和最后一个用于圆角化的标签（p）需要单独控制，具体代码如下：

```
1   /* 需要单独控制的列表项 */
2   .sheet .tp{
3       width:372px;
4       height:247px;
5       background:#fff;
6       background-image:url(yinyue.jpg),url(wenzi.jpg);
7       background-repeat:no-repeat;
8       background-position:87px 16px,99px 192px;
```

```
9       border-radius:30px 30px 0 0;
10      }
11  .sheet .yj{border-radius:0 0 30px 30px;}
```

至此，效果图 5-45 所示歌曲排行榜模块的 CSS 样式部分就完成了。

5.7　本章小结

本章首先介绍了盒子模型的概念，盒子模型相关的属性，然后讲解了 CSS3 新增的盒子模型属性和元素的类型，最后运用所学知识制作了一个音乐排行榜效果。

通过本章的学习，读者应该能够熟悉盒子模型的构成，熟练运用盒子模型相关属性控制网页中的元素，完成页面中一些简单模块的制作。

5.8　课后练习题

查看本章课后练习题，请扫描二维码。

第6章

列表和超链接

拓展阅读

★ 掌握无序、有序及定义列表的使用，可以制作常见的网页模块。

★ 掌握超链接标签的使用，能够使用超链接定义网页元素。

★ 掌握 CSS 伪类，能够使用 CSS 伪类实现超链接特效。

一个网站由多个网页构成，每个网页上都有大量的信息，要想使网页中的信息排列有序、条理清晰，并且网页与网页之间有一定的关联，就需要使用列表和超链接。本章将对列表标签、CSS 列表样式、超链接标签和链接伪类进行具体讲解。

6.1 列表标签

列表标签是网页结构中最常用的标签，按照列表结构划分，网页中的列表通常分为 3 类，分别是无序列表 <ul>、有序列表 <ol> 和定义列表 <dl>。本节将对这 3 种列表标签以及列表的嵌套应用进行详细讲解。

6.1.1 无序列表 <ul>

ul 是英文 unordered list 的缩写，翻译为中文是无序列表。无序列表是一种不分排序的列表，各个列表项之间没有顺序级别之分。无序列表使用 <ul> 标签定义，内部可以嵌套多个 <li> 标签（<li> 是列表项）。定义无序列表的基本语法格式如下：

```
<ul>
    <li> 列表项 1</li>
    <li> 列表项 2</li>
    <li> 列表项 3</li>
    ...
</ul>
```

在上面的语法中，<ul></ul> 标签用于定义无序列表，<li></li> 标签嵌套在 <ul></ul> 标签中，用于描述具体的列表项，每对 <ul></ul> 中至少应包含一对 <li></li>。

值得一提的是，<ul> 和 <li> 都拥有 type 属性，用于指定列表项目符号，不同 type 属性值可以呈现不同的项目符号，表 6-1 列举了无序列表常用的 type 属性值。

表 6-1　无序列表常用的 type 属性值

type 属性值	显示效果
disc（默认值）	●
circle	○
square	■

了解了无序列表的基本语法和 type 属性，下面我们通过一个案例进行体会，如例 6-1 所示。

例 6-1　example01.html

```
1   <!doctype html>
2   <html lang="en">
3   <head>
4   <meta charset="UTF-8">
5   <title>无序列表</title>
6   </head>
7   <body>
8       <ul>
9           <li  type="square" >春</li>
10          <li>夏</li>
11          <li>秋</li>
12          <li>冬</li>
13      </ul>
14  </body>
15  </html>
```

在例 6-1 中，创建了一个无序列表，并为第一个列表项设置了 type 属性。

运行例 6-1，效果如图 6-1 所示。

通过图 6-1 可以看出，不定义 type 属性时，列表项目符号显示为默认的"●"，设置 type 属性时，列表项目符号会按相应的样式显示。

图 6-1　无序列表的使用

注意：

1. 不赞成使用无序列表的 type 属性，一般通过 CSS 样式属性替代。

2. <ul></ul> 中只能嵌套 <li></li>，直接在 <ul></ul> 标签中输入文字的做法是不被允许的。

6.1.2　有序列表 <ol>

ol 是英文 ordered list 的缩写，翻译为中文是有序列表。有序列表是一种强调排列顺序的列表，使用 <ol> 标签定义，内部可以嵌套多个 <li> 标签。例如网页中常见的歌曲排行榜、游戏排行榜等都可以通过有序列表来定义。定义有序列表的基本语法格式如下：

```
<ol>
    <li>列表项 1</li>
    <li>列表项 2</li>
    <li>列表项 3</li>
    ...
</ol>
```

在上面的语法中，<ol></ol> 标签用于定义有序列表，<li></li> 为具体的列表项，和无序列表类似，每对 <ol></ol> 中也至少应包含一对 <li></li>。

在有序列表中，除了 type 属性之外，还可以为 <ol> 定义 start 属性、为 <li> 定义 value 属性，它们决定有序列表的项目符号，其取值和含义如表 6-2 所示。

表 6-2　有序列表相关的属性

属性	属性值 / 属性值类型	描述
type	1（默认）	项目符号显示为数字 1 2 3…
	a 或 A	项目符号显示为英文字母 a b c d…或 A B C…
	i 或 I	项目符号显示为罗马数字 i ii iii…或 I II III…
start	数字	规定项目符号的起始值
value	数字	规定项目符号的数字

了解了有序列表的基本语法和常用属性，接下来我们通过一个案例来体会其用法和效果，如例 6-2 所示。

例 6-2　example02.html

```
1  <!doctype html>
2  <html>
3  <head>
4  <meta charset="utf-8">
5  <title> 有序列表 </title>
6  </head>
7  <body>
8  <ol>
9      <li> 大师兄孙悟空 </li>
10     <li> 二师兄猪八戒 </li>
11     <li> 三师弟沙和尚 </li>
12  </ol>
13  <ol>
14     <li type="1" value="1"> 第一名状元 </li>        <!-- 阿拉伯数字排序 -->
15     <li type="a"> 第二名榜眼 </li>                  <!-- 英文字母排序 -->
16     <li type="I"> 第三名探花 </li>                  <!-- 罗马数字排序 -->
17  </ol>
18  </body>
19  </html>
```

在例 6-2 中，定义了两个有序列表。其中，第 8 ~ 12 行代码中的第 1 个有序列表没有应用任何属性，第 13 ~ 17 行代码中有序列表的第 2 个列表项应用了 type 和 value 属性，用于设置特定的列表项目符号。

运行例 6-2，效果如图 6-2 所示。

通过图 6-2 看出，不定义列表项目符号时，有序列表的列表项默认按"1、2、3…"的顺序排列。当使用 type 或 value 定义列表项目符号时，有序列表的列表项按指定的项目符号显示。

图 6-2　有序列表的使用

注意：

不赞成使用 <ol>、<li> 的 type、start 和 value 属性，最好通过 CSS 样式属性替代。

6.1.3　定义列表 <dl>

dl 是英文 definition list 短语的缩写，翻译为中文是定义列表。定义列表与有序列表、无序列表父子搭配的不同，它包含了 3 个标签，即 dl、dt、dd。定义列表的基本语法格式如下：

```
<dl>
    <dt>名词 1</dt>
    <dd>dd 是名词 1 的描述信息 1</dd>
    <dd>dd 是名词 1 的描述信息 2</dd>
    ...
    <dt>名词 2</dt>
    <dd>dd 是名词 2 的描述信息 1</dd>
    <dd>dd 是名词 2 的描述信息 2</dd>
    ...
</dl>
```

在上面的语法中，<dl></dl> 标签用于指定定义列表，<dt></dt> 和 <dd></dd> 并列嵌套于 <dl></dl> 中。其中，<dt></dt> 标签用于指定术语名词，<dd></dd> 标签用于对名词进行解释和描述。一对 <dt></dt> 可以对应多对 <dd></dd>，也就是说可以对一个名词进行多项解释。

了解了定义列表的基本语法，接下来我们通过一个案例来体会其用法和效果，如例 6-3 所示。

例 6-3　example03.html

```
1   <!doctype html>
2   <html>
3   <head>
4   <meta charset="utf-8">
5   <title>定义列表</title>
6   </head>
7   <body>
8   <dl>
9       <dt>红色</dt>
10      <dd>可见光谱中长波末端的颜色。</dd>
11      <dd>是光的三原色和心理原色之一。</dd>
12      <dd>表着吉祥、喜庆、热烈、奔放、激情、斗志、革命。</dd>
13      <dd>红色的补色是青色。</dd>
14  </dl>
15  </body>
16  </html>
```

在例 6-3 中，第 8 ~ 14 行代码定义了一个定义列表，其中 <dt></dt> 标签内为名词"红色"，其后紧跟着 4 对 <dd></dd> 标签，用于对 <dt></dt> 标签中的名词进行解释和描述。

运行例 6-3，效果如图 6-3 所示。

通过图 6-3 看出，相对于 <dt></dt> 标签中的术语或名词，<dd></dd> 标签中解释和描述性的内容会产生一定的缩进效果。

图 6-3　定义列表的使用

注意：

1. <dl>、<dt>、<dd>3 个标签之间不允许出现其他标签。

2. <dl> 标签必须与 <dt> 标签相邻。

6.1.4　列表的嵌套应用

在网上购物商城中浏览商品时，我们经常会看到某一类商品被分为若干小类，这些小类通常还包含若干的子类。同样，在使用列表时，列表项中也有可能包含若干子列表项，要想在列表项中定义子列表项就需要将列表进行嵌套。列表嵌套的方法十分简单，我们只需将子列表嵌套在上一级列表的列表项中，例如下面代码是在无序列表中嵌套一个有序列表：

```html
<ul>
    <li> 列表项 1</li>
    <li> 列表项 2</li>
    <li>
        <ol>
            <li> 列表项 1</li>
            <li> 列表项 2</li>
        </ol>
    </li>
</ul>
```

了解了列表嵌套的方法后，下面我们通过一个案例对列表的嵌套进行体会，如例 6-4 所示。

例 6-4　example04.html

```html
1   <!doctype html>
2   <html lang="en">
3   <head>
4   <meta charset="UTF-8">
5   <title>ol 元素的使用 </title>
6   </head>
7   <body>
8   <h2>饮品 </h2>
9   <ul>
10      <li>咖啡
11          <ol>                    <!-- 有序列表的嵌套 -->
12              <li> 拿铁 </li>
13              <li> 摩卡 </li>
14          </ol>
15      </li>
16      <li>茶
17          <ul>                    <!-- 无序列表的嵌套 -->
18              <li> 碧螺春 </li>
19              <li> 龙井 </li>
20          </ul>
21      </li>
22   </ul>
23   </body>
24   </html>
```

在例 6-4 中，首先定义了一个包含两个列表项的无序列表，然后在第 1 个列表项中嵌套一个有序列表，在第 2 个列表项中嵌套一个无序列表。

运行例 6-4，效果如图 6-4 所示。

由图 6-4 可见，咖啡和茶两种饮品又进行了第 2 次分类，"咖啡"分类为"拿铁"和"摩卡"，"茶"分类为"龙井"和"碧螺春"。

图 6-4　列表嵌套效果展示

6.2　CSS 控制列表样式

定义无序或有序列表时，可以通过标签的属性控制列表的项目符号，但该方式不符合结构表现分离的网页设计原则，为此 CSS 提供了一系列的列表样式属性，来单独控制列表项目符号，本节将对这些属性进行详细的讲解。

6.2.1　list-style-type 属性

在 CSS 中，list-style-type 属性用于控制列表项显示符号的类型，其取值有多种，它们的显示效果各不相同，具体如表 6-3 所示。

表 6-3　list-style-type 属性值

属性值	描述	属性值	描述
disc	实心圆（无序列表）	none	不使用项目符号（无序列表和有序列表）
circle	空心圆（无序列表）	cjk-ideographic	简单的表意数字
square	实心方块（无序列表）	georgian	传统的乔治亚编号方式
decimal	阿拉伯数字	decimal-leading-zero	以 0 开头的阿拉伯数字
lower-roman	小写罗马数字	upper-roman	大写罗马数字
lower-alpha	小写英文字母	upper-alpha	大写英文字母
lower-latin	小写拉丁字母	upper-latin	大写拉丁字母
hebrew	传统的希伯来编号方式	armenian	传统的亚美尼亚编号方式

了解了 list-style-type 的常用属性值及其显示效果，接下来我们通过一个具体的案例来体会其用法，如例 6-5 所示。

例 6-5　example05.html

```
1   <!doctype html>
2   <html>
3   <head>
4   <meta charset="utf-8">
5   <title> 列表项显示符号 </title>
6   <style type="text/css">
7   ul{ list-style-type:square;}
8   ol{ list-style-type:decimal;}
9   </style>
10  </head>
11  <body>
12  <h3> 红色 </h3>
13  <ul>
14      <li> 大红 </li>
15      <li> 朱红 </li>
16      <li> 嫣红 </li>
17  </ul>
18  <h3> 蓝色 </h3>
19  <ol>
20      <li> 群青 </li>
21      <li> 普蓝 </li>
22      <li> 湖蓝 </li>
23  </ol>
24  </body>
25  </html>
```

在例 6-5 中，第 13 ~ 17 行代码定义了一个无序列表，第 19 ~ 23 行代码定义了一个有序列表。对无序列表 ul 应用 "list-style-type:square;"，将其列表项显示符号设置为实心方块；同时，对有序列表 ol 应用 "list-style-type:decimal;"，将其列表项显示符号设置为阿拉伯数字。

运行例 6-5，效果如图 6-5 所示。

图 6-5　列表样式的使用

> **注意：**
>
> 由于各个浏览器对 list-style-type 属性的解析不同。因此，在实际网页制作过程中不推荐使用 list-style-type 属性。

6.2.2　list-style-image 属性

一些常规的列表项显示符号并不能满足网页制作的需求，为此 CSS 提供了 list-style-image 属性，其取值为图像的 url。使用 list-style-image 属性可以为各个列表项设置项目图像，使列表的样式更加美观。

为了使初学者更好地应用 list-style-image 属性，接下来我们来为无序列表 \<ul\> 定义列表项目图像，如例 6-6 所示。

例 6-6　example06.html

```
1   <!doctype html>
2   <html>
3   <head>
4   <meta charset="utf-8">
5   <title>list-style-image 控制列表项目图像</title>
6   <style type="text/css">
7       ul{list-style-image:url(1.png);}
8   </style>
9   </head>
10  <body>
11  <h2>栗子功效</h2>
12  <ul>
13      <li>抗衰老</li>
14      <li>益气健脾</li>
15      <li>预防骨质疏松</li>
16  </ul>
17  </body>
18  </html>
```

在例 6-6 中，第 7 行代码通过 list-style-image 属性为列表项添加了图片。

运行例 6-6，效果如图 6-6 所示。

通过图 6-6 看出，列表项目图像和列表项没有对齐，这是因为 list-style-image 属性对列表项目图像的控制能力不强。因此，实际工作中不建议使用 list-style-image 属性，常通过为 \<li\> 设置

图 6-6　list-style-image 控制列表项目图像

背景图像的方式实现列表项目图像。

6.2.3　list-style-position 属性

设置列表项目符号时，有时需要控制列表项目符号的位置，即列表项目符号相对于列表项内容的位置。在 CSS 中，list-style-position 属性用于控制列表项目符号的位置，其取值有 inside 和 outside 两种，对它们的解释如下。

- inside：列表项目符号位于列表文本以内。
- outside：列表项目符号位于列表文本以外（默认值）。

为了使初学者更好地理解 list-style-position 属性，接下来我们通过一个具体的案例来演示其用法和效果，如例 6-7 所示。

例 6-7　example07.html

```
1   <!doctype html>
2   <html>
3   <head>
4   <meta charset="utf-8">
5   <title>列表项目符号位置</title>
6   <style type="text/css">
7   .in{list-style-position:inside;}
8   .out{list-style-psition:outside;}
9   li{border:1px solid #CCC;}
10  </style>
11  </head>
12  <body>
13  <h2>中秋节</h2>
14  <ul class="in">
15      <li>中秋节，又称月夕、秋节、中秋节。</li>
16      <li>时在农历八月十五。</li>
17      <li>始于唐朝初年，盛行于宋朝。</li>
18      <li>自 2008 年起中秋节被列为国家法定节假日。</li>
19  </ul>
20  <ul class="out">
21      <li>端午节</li>
22      <li>除夕</li>
23      <li>清明节</li>
24      <li>重阳节</li>
25  </ul>
26  </body>
27  </html>
```

在例 6-7 中，定义了两个无序列表，并使用内嵌式 CSS 样式表对列表项目符号的位置进行设置。第 7 行代码对第 1 个无序列表应用 "list-style-position:inside;"，使其列表项目符号位于列表文本以内；而第 8 行代码对第 2 个无序列表应用 "list-style-position:outside;"，使其列表项目符号位于列表文本以外。为了使显示效果更加明显，在第 9 行代码中对 <li> 设置了边框样式。

运行例 6-7，效果如图 6-7 所示。

图 6-7　list-style-position 控制列表项显示符位置

通过图 6-7 看出，第 1 个无序列表的列表项目符号位于列表文本以内，第 2 个无序列表的列表项目符号位于列表文本以外。

6.2.4　list-style 属性

在 CSS 中，列表样式也是一个复合属性，可以将列表相关的样式都综合定义在一个复合属性 list-style 中。使用 list-style 属性综合设置列表样式的语法格式如下：

```
list-style: 列表项目符号  列表项目符号的位置
列表项目图像；
```

使用复合属性 list-style 时，通常按上面语法格式中的顺序书写，各个样式之间以空格隔开，不需要的样式可以省略。接下来我们通过一个案例来演示其用法和效果，如例 6-8 所示。

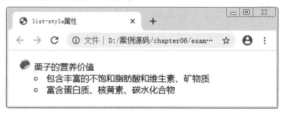

图 6-8　list-style 属性的使用

例 6-8　example08.html

```
1   <!doctype html>
2   <html>
3   <head>
4   <meta charset="utf-8">
5   <title>list-style 属性 </title>
6   <style type="text/css">
7   ul{list-style:circle inside;}
8   .one{list-style: outside url(1.png);}
9   </style>
10  </head>
11  <body>
12   <ul>
13     <li class="one"> 栗子的营养价值 </li>
14     <li>包含丰富的不饱和脂肪酸和维生素、矿物质 </li>
15     <li> 富含蛋白质、核黄素、碳水化合物 </li>
16   </ul>
17  </body>
18  </html>
```

在例 6-8 中定义了一个无序列表，第 7 ～ 8 行代码通过复合属性 list-style 分别控制 <ul> 和第一个 <li> 的样式。

运行例 6-8，效果如图 6-8 所示。

值得一提的是，在实际网页制作过程中，为了更高效地控制列表项显示符号，通常将 list-style 的属性值定义为 none，然后通过为 <li> 设置背景图像的方式实现不同的列表项目符号。接下来我们通过一个案例来演示通过背景属性定义列表项目符号的方法，如例 6-9 所示。

例 6-9　example09.html

```
1   <!doctype html>
2   <html>
3   <head>
4   <meta charset="utf-8">
5   <title>背景属性定义列表项显示符号 </title>
6   <style type="text/css">
7   dd{
8       list-style:none;        /* 清除列表的默认样式 */
```

```
9       height:26px;
10      line-height:26px;
11      background:url(2.png) no-repeat left center; /* 为 li 设置背景图像 */
12      padding-left:25px;
13    }
14  </style>
15  </head>
16  <body>
17  <h2>熊猫 </h2>
18  <dl>
19      <dt><img src="xiongmao.jpg"></dt>
20      <dd> 黑眼圈 </dd>
21      <dd> 肥胖腰 </dd>
22      <dd> 圆滚滚 </dd>
23  </dl>
24  </body>
25  </html>
```

在例 6-9 中，添加了一个定义列表，其中第 8 行代码通过 "list-style:none;" 清除列表的默认显示样式；第 11 行代码通过为 <dd> 设置背景图像的方式来定义列表项显示符号；第 19 行代码在 <dt> 内部增加了一张熊猫的图片。

运行例 6-9，效果如图 6-9 所示。

通过图 6-9 看出，每个列表项前都添加了列表项目图像。如果需要调整列表项目图像，只需更改标签的背景属性即可。

图 6-9　使用背景属性定义列表项显示符号

6.3　超链接

超链接是网页中最常用的元素，每个网页通过超链接关联在一起，构成一个完整的网站。超链接定义的对象可以是图片，也可以是文本，或者是网页中的任何内容元素。只有通过超链接定义的对象，才能在单击后进行跳转。本节将对超链接的设置方法进行详细的讲解。

6.3.1　创建超链接

超链接虽然在网页中占有不可替代的地位，但是在 HTML 中创建超链接非常简单，只需用 <a></a> 标签环绕需要被链接的对象即可，其基本语法格式如下：

```
<a href=" 跳转目标 " target=" 目标窗口的弹出方式 "> 文本或图像 </a>
```

在上面的语法中，<a> 标签是一个行内元素，用于定义超链接，href 和 target 为其常用属性，具体介绍如下。

● href：用于指定链接目标的 url 地址，当为 <a> 标签应用 href 属性时，它就具有了超链接的功能。

● target：用于指定链接页面的打开方式，其取值有 _self 和 _blank 两种，其中 _self 为默认值，意为在原窗口中打开，_blank 为在新窗口中打开。

了解了创建超链接的基本语法和超链接标签的常用属性，接下来我们带领大家创建一个带有超链接功能的简单页面，如例 6-10 所示。

例 6-10   example10.html

```
1   <!doctype html>
2   <html>
3   <head>
4   <meta charset="utf-8">
5   <title>超链接</title>
6   </head>
7   <body>
8   <a href="http://www.zcool.com.cn/" target="_self">站酷</a> target="_self"原窗口打开 <br />
9   <a href="http://www.baidu.com/" target="_blank">百度</a> target="_blank" 新窗口打开
10  </body>
11  </html>
```

在例 6-10 中，第 8 行和第 9 行代码分别创建了两个超链接，通过 href 属性将它们的链接目标分别指定为"站酷"和"百度"，同时通过 target 属性定义第 1 个链接页面在原窗口打开，第 2 个链接页面在新窗口打开。

运行例 6-10，效果如图 6-10 所示。

图 6-10   超链接的使用

通过图 6-10 看出，被超链接标签 <a></a> 环绕的文本"站酷"和"百度"颜色特殊且带有下画线效果，这是因为超链接标签本身有默认的显示样式。当鼠标指针移上链接文本时，指针变为"👆"的形状，同时页面的左下角会显示链接页面的地址。当单击链接文本"站酷"和"百度"时，分别会在原窗口和新窗口中打开链接页面，如图 6-11 和图 6-12 所示。

注意：

1. 暂时没有确定链接目标时，通常将 <a> 标签的 href 属性值定义为"#"（即 href="#"），表示该链接暂时为一个空链接。

2. 不仅可以创建文本超链接，在网页中各种网页元素，如图像、表格、音频、视频等都可以添加超链接。

图 6-11   链接页面在原窗口打开

图 6-12   链接页面在新窗口打开

多学一招：图像超链接出现边框解决办法

创建图像超链接时，在某些浏览中，图像会自动添加边框效果，影响页面的美观。去掉边框最直接的方法是将边框设置为 0，具体代码如下：

```
<a href="#"><img src=" 图像 URL" border="0" /></a>
```

6.3.2　锚点链接

如果网页内容较多，页面过长，浏览网页时就需要不断地拖动滚动条来查看所需要的内容，这样不仅效率较低，而且不方便操作。为了提高信息的检索速度，HTML 语言提供了一种特殊的链接——锚点链接。通过创建锚点链接，用户能够直接跳到指定位置的内容。

为了使初学者更形象地认识锚点链接，接下来我们通过一个具体的案例来演示页面中创建锚点链接的方法，如例 6–11 所示。

例 6–11　example11.html

```
1   <!doctype html>
2   <html>
3   <head>
4   <meta charset="utf-8">
5   <title>锚点链接 </title>
6   </head>
7   <body>
8   中国科学家：
9   <ul>
10  <li><a href="#one">李四光 </a></li>
11  <li><a href="#two">袁隆平 </a></li>
12  <li><a href="#three">屠呦呦 </a></li>
13  <li><a href="#four">南仁东 </a></li>
14  <li><a href="#five">孙家栋 </a></li>
15  </ul>
16  <h3 id="one">李四光 </h3>
17  <p>李四光 1889 年出生于湖北黄冈，作为中国地质力学的创立者、现代地球科学和地质工作的奠基人，李四光在地质
领域的贡献，对于新中国可谓是意义非凡。2009 年，李四光被评为 "100 位新中国成立以来感动中国人物" 之一。</p>
18  <br /><br /><br /><br /><br /><br /><br /><br /><br /><br /><br /><br /><br /><br /><br />
19  <h3 id="two">袁隆平 </h3>
20  <p>袁隆平 1930 年 9 月出生于北京，祖籍江西九江德安县，被誉为 "世界杂交水稻之父"。袁隆平发明出了 "三系法"
籼型杂交水稻、"两系法" 杂交水稻，创建了著名的超级杂交稻技术体系，不仅使中国人民填饱了肚子，也将粮食安全牢牢抓
在我们中国人自己手中。2004 年，袁隆平荣获 "世界粮食奖"，2019 年又荣获 "共和国勋章"。</p>
21  <br /><br /><br /><br /><br /><br /><br /><br /><br /><br /><br /><br /><br /><br /><br />
22  <h3 id="three">屠呦呦 </h3>
23  <p>屠呦呦 1930 年 12 月出生于浙江宁波，是中国第一位获得诺贝尔科学奖的本土科学家，也是第一位获得诺
贝尔医学奖的华人科学家。屠呦呦从中医药典籍和中草药入手，经过多年的试验研究，研发出了 "青蒿素"，一种有效
治疗疟疾的药物，挽救了世界多国数百万人的生命。2015 年，屠呦呦荣获诺贝尔医学奖，2019 年又荣获 "共和国勋章"。
</p>
24  <br /><br /><br /><br /><br /><br /><br /><br /><br /><br /><br /><br /><br /><br /><br />
25  <h3 id="four">南仁东 </h3>
26  <p>南仁东 1945 年出生于吉林辽源，被誉为中国 "天眼之父"。在担任 FAST 工程首席科学家兼总工程师期间，南仁
东负责 500 米口径球面射电望远镜的科学技术工作，带领团队接连攻克多个技术难关，确保 FAST 项目落成投入使用，使
得我国在单口径射电望远镜领域内，处于世界领先地位。2019 年，南仁东被授予 "人民科学家" 荣誉称号，并被评选为 "最
美奋斗者"。</p>
27  <br /><br /><br /><br /><br /><br /><br /><br /><br /><br /><br /><br /><br /><br /><br />
28  <h3 id="five">孙家栋 </h3>
29  <p>孙家栋 1929 年出生于辽宁瓦房店，被誉为中国航天的 "大总师"、"中国卫星之父"。在 "两弹一星" 工程中，孙家
栋担任中国第一颗人造卫星 "东方红一号" 的总体设计负责人，后来又担任中国第一颗遥感测控卫星、返回式卫星的技术负责
人和总设计师，同时，他又是中国通信、气象、地球资源探测、导航等为主的第二代应用卫星的工程总设计师，还担任月球探
```

测一期工程的总设计师，可谓实至名归的"中国卫星之父"。1999 年，孙家栋被授予"两弹一星功勋奖章"，2019 年又荣获"共和国勋章"。</p>
```
    30    </body>
    31    </html>
```

在例 6-11 中，使用 <a> 标签应用 href 属性，其中 href 属性 ="#id 名"，如第 10 ~ 14 行代码所示，只要单击创建了超链接的对象就会跳到指定位置的内容。

运行例 6-11，效果如图 6-13 所示。

通过图 6-13 看出，网页页面内容比较长而且出现了滚动条。当鼠标单击"原研哉"的链接时，页面会自动定位到相应的内容介绍部分，页面效果如图 6-14 所示。

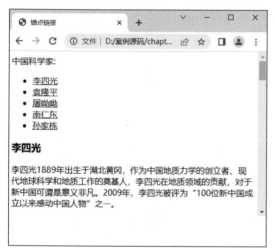
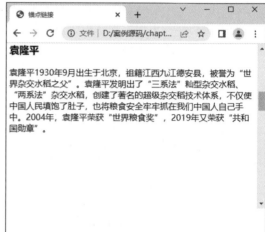

图 6-13　锚点链接的使用　　　　　　　图 6-14　页面跳到相应内容的指定位置

通过上面的例子可以总结出，创建锚点链接可分为两步：一是使用 <a> 标签应用 href 属性（href 属性 ="#id 名"，id 名不可重复）创建链接文本；二是使用相应的 id 名标注跳转目标的位置。

6.4　链接伪类控制超链接

定义超链接时，为了提高用户体验，经常需要为超链接指定不同的状态，使得超链接在单击前、单击后和鼠标指针悬停时的样式不同。在 CSS 中，通过链接伪类可以实现不同的链接状态，下面我们即对链接伪类控制超链接的样式进行详细的讲解。

与超链接相关的 4 个伪类应用比较广泛，这几个伪类定义了超链接的 4 种不同状态，具体如表 6-4 所示。

表 6-4　超链接标签 <a> 的伪类

超链接标签 <a> 的伪类	描述
a:link{ CSS 样式规则 ; }	超链接的默认样式
a:visited{ CSS 样式规则 ; }	超链接被访问过之后的样式
a:hover{ CSS 样式规则 ; }	鼠标指针经过、悬停时超链接的样式
a: active{ CSS 样式规则 ; }	鼠标点击不放时超链接的样式

　　了解了超链接标签 <a> 的 4 种状态，接下来我们通过一个案例来体会效果，如例 6-12 所示。

例 6-12　example12.html

```
1   <!doctype html>
2   <html>
3   <head>
4   <meta charset="utf-8">
5   <title> 超链接的伪类选择器 </title>
6   <style type="text/css">
7   a{ margin-right:20px;}              /* 设置右边距为 20px*/
8   a:link,a:visited{
9       color:#000;                     /* 设置默认和被访问之后的颜色为黑色 */
10      text-decoration:none;           /* 设置 <a> 标签自带下画线的效果为无 */
11      }
12  a:hover{
13      color:#093;                     /* 默认样式颜色为绿色 */
14      text-decoration:underline;      /* 设置鼠标指针悬停时显示下画线 */
15      }
16  a:active{ color:#FC0;}              /* 设置鼠标点击不放时颜色为黄色 */
17  </style>
18  </head>
19  <body>
20  <a href="#"> 公司首页 </a>
21  <a href="#"> 公司简介 </a>
22  <a href="#"> 产品介绍 </a>
23  <a href="#"> 联系我们 </a>
24  </body>
25  </html>
```

　　在例 6-12 中，通过链接伪类定义超链接不同状态的样式。需要注意的是第 10 行代码用于清除超链接默认的下画线；第 14 行代码设置在鼠标指针悬停时为超链接添加下画线。

　　运行例 6-12，效果如图 6-15 所示。

　　通过图 6-15 看出，设置超链接的文本显示颜色为黑色，超链接的自带下画线效果为无。当鼠标指针悬停到链接文本时，文本颜色变为绿色且添加下画线效果，如图 6-16 所示；当鼠标点击链接文本不放时，文本颜色变为黄色且添加默认的下画线，如图 6-17 所示。

图 6-15　超链接伪类选择器的使用

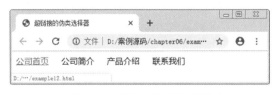

图 6-16　鼠标悬停时的链接样式

图 6-17　鼠标点击不放时的链接样式

　　值得一提的是，在实际工作中，通常只需要使用 a:link、a:visited 和 a:hover 定义未访问、访问后和鼠标指针悬停时的超链接样式。并且常常对 a:link 和 a:visited 应用相同的样式，使未访问和访问后的超链接样式保持一致。

注意：

1. 使用超链接的 4 种伪类时，对排列顺序是有要求的。通常按照 a:link、a:visited、a:hover

和 a:active 的顺序书写，否则定义的样式可能不起作用。

2. 超链接的 4 种伪类状态并非全部定义，一般只需要设置 3 种状态即可，如 link、hover 和 active。只设定两种状态的话，即用 link、hover 来定义。

3. 除了文本样式之外，链接伪类还常常用于控制超链接的背景、边框等样式。

6.5   阶段案例——制作新闻列表

前几节重点讲解了列表标签、超链接标签以及 CSS 控制列表与超链接的样式。为了使初学者更好地运用列表与超链接组织页面，本小节将通过案例的形式分步骤制作网页中常见的新闻列表，效果如图 6-18 所示。当鼠标指针移上链接文本时，文本的颜色发生改变，如图 6-19 所示。

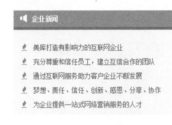

图 6-18　效果展示　　　　　　　图 6-19　鼠标指针悬停效果

6.5.1　分析新闻列表效果图

为了提高网页制作的效率，每拿到一个页面的效果图时，都应当对其结构和样式进行分析，下面对效果图 6-18 进行分析。

1. 结构分析

观察效果图 6-18，容易看出整个新闻列表整体上由上面的新闻标题和下面的新闻内容两部分构成。其中，新闻内容部分结构清晰，各条新闻并列存在、不分先后，可以使用无序列表进行定义。此外，各条新闻都是可点击的链接，通过点击它们可以链接到相应的新闻页面。在标题和新闻内容的外面还需要定义一个大盒子用于对新闻列表的整体控制。效果图 6-18 对应的结构如图 6-20 所示。

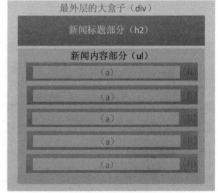

图 6-20　页面结构图

2. 样式分析

控制效果图 6-18 的样式主要分为以下几个部分。

（1）通过最外层的大盒子实现对页面的整体控制，需要对其设置宽度、高度及外边距样式。

（2）标题的文本、边框、背景及内边距样式。

（3）整体控制列表内容（ul），对其设置左内边距和上内边距，使列表内容的左侧有一定的空间。

（4）上侧和新闻标题拉开距离。

（5）各列表项（li）的高度、背景及内边距样式。

（6）通过 CSS 伪类控制链接文本的样式。

6.5.2　制作新闻列表页面结构

根据上面的分析，可以使用相应的 HTML 标签来搭建网页结构，如例 6–13 所示。

例 6–13　example13.html

```
1  <!doctype html>
2  <html>
3  <head>
4  <meta charset="utf-8">
5  <title> 企业新闻 </title>
6  <link rel="stylesheet" href="style05.css" type="text/css" />
7  </head>
8  <body>
9  <div class="all">
10     <h2 class="head"> 企业新闻 </h2>
11     <ul class="content">
12         <li><a href="#"> 美库打造有影响力的互联网企业 </a></li>
13         <li><a href="#"> 充分尊重和信任员工，建立互信合作的团队 </a></li>
14         <li><a href="#"> 通过互联网服务助力客户企业不断发展 </a></li>
15         <li><a href="#"> 梦想、责任、信任、创新、感恩、分享、协作 </a></li>
16         <li><a href="#"> 为企业提供一站式网络营销服务的人才 </a></li>
17     </ul>
18  </div>
19  </body>
20  </html>
```

在例 6–13 所示的 HTML 结构代码中，最外层 class 为 all 的 <div> 用于对新闻列表的整体控制，其中第 10 行的 <h2> 标签用于定义新闻标题部分。在标题部分之后，创建了一个带有超链接功能的无序列表，用于定义新闻内容。

运行例 6–13，效果如图 6–21 所示。

6.5.3　定义新闻列表 CSS 样式

搭建完页面的结构后，接下来我们使用 CSS 对页面的样式进行修饰。为了使初学者更好地掌握 CSS 控制列表与超链接样式的方法，

图 6–21　HTML 结构页面效果

本小节采用从整体到局部的方式实现效果图 6–18 及图 6–19 所示的效果，具体如下。

1. 定义基础样式

首先定义页面的统一样式，CSS 代码如下：

```
/* 全局控制 */
body{font-size:12px; font-family:" 宋体 "; color:#222;}
/* 重置浏览器的默认样式 */
body,h2,ul,li{ padding:0; margin:0; list-style:none;}
```

2. 整体控制新闻列表

制作页面结构时，我们定义了一个 class 为 all 的 <div> 用于对新闻列表进行整体控制，其宽度和高度固定。此外，为了使页面在浏览器中居中，可以对其应用外边距属性 margin。CSS 代码如下：

```
.all{               /* 控制最外层的大盒子 */
    width:300px;
    height:200px;
    margin:20px auto;
}
```

3. 制作标题部分

对于效果图 6-18 中的标题部分，需要单独控制其字号和文本颜色，为了使标题文本垂直居中，可以对其应用相同的高和行高。此外，还需要对标题设置边框、背景及内边距样式。CSS 代码如下：

```
.head{
    font-size:12px;
    color:#fff;
    height:30px;
    line-height:30px;
    border-bottom:5px solid #cc5200;        /* 单独定义下边框进行覆盖 */
    background:#f60 url(title_bg.png) no-repeat 11px 7px;
    padding-left:34px;
}
```

4. 整体控制列表内容

观察效果图 6-18 可以发现，列表内容与标题之间有一定的距离，且其左侧有一定的留白，可以通过对无序列表 <ul> 设置内边距来实现。CSS 代码如下：

```
.content{
    padding:25px 0 0 15px;
    background:#fff5ee;
    }
```

5. 控制列表项

对于列表项 <li>，需要控制其高度、背景及内边距。CSS 代码如下：

```
.content li{
    height:26px;
    background:url(li_bg.png) no-repeat left top;
    padding-left:22px;
}
```

6. CSS 控制链接文本

链接文本默认颜色特殊，并带有下画线，要想得到图 6-19 所示的链接文本效果，就需要使用 CSS 伪类控制超链接。CSS 代码如下：

```
.content li a:link,.content li a:visited{      /* 未点击和点击后的样式 */
    color:#666;
    text-decoration:none;
}
.content li a:hover{                            /* 鼠标指针移上时的样式 */
    color:#F60;
}
```

至此，我们就完成了效果图 6-18 和图 6-19 所示新闻列表的 CSS 样式部分。

6.6 本章小结

本章首先介绍了列表标签，使用 CSS 控制列表样式，然后讲解了超链接，并演示了使用链接伪类控制超链接的方法，最后运用所学知识制作了一个新闻列表。

通过本章的学习，读者应该能够掌握列表和超链接的设置方式，完成网页中列表模块和链接模块的设置。

6.7 课后练习题

查看本章课后练习题，请扫描二维码。

第 7 章

表格和表单

拓展阅读

★掌握表格标签的应用，能够创建表格并添加表格样式。

★理解表单的构成，可以快速创建表单。

★掌握表单相关标签的应用，能够创建具有相应功能的表单控件。

★掌握表单样式的应用，能够使用表单样式美化表单界面。

表格与表单是 HTML 网页中的重要标签，利用表格可以对网页进行排版，使网页信息有条理地显示出来，而表单的出现则使网页从单向的信息传递发展到能够与用户进行交互对话，实现了网上注册、网上登录、网上交易等多种功能。本章将对表格与表单的相关知识进行详细的讲解。

7.1 表格

日常生活中，为了清晰地显示数据或信息，我们常常会使用表格对数据或信息进行统计，同样在制作网页时，为了使网页中的元素有条理地显示，也可以使用表格对网页进行规划。为此，HTML 语言提供了一系列的表格标签，本节将对这些标签进行详细的讲解。

7.1.1 创建表格

在 Word 中，如果要创建表格，只需插入表格，然后设定相应的行数和列数即可。然而在 HTML 网页中，所有的元素都是通过标签定义的，要想创建表格，就需要使用表格相关的标签。使用标签创建表格的基本语法格式如下：

```
<table>
    <tr>
        <td> 单元格内的文字 </td>
        ...
    </tr>
    ...
</table>
```

在上面的语法中包含 3 对 HTML 标签，分别为 <table></table>、<tr></tr>、<td></td>，它们是创建 HTML 网页中表格的基本标签，缺一不可。对这些标签的具体解释如下。

- <table></table>：用于定义一个表格的开始与结束。在 <table> 标签内部，可以放置表格的标题、表格行和单元格等。

● <tr></tr>：用于定义表格中的一行，必须嵌套在 <table></table> 标签中，在 <table></table> 中包含几对 <tr></tr>，就表示该表格有几行。

● <td></td>：用于定义表格中的单元格，必须嵌套在 <tr></tr> 标签中，一对 <tr></tr> 中包含几对 <td></td>，就表示该行中有多少列（或多少个单元格）。

了解了创建表格的基本语法，下面我们通过一个案例进行演示，如例 7-1 所示。

例 7-1   example01.html

```
1    <!doctype html>
2    <html>
3    <head>
4    <meta charset="utf-8">
5    <title>表格</title>
6    </head>
7    <body>
8    <table border="1">
9        <tr>
10           <td>学生名称</td>
11           <td>竞赛学科</td>
12           <td>分数</td>
13       </tr>
14       <tr>
15           <td>小明</td>
16           <td>数学</td>
17           <td>87</td>
18       </tr>
19       <tr>
20           <td>小李</td>
21           <td>英语</td>
22           <td>86</td>
23       </tr>
24       <tr>
25           <td>小萌</td>
26           <td>物理</td>
27           <td>72</td>
28       </tr>
29   </table>
30   </body>
31   </html>
```

在例 7-1 中，使用表格相关的标签定义了一个 4 行 3 列的表格。为了使表格的显示格式更加清晰，在第 8 行代码中，对表格标签 <table> 应用了边框属性 border。

运行例 7-1，效果如图 7-1 所示。

通过图 7-1 看出，表格以 4 行 3 列的方式显示，并且添加了边框效果。如果去掉第 8 行代码中的边框属性 border，刷新页面，保存 HTML 文件，效果如图 7-2 所示。

图 7-1   定义表格   图 7-2   去掉边框属性的表格

通过图 7-2 可以看出，即使去掉边框，表格中的内容依然整齐有序地排列着。创建表格的基本标签为 <table></table>、<tr></tr>、<td></td>，默认情况下，表格的边框为 0，宽度和高度（自适应）靠表格里的内容来支撑。

▌▌ 注意：

学习表格的核心是学习 <td></td> 标签，它就像一个容器，可以容纳所有的标签，<td></td> 中甚至可以嵌套表格 <table></table>。但是 <tr></tr> 中只能嵌套 <td></td>，不可以在 <tr></tr> 标签中输入文字。

7.1.2　<table> 标签的属性

表格标签包含了大量属性，虽然大部分属性都可以使用 CSS 进行替代，但是 HTML 语言中也为 <table> 标签提供了一系列的属性，用于控制表格的显示样式，具体如表 7-1 所示。

表 7-1　<table> 标签的常用属性

属性	描述	常用属性值
border	设置表格的边框（默认 border="0" 为无边框）	像素
cellspacing	设置单元格与单元格之间的空间	像素（默认为 2 像素）
cellpadding	设置单元格内容与单元格边缘之间的空间	像素（默认为 1 像素）
width	设置表格的宽度	像素
height	设置表格的高度	像素
align	设置表格在网页中的水平对齐方式	left、center、right
bgcolor	设置表格的背景颜色	预定义的颜色值、十六进制 #RGB、rgb(r,g,b)
background	设置表格的背景图像	url 地址

表 7-1 中列出了 <table> 标签的常用属性，对于其中的某些属性，初学者可能不是很理解，接下来我们就对这些属性进行具体的讲解。

1. border 属性

在 <table> 标签中，border 属性用于设置表格的边框，默认值为 0。在例 7-1 中，设置 <table> 标签的 border 属性值为 1 时，出现了图 7-1 所示的双线边框效果。

为了更好地理解 border 属性，这里将例 7-1 中 <table> 标签的 border 属性值设置为 20，将第 8 行代码更改如下：

```
<table border="20">
```

这时保存 HTML 文件，刷新页面，效果如图 7-3 所示。

比较图 7-3 和图 7-1，我们会发现表格的双线边框的外边框变宽了，但是内边框不变。其实，在双线边框中，外边框为表格 <table> 的边框，内边框为单元格 <td> 的边框。也就是说，<table> 标签的 border 属性值改变的是外边框宽度，所以内边框宽度仍然为 1 像素。

▌▌ 注意：

直接使用 table 标签的边框属性或其他取值为像素的属性时，可以省略单位 "px"。

2. cellspacing 属性

cellspacing 属性用于设置单元格与单元格之间的空间，默认距离为 2px。例如对例 7-1 中的 <table> 标签应用 cellspacing="20"，则第 8 行代码如下：

```
<table border="20" cellspacing="20">
```

这时保存 HTML 文件，刷新页面，效果如图 7-4 所示。

图 7-3　设置 border="20" 的效果图　　　　图 7-4　设置 cellspacing="20" 的效果图

通过图 7-4 看出，单元格与单元格以及单元格与表格边框之间都拉开了 20px 的距离。

3. cellpadding 属性

cellpadding 属性用于设置单元格内容与单元格边框之间的空白间距，默认为 1px。例如，对例 7-1 中的 <table> 标签应用 cellpadding="20"，则第 8 行代码更改如下：

```
<table border="20" cellspacing="20" cellpadding="20">
```

这时保存 HTML 文件，刷新页面，效果如图 7-5 所示。

比较图 7-4 和图 7-5 会发现，在图 7-5 中，单元格内容与单元格边框之出现了 20px 的空白间距，例如"学生名称"与其所在的单元格边框之间拉开了 20px 的距离。

4. width 属性和 height 属性

默认情况下，表格的宽度和高度是自适应的，依靠表格内的内容来支撑，例如图 7-1 所示的表格。要想更改表格的尺寸，就需要对其应用宽度属性 width 和高度属性 height。接下来我们来对例 7-1 中的表格设置宽度，将第 8 行代码更改如下：

```
<table border="20" cellspacing="20" cellpadding="20" width="600" height="600">
```

这时保存 HTML 文件，刷新页面，效果如图 7-6 所示。

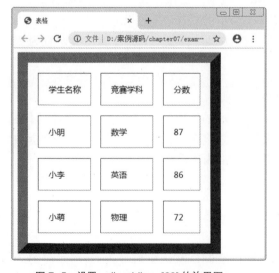

图 7-5　设置 cellpadding="20" 的效果图　　　　图 7-6　设置 width="600" 和 height="600" 的效果图

由图 7-6 可见，表格的宽度和高度为 600px，各单元格的宽高均按一定的比例增加。

注意:

当为表格标签 <table> 同时设置 width、height 和 cellpadding 属性时，cellpadding 的显示效果将不太容易观察，所以一般在未给表格设置宽高的情况下测试 cellpadding 属性。

5. align 属性

align 属性可用于定义表格的水平对齐方式，其可选属性值为 left、center、right。

需要注意的是，当对 <table> 标签应用 align 属性时，控制的是表格在页面中的水平对齐方式，单元格中的内容不受影响。例如，对例 7-1 中的 <table> 标签应用 align="center"，将第 8 行代码如下：

```
<table border="20" cellspacing="20" cellpadding="20" width="600" height="600" align="center">
```

保存 HTML 文件，刷新页面，效果如图 7-7 所示。

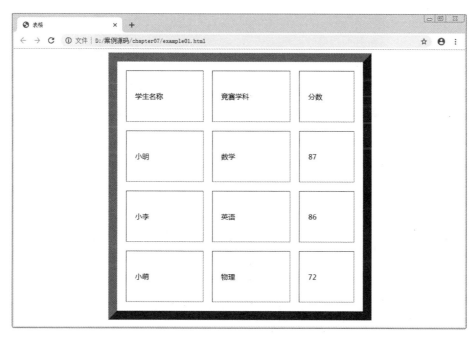

图 7-7　表格 align 属性的使用

通过图 7-7 看出，表格位于浏览器的水平居中位置，而单元格中的内容不受影响。

6. bgcolor 属性

在 <table> 标签中，bgcolor 属性用于设置表格的背景颜色，例如，将例 7-1 中表格的背景颜色设置为灰色，可以将第 8 行代码更改如下：

```
<table border="20" cellspacing="20" cellpadding="20" width="600" height="600" align="center" bgcolor="CCCCCC">
```

保存 HTML 文件，刷新页面，效果如图 7-8 所示。

通过图 7-8 看出，使用 bgcolor 属性后表格内部所有的背景颜色都变为了灰色。

7. background 属性

在 <table> 标签中，background 属性用于设置表格的背景图像。例如，为例 7-1 中的表格添加背景图像，则第 8 行代码如下：

```
<table border="20" cellspacing="20" cellpadding="20" width="600" height="600" align="center" bgcolor="#CCCCCC" background="1.jpg" >
```

图 7-8　表格 bgcolor 属性的使用

保存 HTML 文件，刷新页面，效果如图 7-9 所示。

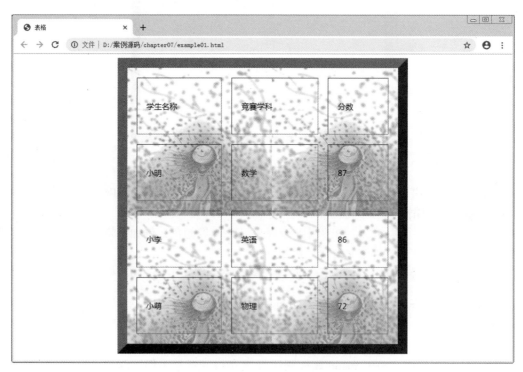

图 7-9　表格 background 属性的使用

通过图 7-9 看出，图像在表格中沿着水平和竖直两个方向平铺，填充了整个表格。

7.1.3　<tr> 标签的属性

通过对 <table> 标签应用各种属性，可以控制表格的整体显示样式，但是制作网页时，有时需要表格中的某一行特殊显示，这时就可以为行标签 <tr> 定义属性，其常用属性如表 7-2 所示。

表 7-2　<tr> 标签的常用属性

属性	描述	常用属性值
height	设置行高度	像素
align	设置一行内容的水平对齐方式	left、center、right
valign	设置一行内容的垂直对齐方式	top、middle、bottom
bgcolor	设置行背景颜色	预定义的颜色值、十六进制 #RGB、rgb(r,g,b)
background	设置行背景图像	url 地址

表 7-2 中列出了 <tr> 标签的常用属性，其中大部分属性与 <table> 标签的属性相同。为了加深初学者对这些属性的理解，接下来我们通过一个案例来演示行标签 <tr> 的常用属性效果，如例 7-2 所示。

例 7-2　example02.html

```
1   <!doctype html>
2   <html>
3   <head>
4   <meta charset="utf-8">
5   <title>tr 标签的属性 </title>
6   </head>
7   <body>
8   <table border="1" width="400" height="240" align="center">
9       <tr height="80" align="center" valign="top" bgcolor="#00CCFF">
10          <td>姓名 </td>
11          <td>性别 </td>
12          <td>电话 </td>
13          <td>住址 </td>
14      </tr>
15      <tr>
16          <td>小王 </td>
17          <td>女 </td>
18          <td>11122233</td>
19          <td>海淀区 </td>
20      </tr>
21      <tr>
22          <td>小李 </td>
23          <td>男 </td>
24          <td>55566677</td>
25          <td>朝阳区 </td>
26      </tr>
27      <tr>
28          <td>小张 </td>
29          <td>男 </td>
30          <td>88899900</td>
31          <td>西城区 </td>
```

```
32          </tr>
33  </table>
34  </body>
35  </html>
```

在例 7–2 的第 8 行和第 9 行代码中，分别对表格标签 <table> 和第 1 个行标签 <tr> 应用了相应的属性，用来控制表格和第 1 行内容的显示样式。

运行例 7–2，效果如图 7–10 所示。

通过图 7–10 看出，表格按照设置的宽高显示，且位于浏览器的水平居中位置。表格的第 1 行内容按照设置的高度显示、文本内容水平居中垂直居上，并且第 1 行还添加了背景颜色。

例 7–2 通过对行标签 <tr> 应用属性，可以单独控制表格中一行内容的显示样式。在学习 <tr> 的属性时，还需要注意以下几点。

图 7–10　行标签的属性使用

- <tr> 标签无宽度属性 width，其宽度取决于表格标签 <table>。
- 可以对 <tr> 标签应用 valign 属性，用于设置一行内容的垂直对齐方式。

注意：

在实际工作中均可用相应的 CSS 样式属性来替代 <tr> 标签的属性，这里了解即可。

7.1.4　<td> 标签的属性

通过对行标签 <tr> 应用属性，可以控制表格中一行内容的显示样式。但是，在网页制作过程中，想要对某一个单元格进行控制，就需要为单元格标签 <td> 定义属性，其常用属性如表 7–3 所示。

表 7–3　<td> 标签的常用属性

属性名	含义	常用属性值
width	设置单元格的宽度	像素
height	设置单元格的高度	像素
align	设置单元格内容的水平对齐方式	left、center、right
valign	设置单元格内容的垂直对齐方式	top、middle、bottom
bgcolor	设置单元格的背景颜色	预定义的颜色值、十六进制 #RGB、rgb(r,g,b)
background	设置单元格的背景图像	url 地址
colspan	设置单元格横跨的列数（用于合并水平方向的单元格）	正整数
rowspan	设置单元格竖跨的行数（用于合并竖直方向的单元格）	正整数

表 7–3 中列出了 <td> 标签的常用属性，其中大部分属性与 <tr> 标签的属性相同。与 <tr> 标签不同的是，可以对 <td> 标签应用 width 属性，用于指定单元格的宽度，同时 <td> 标签还拥有 colspan 和 rowspan 属性，用于对单元格进行合并。

对于 <td> 标签的 colspan 和 rowspan 属性，初学者可能难以理解并运用，下面我们通过一个案例来演示如何使用 rowspan 属性合并竖直方向的单元格，将"出生地"下方的 3 个单元格合并为 1 个单元格，如例 7-3 所示。

例 7-3　example03.html

```
1   <!doctype html>
2   <html>
3   <head>
4   <meta charset="utf-8">
5   <title> 单元格的合并 </title>
6   </head>
7   <body>
8   <table border="1" width="400" height="240" align="center">
9       <tr height="80" align="center" valign="top" bgcolor="#00CCFF">
10          <td> 姓名 </td>
11          <td> 性别 </td>
12          <td> 电话 </td>
13          <td> 住址 </td>
14      </tr>
15      <tr>
16          <td> 小王 </td>
17          <td> 女 </td>
18          <td>11122233</td>
19          <td rowspan="3"> 北京 </td>            <!--rowspan 设置单元格竖跨的行数 -->
20      </tr>
21      <tr>
22          <td> 小李 </td>
23          <td> 男 </td>
24          <td>55566677</td>
25                                                 <!-- 删除了 <td> 朝阳区 </td>-->
26      </tr>
27      <tr>
28          <td> 小张 </td>
29          <td> 男 </td>
30          <td>88899900</td>
31                                                 <!-- 删除了 <td> 西城区 </td>-->
32      </tr>
33  </table>
34  </body>
35  </html>
```

在例 7-3 的第 19 行代码中，将 <td> 标签的 rowspan 属性值设置为"3"，这个单元格就会竖跨 3 行，同时，由于第 19 行的单元格将占用其下方两个单元格的位置，所以应该注释或删掉其下方的两对 <td></td> 标签，即注释或删掉第 25 行和 31 行代码。

运行例 7-3，效果如图 7-11 所示。

如图 7-11 所示，设置了 rowspan="3" 样式的单元格"北京"竖直跨 3 行，占用了其下方两个单元格的位置。

除了竖直相邻的单元格可以合并外，水平相邻的单元格也可以合并。例如，将例 7-3 中的"性别"和"电话"两个单元格合并，只需对第 11 行代码中的 <td> 标签应用 colspan="2"，同时注释或删掉第 12 行代码即可。

这时，保存 HTML 文件，刷新网页，效果如图 7-12 所示。

图 7-11   合并竖列方向的单元格   图 7-12   合并水平方向相邻的单元格

如图 7-12 所示，设置了 colspan="2" 样式的单元格"性别"水平跨 2 列，占用了其右方一个单元格的位置。

总结例 7-3，可以得出合并单元格的规则：想合并哪些单元格就注释或删除它们，并在预留的单元格中设置相应的 colspan 或 rolspan 值，这个值即为预留单元格水平合并的列数或竖直合并的行数。

注意：

1. 在 <td> 标签的属性中，应重点掌握 colspan 和 rolspan，其他的属性了解即可，不建议使用，这些属性均可用 CSS 样式属性替代。

2. 当对某一个 <td> 标签应用 width 属性设置宽度时，该列中的所有单元格均会以设置的宽度显示。

3. 当对某一个 <td> 标签应用 height 属性设置高度时，该行中的所有单元格均会以设置的高度显示。

7.1.5   <th> 标签及其属性

应用表格时经常需要为表格设置表头，以使表格的格式更加清晰，方便查阅。表头一般位于表格的第一行或第一列，其文本加粗居中，如图 7-13 所示。设置表头非常简单，只需用表头标签 <th></th> 替代相应的单元格标签 <td></td> 即可。

<th></th> 标签与 <td></td> 标签的属性、用法完全相同，但是它们具有不同的语义。<th></th> 用于定义表头单元格，其文本默认加粗居中显示；而 <td></td> 定义的为普通单元格，其文本为普通文本且水平左对齐显示。

图 7-13   设置了表头的表格

7.1.6   表格的结构

在互联网刚刚兴起时，网页形式单调，内容也比较简单，那时，几乎所有的网页都使用表格进行布局。为了使搜索引擎更好地理解网页内容，在使用表格进行布局时，可以将表格划分为头部、主体和页脚，用于定义网页中的不同内容，划分表格结构的标签如下。

● <thead></thead>：用于定义表格的头部，必须位于 <table></table> 标签中，一般包含网页的 logo 和导航等头部信息。

● <tfoot></ tfoot >：用于定义表格的页脚，位于 <table></table> 标签中 <thead></thead> 标签之后，一般包含网页底部的企业信息等。

● <tbody></tbody>：用于定义表格的主体，位于 <table></table> 标签中 <tfoot></tfoot > 标签之后，一般包含网页中除头部和底部之外的其他内容。

了解了表格的结构划分标签，接下来我们就使用它们来布局一个简单的网页，如例 7-4 所示。

例 7-4　example04.html

```
1   <!doctype html>
2   <html>
3   <head>
4   <meta charset="utf-8">
5   <title>划分表格的结构</title>
6   </head>
7   <body>
8       <table width="600" border="1" cellspacing="0" align="center">
9           <caption>表格的名称</caption>              <!--caption 定义表格的标题 -->
10          <thead>                                   <!--thead 定义表格的头部 -->
11              <tr>
12                  <td colspan="3">网站的 logo</td>
13              </tr>
14              <tr>
15              <th><a href="#">首页</a></th>
16              <th><a href="#">关于我们</a></th>
17              <th><a href="#">联系我们</a></th>
18              </tr>
19          </thead>
20          <tfoot>                                   <!--tfoot 定义表格的页脚 -->
21              <tr>
22                  <td colspan="3" align="center">底部基本企业信息 &copy;【版权信息】</td>
23              </tr>
24          </tfoot>
25          <tbody>                                   <!--tbody 定义表格的主体 -->
26              <tr height="150">
27                  <td>主体的左栏</td>
28                  <td>主体的中间</td>
29                  <td>主体的右侧</td>
30              </tr>
31              <tr height="150">
32                  <td>主体的左栏</td>
33                  <td>主体的中间</td>
34                  <td>主体的右侧</td>
35              </tr>
36          </tbody>
37      </table>
38  </body>
39  </html>
```

在例 7-4 中，使用表格相关的标签创建了一个多行多列的表格，并对其中的某些单元格进行合并。为了使搜索引擎更好地理解网页内容，使用表格的结构划分标签定义了不同的网页内容。其中，第 9 行代码中的 <caption></caption> 标签用于定义表格的标题。

运行例 7-4，效果如图 7-14 所示。

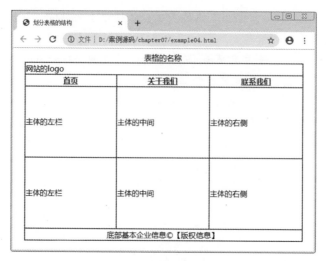

图 7-14　表格布局的网页

注意:

一个表格只能定义一对 <thead></thead>、一对 <tfoot></ tfoot >，但可以定义多对 <tbody></ tbody >，它们必须按 <thead></thead>、<tfoot></tfoot > 和 <tbody></tbody > 的顺序使用。之所以将 <tfoot></ tfoot > 置于 <tbody></ tbody > 之前，是为了使浏览器在收到全部数据之前即可显示页脚。

7.2　CSS 控制表格样式

除了表格标签自带的属性外，还可用 CSS 的边框、宽高、颜色等来控制表格样式。此外，CSS 中还提供了表格专用属性，以便控制表格样式。本节将从边框、边距和宽高 3 个方面详细讲解 CSS 控制表格样式的具体方法。

7.2.1　CSS 控制表格边框

使用 <table> 标签的 border 属性可以为表格设置边框，但是这种方式设置的边框效果并不理想，如果要更改边框的颜色，或改变单元格的边框大小，就会很困难。而使用 CSS 边框样式属性 border 可以轻松地控制表格的边框。

接下来，我们通过一个具体的案例演示设置表格边框的具体方法，如例 7-5 所示。

例 7-5　example05.html

```
1    <!doctype html>
2    <html>
3    <head>
4    <meta charset="utf-8">
5    <title>CSS 控制表格边框 </title>
6    <style type="text/css">
7    table{
8        width:400px;
9        height:300px;
```

```
10      border:1px solid #30F;          /* 设置 table 的边框 */
11      }
12  th,td{border:1px solid #30F;}   /* 为单元格单独设置边框 */
13  </style>
14  </head>
15  <body>
16  <table>
17  <caption> 腾讯手游排行榜 </caption>          <!--caption 定义表格的标题 -->
18    <tr>
19       <th> 热游榜 </th>
20       <th> 游戏名 </th>
21       <th> 类型 </th>
22       <th> 特征 </th>
23    </tr>
24    <tr>
25       <th>1</th>
26       <td> 王者荣耀 </td>
27       <td> 策略战棋 </td>
28       <td>3D 竞技 </td>
29    </tr>
30    <tr>
31       <th>2</th>
32       <td> 天龙八部手游 </td>
33       <td> 角色扮演 </td>
34       <td>3D 武侠 </td>
35    </tr>
36    <tr>
37       <th>3</th>
38       <td> 龙之谷手游 </td>
39       <td> 角色扮演 </td>
40       <td>3D 格斗 </td>
41    </tr>
42    <tr>
43       <th>4</th>
44       <td> 弹弹堂 </td>
45       <td> 休闲益智 </td>
46       <td>Q 版 竞技 </td>
47    </tr>
48    <tr>
49       <th>5</th>
50       <td> 火影忍者 </td>
51       <td> 角色扮演 </td>
52       <td>2D 格斗 </td>
53    </tr>
54  </table>
55  </body>
56  </html>
```

　　在例 7-5 中，定义了一个 6 行 4 列的表格，然后使用内嵌式 CSS 样式表为表格标签 <table> 定义了宽、高和边框样式，并为单元格单独设置相应的边框。如果只设置 <table> 样式，效果图只显示外边框的样式，内部不显示边框。

　　运行例 7-5，效果如图 7-15 所示。

　　通过图 7-15 发现，单元格与单元格的边框之间存在一定的空间。如果要去掉单元格之间的空间，得到常见的细线边框效果，就需要使用 "border-collapse" 属性，使单元格的边框合并，具体代码如下：

```
table{
    width:280px;
    height:280px;
```

```
        border:1px solid #F00;              /* 设置 table 的边框 */
        border-collapse:collapse;          /* 边框合并 */
}
```

保存 HTML 文件，再次刷新网页，效果如图 7-16 所示。

图 7-15　CSS 控制表格边框

图 7-16　表格的边框合并

通过图 7-16 看出，单元格的边框发生了合并，出现了常见的单线边框效果。border-collapse 属性的属性值除了 collapse（合并）之外，还有一个属性值 separate（分离），通常表格中边框都默认为 separate。

█▌ 注意：

1. 当表格的 border-collapse 属性设置为 collapse 时，则 HTML 中设置的 cellspacing 属性值无效。

2. 行标签 <tr> 无 border 样式属性。

7.2.2　CSS 控制单元格边距

使用 <table> 标签的属性美化表格时，可以通过 cellpadding 和 cellspacing 分别控制单元格内容与边框之间的距离以及相邻单元格边框之间的距离，这种方式与盒子模型中设置内外边距非常类似。那么使用 CSS 对单元格设置内边距 padding 和外边距 margin 样式能不能实现这种效果呢？

新建一个 3 行 3 列的简单表格，使用 CSS 控制表格样式，具体如例 7-6 所示。

例 7-6　example06.html

```
1   <!doctype html>
2   <html>
3   <head>
4   <meta charset="utf-8">
5   <title>CSS 控制单元格边距</title>
6   <style type="text/css">
7   table{
8       border:1px solid #30F;             /* 设置 table 的边框 */
9   }
10  th,td{
11      border:1px solid #30F;             /* 为单元格单独设置边框 */
```

```
12      padding:50px;                       /* 为单元格内容与边框设置 20px 的内边距 */
13      margin:50px;                        /* 为单元格与单元格边框之间设置 20px 的外边距 */
14  }
15  </style>
16  </head>
17  <body>
18  <table>
19   <tr>
20      <th>游戏名称</th>
21      <th>类型</th>
22      <th>特征</th>
23   </tr>
24   <tr>
25      <th>王者荣耀</th>
26      <td>策略战棋</td>
27      <td>3D 竞技</td>
28   </tr>
29   <tr>
30      <th>天龙八部手游</th>
31      <td>角色扮演</td>
32      <td>3D 武侠</td>
33   </tr>
34  </table>
35  </body>
36  </html>
```

运行例 7-6，效果如图 7-17 所示。

从图 7-17 中可以看出，单元格内容与边框之间拉开了一定的距离，但是相邻单元格之间的距离没有任何变化，也就是说对单元格设置的外边距属性 margin 没有生效。

总结例 7-6 可以得出，设置单元格内容与边框之间的距离，可以对 <th> 和 <td> 标签应用内边距样式属性 padding，或对 <table> 标签应用 HTML 标签属性 cellpadding。而 <th> 和 <td> 标签无外边距属性 margin，要想设置相邻单元格边框之间的距离，只能对 <table> 标签应用 HTML 标签属性 cellspacing。

图 7-17　CSS 控制单元格边距

注意：

行标签 <tr> 无内边距属性 padding 和外边距属性 margin。

7.2.3　CSS 控制单元格的宽和高

单元格的宽度和高度有着和其他标签不同的特性，主要表现在单元格之间的互相影响上。使用 CSS 中的 width 和 height 属性可以控制单元格的宽和高。接下来，我们通过一个具体的案例来演示，如例 7-7 所示。

例 7-7　example07.html

```
1   <!doctype html>
2   <html>
```

```
3    <head>
4    <meta charset="utf-8">
5    <title>CSS 控制单元格的宽高 </title>
6    <style type="text/css">
7    table{
8        border:1px solid #30F;                          /* 设置 table 的边框 */
9        border-collapse:collapse;                       /* 边框合并 */
10       }
11   th,td{
12       border:1px solid #30F;                          /* 为单元格单独设置边框 */
13    }
14   .one{ width:100px; height:80px;}                    /* 定义 "A 房间 " 单元格的宽度与高度 */
15   .two{ height:40px;}                                 /* 定义 "B 房间 " 单元格的高度 */
16   .three{ width:200px; }                              /* 定义 "C 房间 " 单元格的宽度 */
17   </style>
18   </head>
19   <body>
20   <table>
21    <tr>
22       <td class="one"> A 房间 </td>
23       <td class="two"> B 房间 </td>
24    </tr>
25    <tr>
26       <td class="three"> C 房间 </td>
27       <td class="four"> D 房间 </td>
28    </tr>
29   </table>
30   </body>
     </html>
```

在例 7-7 中，定义了一个 2 行 2 列的简单表格，将"A 房间"的宽度和高度设置为 100px 和 80px，同时将"B 房间"单元格的高度设置为 40px，"C 房间"单元格的宽度设置为 200px。

运行例 7-7，效果如图 7-18 所示。

通过图 7-18 看出，"A 房间"单元格和"B 房间"单元格的高度均为 80px，而"A 房间"单元格和"C 房间"单元格的宽

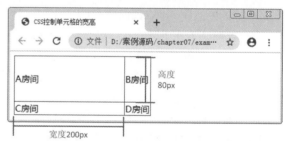

图 7-18　CSS 控制单元格宽高

度均为 200px。可见对同一行中的单元格定义不同的高度，或对同一列中的单元格定义不同的宽度时，最终的宽度或高度将取其中的较大者。

7.3　表单

表单是可以通过网络接收其他用户数据的平台，例如注册页面的账户密码输入、网上订货页等，都是以表单的形式来收集用户信息，并将这些信息传递给后台服务器，实现网页与用户间的沟通对话。本节将对表单进行详细的讲解。

7.3.1　表单的构成

在 HTML 中，一个完整的表单通常由表单控件、提示信息和表单域 3 个部分构成，如图 7-19 所示。

对表单构成中的表单控件、提示信息和表单域的具体解释如下。

● 表单控件：包含了具体的表单功能项，如单行文本输入框、密码输入框、复选框、提交按钮、搜索框等。

● 提示信息：一个表单中通常还需要包含一些说明性的文字，提示用户进行填写和操作。

● 表单域：相当于一个容器，用来容纳所有的表单控件和提示信息，可以通过它处理表单数据所用程序的 url 地址，定义数据提交到服务器的方法。如果不定义表单域，表单中的数据就无法传送到后台服务器。

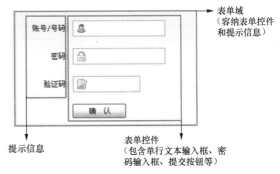

图 7-19　表单的构成

7.3.2　创建表单

在 HTML5 中，<form></form> 标签被用于定义表单域，即创建一个表单，以实现用户信息的收集和传递，<form></form> 中的所有内容都会被提交给服务器。创建表单的基本语法格式如下：

```
<form action="url 地址 " method=" 提交方式 " name=" 表单名称 ">
    各种表单控件
</form>
```

在上面的语法中，<form> 与 </form> 之间的表单控件是由用户自定义的，action、method 和 name 为表单标签 <form> 的常用属性，分别用于定义 url 地址、表单提交方式及表单名称，具体介绍如下。

1. action 属性

在表单收集到信息后，需要将信息传递给服务器进行处理，action 属性用于指定接收并处理表单数据的服务器程序的 url 地址。例如：

```
<form action="form_action.asp">
```

表示当提交表单时，表单数据会传送到名为 "form_action.asp" 的页面去处理。

action 的属性值可以是相对路径或绝对路径，还可以为接收数据的 E-mail 邮箱地址。例如：

```
<form action=mailto:htmlcss@163.com>
```

表示当提交表单时，表单数据会以电子邮件的形式传递出去。

2. method 属性

method 属性用于设置表单数据的提交方式，其取值为 get 或 post。在 HTML 中，可以通过 <form> 标签的 method 属性指明表单处理服务器数据的方法，示例代码如下：

```
<form action="form_action.asp" method="get">
```

在上面的代码中，get 为 method 属性的默认值，采用 get 方法，浏览器会与表单处理服务器建立连接，然后直接在一个传输步骤中发送所有的表单数据。

如果采用 post 方法，浏览器将会按照下面两步来发送数据。首先，浏览器将与 action 属性中指定的表单处理服务器建立联系，然后，浏览器按分段传输的方法将数据发送给服务器。

另外，采用 get 方法提交的数据将显示在浏览器的地址栏中，保密性差，且有数据量的限制，而 post 方式的保密性好，并且无数据量的限制，所以使用 method="post" 可以大量的提交数据。

3. name 属性

表单中的 name 属性用于指定表单的名称，而表单控件中具有 name 属性的元素会将用户填写的内容提交给服务器。创建表单的示例代码如下：

```
<form action="http://www.mysite.cn/index.asp" method="post" name="biao">  <!-- 表单域 -->
   账号：       <!-- 提示信息 -->
<input type="text" name="zhanghao" />                    <!-- 表单控件 -->
   密码：       <!-- 提示信息 -->
<input type="password" name="mima" />                    <!-- 表单控件 -->
<input type="submit" value="提交"/>                       <!-- 表单控件 -->
</form>
```

上述示例代码即为一个完整的表单结构，其中 <input> 标签用于定义表单控件，对于该标签以及标签的相关属性，在本章后面的小节中将会具体讲解，这里了解即可。示例代码对应效果如图 7-20 所示。

图 7-20　创建表单

7.4　表单控件

学习表单的核心就是学习表单控件，HTML 语言提供了一系列的表单控件，用于定义不同的表单功能，如密码输入框、文本域、下拉列表、复选框等，本节将对这些表单控件进行详细的讲解。

7.4.1　input 控件

我们在浏览网页时经常会看到单行文本输入框、单选按钮、复选框、提交按钮、重置按钮等，要想定义这些元素就需要使用 input 控件，其基本语法格式如下：

```
<input type="控件类型"/>
```

在上面的语法中，<input /> 标签为单标签，type 属性为其最基本的属性，其取值有多种，用于指定不同的控件类型。除了 type 属性之外，<input /> 标签还可以定义很多其他的属性，其常用属性如表 7-4 所示。

表 7-4　input 控件的常用属性

属性	属性值	描述
type	text	单行文本输入框
	password	密码输入框
	radio	单选按钮
	checkbox	复选框
	button	普通按钮
	submit	提交按钮
	reset	重置按钮
	image	图像形式的提交按钮
	hidden	隐藏域
	file	文件域

属性	属性值	描述
name	由用户自定义	控件的名称
value	由用户自定义	input 控件中的默认文本值
size	正整数	input 控件在页面中的显示宽度
readonly	readonly	该控件内容为只读（不能编辑修改）
disabled	disabled	第一次加载页面时禁用该控件（显示为灰色）
checked	checked	定义选择控件默认被选中的项
maxlength	正整数	控件允许输入的最多字符数

表 7-4 中列出了 input 控件的常用属性，为了使初学者更好地理解和应用这些属性，接下来我们通过一个案例来演示它们的用法和效果，如例 7-8 所示。

例 7-8　example08.html

```
1   <!doctype html>
2   <html>
3   <head>
4   <meta charset="utf-8">
5   <title>input 控件</title>
6   </head>
7   <body>
8   <form action="#" method="post">
9       用户名：                                  <!--text 单行文本输入框 -->
10      <input type="text" value=" 张三 " maxlength="6" /><br /><br />
11      密码：                                    <!--password 密码输入框 -->
12      <input type="password" size="40" /><br /><br />
13      性别：                                    <!--radio 单选按钮 -->
14      <input type="radio" name="sex" checked="checked" /> 男
15      <input type="radio" name="sex" /> 女 <br /><br />
16      兴趣：                                    <!--checkbox 复选框 -->
17      <input type="checkbox" /> 唱歌
18      <input type="checkbox" /> 跳舞
19      <input type="checkbox" /> 游泳 <br /><br />
20      上传头像：
21      <input type="file" /><br /><br />         <!--file 文件域 -->
22      <input type="submit" />                   <!--submit 提交按钮 -->
23      <input type="reset" />                    <!--reset 重置按钮 -->
24      <input type="button" value=" 普通按钮 " /> <!--button 普通按钮 -->
25      <input type="image" src="login.gif" />    <!--image 图像域 -->
26      <input type="hidden" />                   <!--hidden 隐藏域 -->
27  </form>
28  </body>
29  </html>
```

在例 7-8 中，通过对 <input /> 标签应用不同的 type 属性值来定义不同类型的 input 控件，并对其中的一些控件应用 <input /> 标签的其他可选属性。例如在第 10 行代码中，通过 maxlength 和 value 属性定义单行文本输入框中允许输入的最多字符数和默认显示文本；在第 12 行代码中，通过 size 属性定义密码输入框的宽度；在第 14 行代码中通过 name 和 checked 属性定义单选按钮的名称和默认选中项。

运行例 7-8，效果如图 7-21 所示。

如图 7-21 所示，不同类型的 input 控件外观不同，当对它们进行具体的操作时，如输入用户名和密码，选择性别和兴趣等，显示的效果也不一样。例如，在密码输入框中输入内容时，其中的内容将以圆点的形式显示，而不会像用户名中的内容一样显示为明文（指没加密的文字），如图 7-22 所示。

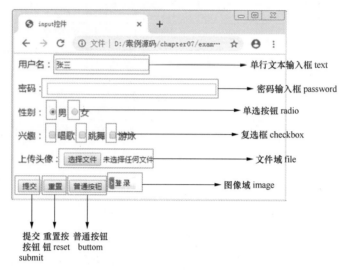

图 7-21   input 控件效果展示

图 7-22   密码框中内容显示为圆点

为了使初学者更好地理解不同的 input 控件类型，下面我们来对它们做一个简单的介绍。

（1）单行文本输入框 <input type="text" />

单行文本输入框常用来输入简短的信息，如用户名、账号、证件号码等，常用的属性有 name、value、maxlength。

（2）密码输入框 <input type="password" />

密码输入框用来输入密码，其内容将以圆点的形式显示。

（3）单选按钮 <input type="radio" />

单选按钮用于单项选择，如选择性别、是否操作等。需要注意的是，在定义单选按钮时，必须为同一组中的选项指定相同的 name 值，这样"单选"才会生效。此外，可以对单选按钮应用 checked 属性，指定默认选中项。

（4）复选框 <input type="checkbox" />

复选框常用于多项选择，如选择兴趣、爱好等，可对其应用 checked 属性，指定默认选中项。

（5）普通按钮 <input type="button" />

普通按钮常常配合 javascript 脚本语言使用，初学者了解即可。

（6）提交按钮 <input type="submit" />

提交按钮是表单中的核心控件，用户完成信息的输入后，一般都需要单击提交按钮才能完成表单数据的提交。可以对其应用 value 属性，改变提交按钮上的默认文本。

（7）重置按钮 <input type="reset" />

当用户输入的信息有误时，可单击重置按钮取消已输入的所有表单信息。可以对其应用

value 属性，改变重置按钮上的默认文本。

（8）图像形式的提交按钮 <input type="image" />

图像形式的提交按钮与普通的提交按钮在功能上基本相同，只是它用图像替代了默认的按钮，外观上更加美观。需要注意的是，必须为其定义 src 属性指定图像的 url 地址。

（9）隐藏域 <input type="hidden" />

隐藏域对于用户是不可见的，通常用于后台的程序，初学者了解即可。

（10）文件域 <input type="file" />

当定义文件域时，页面中将出现一个文本框和一个"浏览 ..."按钮，用户可以通过填写文件路径或直接选择文件的方式，将文件提交给后台服务器。

值得一提的是，在实际运用中，常常需要将 <input /> 控件联合 <label> 标签使用，以扩大控件的选择范围，从而提供更好的用户体验。例如，在选择性别时，希望单击提示文字"男"或者"女"也可以选中相应的单选按钮。接下来，我们通过一个案例来演示 <label> 标签在 input 控件中的使用，如例 7-9 所示。

例 7-9　example09.html

```
1  <!doctype html>
2  <html>
3  <head>
4  <meta charset="utf-8">
5  <title>label 标签的使用 </title>
6  </head>
7  <body>
8  <form action="#" method="post">
9      <label for="name"> 姓名 :</label>
10     <input type="text" maxlength="6" id="name" /><br /><br />
11     性别 :
12     <input type="radio" name="sex" checked="checked" id="man" /><label for="man"> 男 </label>
13     <input type="radio" name="sex" id="woman" /><label for="woman"> 女 </label>
14  </form>
15  </body>
16  </html>
```

在例 7-9 中，使用 label 标签包含表单中的提示信息，并且将 for 属性的值设置为相应表单控件的 id 名称，这样 <label> 标签标注的内容就绑定到了指定 id 的表单控件上，当单击 label 标签中的内容时，相应的表单控件就会处于选中状态。

运行例 7-9，效果如图 7-23 所示。

在图 7-23 所示的页面中，单击"姓名 :"时，光标会自动出现在姓名输入框中；同样单击"男"或"女"时，相应的单选按钮就会处于选中状态。

图 7-23　使用 <label> 标签

7.4.2　textarea 控件

当定义 input 控件的 type 属性值为 text 时，可以创建一个单行文本输入框。但是，如果需要输入大量的信息，单行文本输入框就不再适用，为此 HTML 语言提供了 textarea 控件。通过 textarea 控件可以轻松地创建多行文本输入框，其基本语法格式如下：

```
<textarea cols=" 每行中的字符数 " rows=" 显示的行数 ">
    文本内容
</textarea>
```

在上述代码中，cols 和 rows 为 <textarea> 标签的必备属性，其中 cols 用来定义多行文本输入框每行中的字符数，rows 用来定义多行文本输入框显示的行数，它们的取值均为正整数。

值得一提的是，除了 cols 和 rows 属性外，<textarea> 标签还有几个可选属性，分别为 disabled、name 和 readonly，如表 7-5 所示。

表 7-5　textarea 可选属性

属性	属性值	描述
name	由用户自定义	控件的名称
readonly	readonly	该控件内容为只读（不能编辑修改）
disabled	disabled	第一次加载页面时禁用该控件（显示为灰色）

了解了 <textarea> 的语法格式和属性，下面我们通过一个案例来演示其具体用法，如例 7-10 所示。

例 7-10　example10.html

```
1   <!doctype html>
2   <html>
3   <head>
4   <meta charset="utf-8">
5   <title>textarea 控件 </title>
6   </head>
7   <body>
8   <form action="#" method="post">
9   评论：<br />
10      <textarea cols="60" rows="8">
11  评论的时候，请遵纪守法并注意语言文明，多给文档分享人一些支持。
12      </textarea><br />
13      <input type="submit" value=" 提交 "/>
14  </form>
15  </body>
16  </html>
```

在例 7-10 中，通过 <textarea></textarea> 标签定义一个多行文本输入框，并对其应用 clos 和 rows 属性来设置多行文本输入框每行中的字符数和显示的行数。在多行文本输入框之后，通过将 input 控件的 type 属性值设置为 submit，定义了一个提交按钮。同时，为了使网页的格式更加清晰，在代码中的某些部分应用了换行标签
。

运行例 7-10，效果如图 7-24 所示。

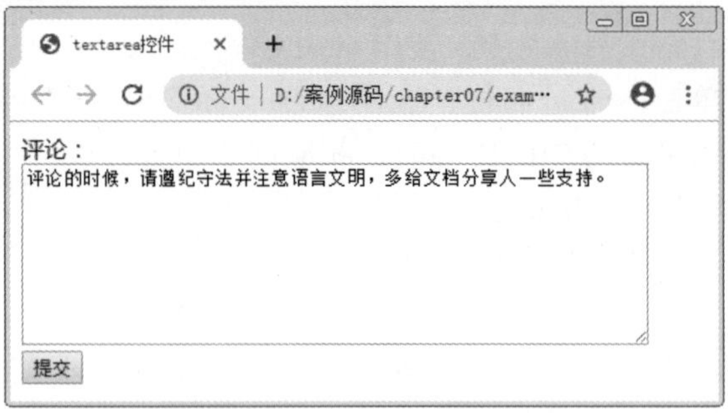

如图 7-24 所示，页面中出现了一个多行文本输入框，用户可以对其中的内容进行编辑和修改。

图 7-24　textarea 元素的应用

注意：

各浏览器对 cols 和 rows 属性的理解不同，当对 textarea 控件应用 cols 和 rows 属性时，多行文本输入框在各浏览器中的显示效果可能会有差异。所以在实际工作中，更常用的方法是使用 CSS 的 width 和 height 属性来定义多行文本输入框的宽高。

7.4.3　select 控件

在浏览网页时，我们经常会看到包含多个选项的下拉菜单，例如选择所在的城市、出生年月、兴趣爱好等。图 7–25 所示为一个下拉菜单，当单击下拉符号 "▼" 时，会出现一个选择列表，如图 7–26 所示。要想制作这种下拉菜单效果，就需要使用 select 标签。

图 7–25　下拉菜单　　　　　　　　　　　图 7–26　下拉菜单的选择列表

使用 select 控件定义下拉菜单的基本语法格式如下：

```
<select>
    <option>选项 1</option>
    <option>选项 2</option>
    <option>选项 3</option>
    ...
</select>
```

在上面的语法中，<select></select> 标签用于在表单中添加一个下拉菜单，<option></option> 标签嵌套在 <select></select> 标签中，用于定义下拉菜单中的具体选项，每对 <select></select> 中至少应包含一对 <option></option>。

值得一提的是，在 HTML5 中，可以为 <select> 和 <option> 标签定义属性，以改变下拉菜单的外观显示效果，具体属性如表 7–6 所示。

表 7–6　<select> 和 <option> 标签的常用属性

标签名	常用属性	描述
<select>	size	指定下拉菜单的可见选项数（取值为正整数）
	multiple	定义 multiple="multiple" 时，下拉菜单将具有多项选择的功能，方法为按住【Ctrl】键的同时选择多项
<option>	selected	定义 selected ="selected" 时，当前项即为默认选中项

下面我们通过一个案例来演示几种下拉菜单效果，如例 7–11 所示。

例 7–11　example11.html

```
1   <!doctype html>
2   <html>
3   <head>
4   <meta charset="utf-8">
5   <title>select 控件 </title>
6   </head>
7   <body>
8   <form action="#" method="post">
9   所在校区 :<br />
10      <select>                                    <!-- 最基本的下拉菜单 -->
11          <option>- 请选择 -</option>
```

```
12          <option>北京</option>
13          <option>上海</option>
14          <option>广州</option>
15          <option>武汉</option>
16          <option>成都</option>
17      </select><br /><br />
18  特长（单选）:<br />
19      <select>
20          <option>唱歌</option>
21          <option selected="selected">画画</option>     <!-- 设置默认选中项 -->
22          <option>跳舞</option>
23      </select><br /><br />
24  爱好（多选）:<br />
25      <select multiple="multiple" size="4">             <!-- 设置多选和可见选项数 -->
26          <option>读书</option>
27          <option selected="selected">写代码</option>  <!-- 设置默认选中项 -->
28          <option>旅行</option>
29          <option selected="selected">听音乐</option>  <!-- 设置默认选中项 -->
30          <option>踢球</option>
31      </select><br /><br />
32      <input type="submit" value=" 提交 "/>
33  </form>
34  </body>
35  </html>
```

在例 7-11 中，通过 <select>、<option> 标签及相关属性创建了 3 个不同的下拉菜单，其中第 1 个为最简单的下拉菜单，第 2 个为设置了默认选项的单选下拉菜单，第 3 个为设置了两个默认选项的多选下拉菜单。

运行例 7-11，效果如图 7-27 所示。

图 7-27 实现了不同的下拉菜单效果，但是在实际网页制作过程中，有时候需要对下拉菜单中的选项进行分组，这样当存在很多选项时，要想找到相应的选项就会更加容易。图 7-28 所示即为选项分组后的下拉菜单中选项的展示效果。

图 7-27　下拉菜单展示   图 7-28　选项分组后的下拉菜单选项展

要想实现图 7-28 所示的效果，可以在下拉菜单中使用 <optgroup></optgroup> 标签。下面我们通过一个具体的案例来演示为下拉菜单中的选项分组的方法和效果，如例 7-12 所示。

例 7-12　example12.html

```
1   <!doctype html>
2   <html>
```

```
3    <head>
4    <meta charset="utf-8">
5    <title> 为下拉菜单中的选项分组 </title>
6    </head>
7    <body>
8    <form action="#" method="post">
9    城区：<br />
10       <select>
11           <optgroup label=" 北京 ">
12               <option> 东城区 </option>
13               <option> 西城区 </option>
14               <option> 朝阳区 </option>
15               <option> 海淀区 </option>
16           </optgroup>
17           <optgroup label=" 上海 ">
18               <option> 浦东新区 </option>
19               <option> 徐汇区 </option>
20               <option> 虹口区 </option>
21           </optgroup>
22       </select>
23   </form>
24   </body>
25   </html>
```

在例 7-12 中，<optgroup></optgroup> 标签用于定义选项组，必须嵌套在 <select></select> 标签中，一对 <select></select> 中通常包含多对 <optgroup></optgroup>。在 <optgroup> 与 </optgroup> 之间为 <option> </option> 标签定义的具体选项。同时 <optgroup> 标签有一个必需属性 label，用于定义具体的组名。

运行例 7-12，会出现图 7-29 所示的下拉菜单，当单击下拉符号"▾"时，效果如图 7-30 所示，下拉菜单中的选项被清晰地分组了。

图 7-29　选项分组后的下拉菜单 1　　　　图 7-30　选项分组后的下拉菜单 2

▌▌ 多学一招：使用Dreamweaver工具生成表单控件

通过前面的介绍可以知道，在 HTML 中有多种表单控件，牢记这些表单控件，对于读者来说比较困难。而使用 Dreamweaver 可以轻松地生成各种表单控件，具体步骤如下。

（1）选择菜单栏中的"窗口"→"插入"选项，会弹出插入栏，默认效果如图 7-31 所示。

图 7-31　插入栏默认效果

（2）单击插入栏上方的"表单"选项，会弹出相应的表单工具组，如图 7-32 所示。

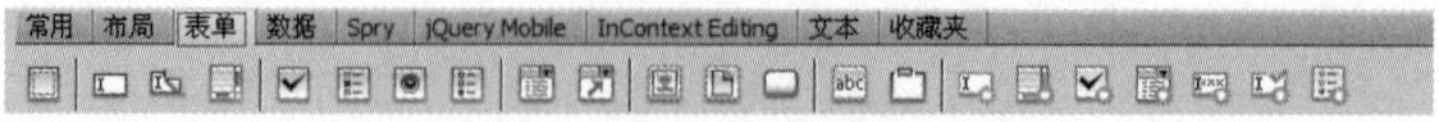

图 7-32　表单工具组

（3）单击表单工具组中不同的选项，即可生成不同的表单控件，例如单击"⬚"按钮时，会生成一个单行文本输入框。

7.5　HTML5 表单新属性

HTML5 中增加了许多新的表单功能，例如 form 属性、表单控件、input 控件类型、input 属性等，这些新增内容可以帮助设计人员更加高效和省力地制作出标准的 Web 表单。本节将对 HTML5 新增的表单属性做详细讲解。

7.5.1　全新的 form 属性

在 HTML5 中新增了两个 form 属性，分别为 autocomplete 属性和 novalidate 属性，下面我们就对这两种属性做详细讲解。

1. autocomplete 属性

autocomplete 属性用于指定表单是否有自动完成功能，所谓"自动完成"是指将表单控件输入的内容记录下来，当再次输入时，会将输入的历史记录显示在一个下拉列表里，以实现自动完成输入。autocomplete 属性有两个值，对它们的解释如下。

- on：表单有自动完成功能。
- off：表单无自动完成功能。

autocomplete 属性示例代码如下：

```
<form id="formBox" autocomplete="on">
```

值得一提的是，autocomplete 属性不仅可以用于 <form> 标签，还可以用于所有输入类型的 <input /> 标签。

2. novalidate 属性

novalidate 属性指定在提交表单时取消对表单进行有效的检查。为表单设置该属性时，可以关闭整个表单的验证，这样可以使 <form> 标签内的所有表单控件不被验证。novalidate 属性的取值为它自身，示例代码如下：

```
<form action="form_action.asp" method="get" novalidate="novalidate">
```

上述示例代码对 form 标签应用 "novalidate="novalidate"" 属性，来取消表单验证。

7.5.2　全新的表单控件

在 HTML5 中新增了一些的控件，如 datalist、keygen 等，使用这些元素可以强化表单功能，其中 datalist 控件用于定义输入框的选项列表，在网页中比较常见。

网页中的列表通过 datalist 内的 option 进行创建。如果用户不希望从列表中选择某项，也可以自行输入其他内容。datalist 控件通常与 input 控件配合使用，来定义 input 的取值。在使用 <datalist> 控件时，需要通过 id 属性为其指定一个唯一的标识，然后为 input 控件指定 list 属性，将该属性值设置为 option 对应的 id 属性值即可。

下面我们通过一个案例来演示 datalist 元素的使用，如例 7-13 所示。

例 7-13　example13.html

```
1   <!doctype html>
2   <html>
3   <head>
4   <meta charset="utf-8">
5   <title>datalist 元素 </title>
6   </head>
7   <body>
8   <form action="#" method="post">
9   请输入用户名：<input type="text" list="namelist"/>
10  <datalist id="namelist">
11      <option>admin</option>
12      <option>lucy</option>
13      <option>lily</option>
14  </datalist>
15  <input type="submit" value=" 提交 " />
16  </form>
17  </body>
18  </html>
```

在例 7-13 中，首先向表单中添加了
一个 input 控件，并将其 list 属性值设置为
"namelist"。然后添加 id 名为 "namelist" 的
datalist 控件，并通过 datalist 内的 option 创
建列表。

运行例 7-13，效果如图 7-33 所示。

图 7-33　datalist 元素的效果

7.5.3　全新的 input 控件类型

在 HTML5 中，增加了一些新的 input
控件类型，通过这些新的控件，可以丰富表单功能，更好地实现表单的控制和验证，下面我
们就来详细讲解这些新的 input 控件类型。

（1）email 类型 <input type="email" />

email 类型的 input 控件是一种专门用于输入 E-mail 地址的文本输入框，用来验证 email
输入框的内容是否符合 Email 邮件地址格式，如果不符合，将提示相应的错误信息。

（2）url 类型 <input type="url" />

url 类型的 input 控件是一种用于输入 URL 地址的文本框。如果所输入的内容是 URL 地
址格式的文本，则会提交数据到服务器；如果输入的值不符合 URL 地址格式，则不允许提交，
并且会有提示信息。

（3）tel 类型 <input type="tel" />

tel 类型用于提供输入电话号码的文本框，由于电话号码的格式千差万别，很难实现一个通
用的格式，因此 tel 类型通常会和 pattern 属性配合使用。关于 pattern 属性将在 7.5.4 节中进行讲解。

（4）search 类型 <input type="search" />

search 类型是一种专门用于输入搜索关键词的文本框，它能自动记录一些字符，例如站
点搜索或者 Google 搜索。在用户输入内容后，其右侧会附带一个删除图标，单击这个图标按
钮可以快速清除内容。

（5）color 类型 <input type="color" />

color 类型用于提供设置颜色的文本框，用于实现一个 RGB 颜色输入。其基本形式是 #RRGGBB，默认值为 #000000，通过 value 属性值可以更改默认颜色。单击 color 类型文本框，可以快速打开拾色器面板，方便用户可视化地选取一种颜色。

下面我们通过设置 input 控件的 type 属性来演示不同类型的文本框的用法，如例 7-14 所示。

例 7-14　example14.html

```
1   <!doctype html>
2   <html>
3   <head>
4   <meta charset="utf-8">
5   <title>input 类型 </title>
6   </head>
7   <body>
8   <form action="#" method="get">
9   请输入您的邮箱:<input type="email" name="formmail"/><br/>
10  请输入个人网址:<input type="url" name="user_url"/><br/>
11  请输入电话号码:<input type="tel" name="telphone" pattern="^\d{11}$"/><br/>
12  输入搜索关键词:<input type="search" name="searchinfo"/><br/>
13  请选取一种颜色:<input type="color" name="color1"/>
14  <input type="color" name="color2" value="#FF3E96"/>
15  <input type="submit" value=" 提交 "/>
16  </form>
17  </body>
18  </html>
```

在例 7-14 中，通过 input 控件的 type 属性将文本框分别设置为 email 类型、url 类型、tel 类型、search 类型以及 color 类型。其中，第 11 行代码通过 pattern 属性设置 tel 文本框中的输入长度为 11 位。

运行例 7-14，效果如图 7-34 所示。

在图 7-34 所示的页面中，分别在前 3 个文本框中输入不符合格式要求的文本内容，依次单击"提交"按钮，效果分别如图 7-35、图 7-36 和图 7-37 所示。

图 7-34　input 新表单控件效果

图 7-35　email 类型验证提示效果

图 7-36　url 类型验证提示效果

图 7-37　tel 类型验证效果

在第 4 个文本框中输入要搜索的关键词，搜索框右侧会出现一个"×"按钮，如图 7-38 所示，单击这个按钮，可以清除已经输入的内容。

单击第 5 个文本框中的颜色文本框，会弹出图 7-39 所示的颜色选取器。在颜色选取器中，用户可以选择一种颜色，也可以选取颜色后单击"添加到自定义颜色"按钮，将选取的颜色添加到自定义颜色中。

图 7-38 输入搜索关键词效果

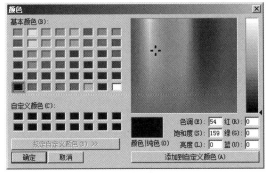

图 7-39 颜色选取器

另外，如果输入框中输入的内容符合文本框中要求的格式，单击"提交"按钮，则会提交数据到服务器。

注意：

需要注意的是，不同的浏览器对 url 类型的输入框的要求有所不同，在多数浏览器中，要求用户必须输入完整的 url 地址，并且允许地址前有空格的存在。例如，输入百度的 url 地址为"https://www.baidu.com/"。

（6）number 类型 <input type="number"/>

number 类型的 input 控件用于提供输入数值的文本框。在提交表单时，会自动检查该输入框中的内容是否为数字。如果输入的内容不是数字或者数字不在限定范围内，则会出现错误提示。

number 类型的输入框可以对输入的数字进行限制，规定允许的最大值和最小值、合法的数字间隔或默认值等。具体属性说明如下。

- value：指定输入框的默认值。
- max：指定输入框可以接受的最大的输入值。
- min：指定输入框可以接受的最小的输入值。
- step：输入域合法的间隔，如果不设置，默认值是 1。

下面我们通过一个案例来演示 number 类型的 input 控件的用法，如例 7-15 所示。

例 7-15 example15.html

```
1   <!doctype html>
2   <html>
3   <head>
4   <meta charset="utf-8">
5   <title>number 类型的使用 </title>
6   </head>
7   <body>
8   <form action="#" method="get">
9   请输入数值：<input type="number" name="number1" value="1" min="1" max="20" step="4"/><br/>
10  <input type="submit" value=" 提交 "/>
```

```
11  </form>
12  </body>
13  </html>
```

在例 7-15 中，将 input 控件的 type 属性设置为 number 类型，并且分别设置了 min、max 和 step 属性的值。

运行例 7-15，效果如图 7-40 所示。

通过图 7-40 可以看出，number 类型文本框中的默认值为"1"；读者可以手动在输入框中输入数值或者通过单击输入框的控制按钮来控制数据。例如，当单击输入框中向上的小三角时，效果如图 7-41 所示。

图 7-40 number 类型的默认值效果

图 7-41 number 类型的 step 属性值效果

通过图 7-42 可以看到，number 类型文本框中的值变为了"5"，这是因为第 9 行代码中将 step 属性的值设置为了"4"。另外，当在文本框中输入"25"时，由于将 max 属性值设为了"20"，所以将出现提示信息，效果如图 7-41 所示。

需要注意的是，如果在 number 文本输入框中输入一个不符合 number 格式的文本"eee"，单击"提交"按钮，将会出现验证提示信息，效果如图 7-43 所示。

（7）range 类型 <input type="range"/>

range 类型的 input 控件用于提供一定范围内数值的输入范围，在网页中显示为滑动条。它的常用属性与 number 类型一样，通过 min 属性和 max 属性，可以设置最小值与最大值，通过 step 属性指定每次滑动的步幅。

图 7-42 number 类型的 max 属性值效果

图 7-43 不符合 number 类型的验证效果

（8）Date pickers 类型 <input type= date, month, week…"/>

Date pickers 类型是指时间日期类型，HTML5 中提供了多个可供选取日期和时间的输入类型，用于验证输入的日期，具体如表 7-7 所示。

表 7-7 时间和日期类型

时间和日期类型	说明
date	选取日、月、年
month	选取月、年
week	选取周和年
time	选取时间（小时和分钟）
datetime	选取时间、日、月、年（UTC 时间）
datetime-local	选取时间、日、月、年（本地时间）

在表 7-7 中，UTC 是 Universal Time Coordinated 的英文缩写，即"协调世界时"，又称世界标准时间。简单地说，UTC 时间就是 0 时区的时间。例如，如果北京时间为早上 8 点，则 UTC 时间为 0 点，即 UTC 和北京的时差为 8。

下面我们在 HTML5 中添加多个 input 控件，分别指定这些元素的 type 属性值为时间日期类型，如例 7-16 所示。

例 7-16　example16.html

```
1   <!doctype html>
2   <html>
3   <head>
4   <meta charset="utf-8">
5   <title> 时间日期类型的使用 </title>
6   </head>
7   <body>
8   <form action="#" method="get">
9     <input type="date"/> 
10    <input type="month"/> 
11    <input type="week"/> 
12    <input type="time"/> 
13    <input type="datetime"/> 
14    <input type="datetime-local"/>
15    <input type="submit" value=" 提交 "/>
16  </form>
17  </body>
18  </html>
```

运行例 7-16，效果如图 7-44 所示。

图 7-44　时间日期类型的应用

用户可以直接在输入框中输入内容，也可以单击输入框之后的按钮进行选择。

注意：

对于浏览器不支持的 input 控件输入类型，将会在网页中显示为一个普通输入框。

7.5.4　全新的 input 属性

在 HTML5 中，还增加了一些新的 input 控件属性，用于指定输入类型的行为和限制，例如 autofocus、min、max、pattern 等。下面我们将对这些全新的 input 属性做具体讲解。

（1）autofocus 属性

在 HTML5 中，autofocus 属性用于指定页面加载后是否自动获取焦点，将标签的属性值指定为 true 时，表示页面加载完毕后会自动获取该焦点。

下面我们通过一个案例来演示 autofocus 属性的使用，如例 7-17 所示。

例 7-17　example17.html

```
1   <!doctype html>
2   <html>
```

```
3    <head>
4    <meta charset="utf-8">
5    <title>autofocus 属性的使用 </title>
6    </head>
7    <body>
8    <form action="#" method="get">
9    请输入搜索关键词:<input type="text" name="user_name" autocomplete="off" autofocus= "true"/><br/>
10   <input type="submit" value=" 提交 " />
11   </form>
12   </body>
13   </html>
```

在例 7-17 中，首先向表单中添加了一个 <input /> 标签，然后通过 "autocomplete="off"" 将自动完成功能设置为关闭状态，并且将 autofocus 的属性值设置为 true，指定在页面加载完毕后会自动获取焦点。

运行例 7-17，效果如图 7-45 所示。

从图 7-45 可以看出，<input /> 元素输入框在页面加载后自动获取焦点，并且关闭了自动完成功能。

（2）form 属性

在 HTML5 之前，如果用户要提交一个表单，必须把相关的控件元素都放在表单内部，即 <form> 和 </form> 标签之间。在提交表单时，会将页面中不是表单子元素的控件直接忽略掉。

图 7-45　autofocus 属性自动获取焦点

HTML5 中的 form 属性，可以把表单内的子元素写在页面中的任一位置，只需为这个元素指定 form 属性并设置属性值为该表单的 id 即可。此外，form 属性还允许规定一个表单控件从属于多个表单。

下面我们通过一个案例来演示 form 属性的使用，如例 7-18 所示。

例 7-18　example18.html

```
1    <!doctype html>
2    <html>
3    <head>
4    <meta charset="utf-8">
5    <title>form 属性的使用 </title>
6    </head>
7    <body>
8    <form action="#" method="get" id="user_form">
9    请输入您的姓名 :<input type="text" name="first_name"/>
10   <input type="submit" value=" 提交 " />
11   </form>
12   <p> 下面的输入框在 form 元素外，但因为指定了 form 属性为表单的 id，所以该输入框仍然属于表单的一部分。</p>
13   请输入您的昵称 :<input type="text" name="last_name" form="user_form"/><br/>
14   </body>
15   </html>
```

在例 7-18 中，分别添加两个 <input /> 标签，并且第 2 个 <input /> 标签不在 <form> </form> 标签中。另外，指定了第 2 个 <input /> 标签的 form 属性值为该表单的 id 名。

此时，如果在输入框中分别输入姓名和昵称，则 first_name 和 last_name 将分别被赋值为输入的值。例如，在姓名处输入"张三"，昵称处输入"小张"，效果如图 7-46 所示。

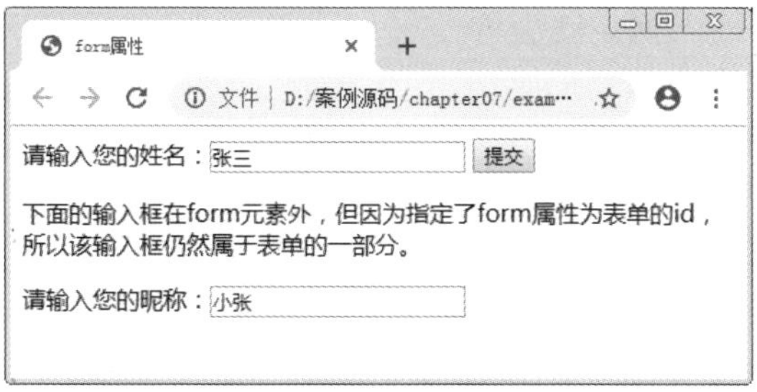

图 7-46　输入姓名和昵称

单击"提交"按钮，在浏览器的地址栏中可以看到"first_name= 张三 &last_name= 小张"的字样，表示服务器端接收到"name=" 张三 ""和"name=" 小张 ""的数据，如图 7-47 所示。

图 7-47　地址中提交的数据

注意：

form 属性适用于所有的 input 输入类型。在使用时，只需引用所属表单的 id 即可。

（3）list 属性

在 7.5.2 节中，我们已经学习了如何通过 datalist 元素实现数据列表的下拉效果。而 list 属性用于指定输入框所绑定的 datalist 元素，其值是某个 datalist 元素的 id。

下面我们通过一个案例来进一步学习 list 属性的使用，如例 7-19 所示。

例 7-19　example19.html

```
1   <!doctype html>
2   <html>
3   <head>
4   <meta charset="utf-8">
5   <title>list 属性的使用 </title>
6   </head>
7   <body>
8   <form action="#" method="get">
9   请输入网址 :<input type="url" list="url_list" name="weburl"/>
10  <datalist id="url_list">
11      <option label=" 新浪 " value="http://www.sina.com.cn"></option>
12      <option label=" 搜狐 " value="http://www.sohu.com"></option>
13      <option label=" 传智 " value="http://www.itcast.cn/"></option>
14  </datalist>
15  <input type="submit" value=" 提交 "/>
16  </form>
17  </body>
18  </html>
```

在例 7-19 中，分别向表单中添加了 input 和 datalist 元素，并且将 <input /> 标签的 list 属性指定为 datalist 元素的 id 值。

运行例 7-19，单击输入框，就会弹出已定义的网址列表，效果如图 7-48 所示。

（4）multiple 属性

multiple 属性指定输入框可以选择多个值，该属性适用于 email 和 file 类型的 input 元素。multiple 属性用于 email 类型的 input 元素时，表示可以向文本框中输入多个 E-mail 地址，多个地址之间通过逗号隔开；multiple 属性用于 file 类型的 input 元素时，表示可以选择多个文件。

图 7-48　list 属性的应用

下面我们通过一个案例来进一步演示 multiple 属性的使用，如例 7-20 所示。

例 7-20　example20.html

```
1    <!doctype html>
2    <html>
3    <head>
4    <meta charset="utf-8">
5    <title>multiple 属性的使用 </title>
6    </head>
7    <body>
8    <form action="#" method="get">
9    电子邮箱 :<input type="email" name="myemail" multiple="true"/>  （如果电子邮箱有多
个，请使用逗号分隔）<br/><br/>
10   上传照片 :<input type="file" name="selfile" multiple="true"/><br/><br/>
11   <input type="submit" value=" 提交 "/>
12   </form>
13   </body>
14   </html>
```

在例 7-20 中，分别添加了 email 类型和 file 类型的 input 元素，并且使用 multiple 属性指定输入框可以选择多个值。运行例 7-11，效果如图 7-49 所示。

如果想要向文本框中输入多个 E-mail 地址，可以将多个地址之间通过英文逗号分隔；如果想要选择多张照片，可以按"Shift"键选择多个文件，效果如图 7-50 所示。

图 7-49　multiple 属性的应用 1

图 7-50　multiple 属性的应用 2

（5）min、max 和 step 属性

HTML5 中的 min、max 和 step 属性用于为包含数字或日期的 input 输入类型规定限值，也就是给这些类型的输入框加一个数值的约束，适用于 date pickers、number 和 range 标签。具体属性说明如下。

● max：规定输入框所允许的最大输入值。

- min：规定输入框所允许的最小输入值。
- step：为输入框规定合法的数字间隔，如果不设置，默认值是 1。

由于前面介绍 input 元素的 number 类型时我们已经讲解过 min、max 和 step 属性的使用，这里不再举例说明。

（6）pattern 属性

pattern 属性用于验证 input 类型输入框中用户输入的内容是否与所定义的正则表达式相匹配（可以简单理解为表单验证）。pattern 属性适用于的类型是：text、search、url、tel、email 和 password 的 <input/> 标签。常用的正则表达式如表 7-8 所示。

表 7-8　常用的正则表达式和说明

正则表达式	说明
^[0-9]*$	数字
^\d{n}$	n 位的数字
^\d{n,}$	至少 n 位的数字
^\d{m,n}$	m-n 位的数字
^(0|[1-9][0-9]*)$	零和非零开头的数字
^([1-9][0-9]*)+(.[0-9]{1,2})?$	非零开头的最多带两位小数的数字
^(\-|\+)?\d+(\.\d+)?$	正数、负数、和小数
^\d+$ 或 ^[1-9]\d*|0$	非负整数
^-[1-9]\d*|0$ 或 ^((-\d+)|(0+))$	非正整数
^[\u4e00-\u9fa5]{0,}$	汉字
^[A-Za-z0-9]+$ 或 ^[A-Za-z0-9]{4,40}$	英文和数字
^[A-Za-z]+$	由 26 个英文字母组成的字符串
^[A-Za-z0-9]+$	由数字和 26 个英文字母组成的字符串
^\w+$ 或 ^\w{3,20}$	由数字、26 个英文字母或者下画线组成的字符串
^[\u4E00-\u9FA5A-Za-z0-9_]+$	中文、英文、数字，包括下画线
^\w+([-+.]\w+)*@\w+([-.]\w+)*\.\w+([-.]\w+)*$	Email 地址
[a-zA-z]+://[^\s]* 或 ^http://([\w-]+\.)+[\w-]+(/[\w-./?%&=]*)?$	URL 地址
^\d{15}|\d{18}$	身份证号（15 位、18 位数字）
^([0-9]){7,18}(x|X)?$ 或 ^\d{8,18}|[0-9x]{8,18}|[0-9X]{8,18}?$	以数字、字母 x 结尾的短身份证号码
^[a-zA-Z][a-zA-Z0-9_]{4,15}$	账号是否合法（以字母开头，长度在 5～16 字节，允许字母、数字、下画线）
^[a-zA-Z]\w{5,17}$	密码（以字母开头，长度在 6～18 之间，只能包含字母、数字和下画线）

了解了 pattern 属性以及常用的正则表达式，下面我们通过一个案例进行体会，如例 7-21 所示。

例 7-21　example21.html

```
1  <!doctype html>
2  <html>
3  <head>
4  <meta charset="utf-8">
5  <title>pattern 属性 </title>
6  </head>
7  <body>
```

```
8    <form action="#" method="get">
9    账      号：<input type="text" name="username" pattern="^[a-zA-Z]
[a-zA-Z0-9_]{4,15}$" />（以字母开头，长度在 5 ~ 16 字节，允许字母、数字、下画线）<br/>
10   密      码：<input type="password" name="pwd" pattern="^[a-zA-Z]\
\w{5,17}$" />（以字母开头，长度在 6 ~ 18 之间，只能包含字母、数字和下画线）<br/>
11   身份证号：<input type="text" name="mycard" pattern="^\d{15}|\d{18}$" />（15 位、18 位数字）
<br/>
12   Email 地址：<input type="email" name="myemail" pattern="^\w+([-+.]\w+)*@\w+([-.]\w+)*\.\
\w+([-.]\w+)*$"/>
13   <input type="submit" value=" 提交 "/>
14   </form>
15   </body>
16   </html>
```

在例 7-21 中，第 9 ~ 12 行代码分别用于插入"账号""密码""身份证号""Email 地址"的输入框，并且通过 pattern 属性来验证输入的内容是否与所定义的正则表达式相匹配。

运行例 7-21，效果如图 7-51 所示。

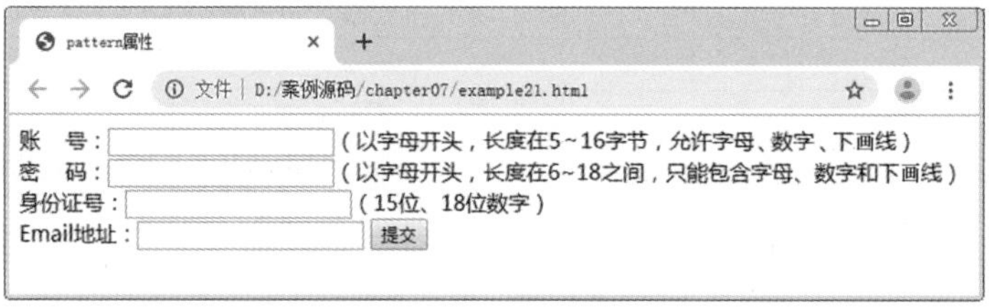

图 7-51　pattern 属性的应用

当输入的内容与所定义的正则表达式格式不相匹配时，单击"提交"按钮时会弹出验证信息提示内容。

（7）placeholder 属性

placeholder 属性用于为 input 类型的输入框提供相关提示信息，以描述输入框期待用户输入何种内容。在输入框为空时显式提示信息，而当输入框获得焦点时，提示信息消失。

下面我们通过一个案例来演示 placeholder 属性的使用，如例 7-22 所示。

例 7-22　example22.html

```
1    <!doctype html>
2    <html>
3    <head>
4    <meta charset="utf-8">
5    <title>placeholder 属性 </title>
6    </head>
7    <body>
8    <form action="#" method="get">
9    请输入邮政编码：<input type="text" name="code" pattern="[0-9]{6}" placeholder= " 请输入 6 位
数的邮政编码 " />
10   <input type="submit" value=" 提交 "/>
11   </form>
12   </body>
13   </html>
```

在例 7-22 中，使用 pattern 属性来验证输入的邮政编码是否是 6 位数的数字，使用 placeholder 属性来提示输入框中需要输入的内容。

运行例 7-22，效果如图 7-52 所示。

图 7-52 placeholder 属性的应用

注意:

placeholder 属性适用于 type 属性值为 text、search、url、tel、email 以及 password 的 <input/> 标签。

（8）required 属性

required 属性用于判断用户是否在表单输入框中输入内容，当表单内容为空时，则不允许用户提交表单。下面我们通过一个案例来演示 required 属性的使用，如例 7-23 所示。

例 7-23 example23.html

```
1  <!doctype html>
2  <html>
3  <head>
4  <meta charset="utf-8">
5  <title>required 属性 </title>
6  </head>
7  <body>
8  <form action="#" method="get">
9  请输入姓名 :<input type="text" name="user_name" required="required"/>
10 <input type="submit" value=" 提交 "/>
11 </form>
12 </body>
13 </html>
```

在例 7-23 中，为 <input/> 元素指定了 required 属性。当输入框中内容为空时，单击"提交"按钮，将会出现提示信息，效果如图 7-53 所示。用户必须在输入内容后，才允许提交表单。

图 7-53 required 属性的应用

7.6 CSS 控制表单样式

在网页设计中，表单既要具有相应的功能，也要具有美观的样式，使用 CSS 可以轻松控制表单控件的样式。本节将通过一个具体的案例来讲解 CSS 对表单样式的控制，其效果如图 7-54 所示。

图 7-54 所示的表单界面内部可以分为左右两部分，其中左边为提示信息，右边为表单控件。可以通过在 <p> 标签中嵌套 <span> 标签和

图 7-54 CSS 控制表单样式效果图

<input /> 标签进行布局。HTML 结构代码如例 7-24 所示。

例 7-24   example24.html

```
1   <!doctype html>
2   <html>
3   <head>
4   <meta charset="utf-8">
5   <title>CSS 控制表单样式 </title>
6   <link href="style.css" type="text/css" rel="stylesheet" />
7   </head>
8   <body>
9   <form action="#" method="post">
10    <p>
11      <span>账号 : </span>
12      <input type="text" name="username" class="num" pattern="^[a-zA-Z][a-zA-Z0-9_]{4,15}$"
/>
13    </p>
14    <p>
15      <span>密码 : </span>
16      <input type="password" name="pwd" class="pass" pattern="^[a-zA-Z]\w{5,17}$"/>
17    </p>
18    <p>
19      <input type="button" class="btn01" value=" 登录 "/>
20    </p>
21  </form>
22  </body>
23  </html>
```

在例 7-24 中，使用表单 <form> 嵌套 <p> 标签进行整体布局，并分别使用 <span> 标签
和 <input /> 标签来定义提示信息及不同类型的表单控件。

运行例 7-24，效果如图 7-55 所示。

由图 7-55 可见，页面中出现了具有相应功能的表单控件。为了使表单界面更加美观，接下来我们引入外链式 CSS 样式表对其进行修饰。CSS 样式表中的具体代码如下 :

图 7-55   搭建表单界面的结构

```
1   @charset "utf-8";
2   /* CSS Document */
3   body{font-size:18px; font-family:" 微 软 雅 黑 "; background:url(timg.jpg) no-repeat top
center; color:#FFF;}
4   form,p{ padding:0; margin:0; border:0;}        /* 重置浏览器的默认样式 */
5   form{
6       width:420px;
7       height:200px;
8       padding-top:60px;
9       margin:250px auto;                         /* 使表单在浏览器中居中 */
10      background:rgba(255,255,255,0.1);          /* 为表单添加背景颜色 */
11      border-radius:20px;
12      border:1px solid rgba(255,255,255,0.3);
13      }
14  p{
15      margin-top:15px;
16      text-align:center;
17  }
18  p span{
19      width:60px;
20      display:inline-block;
```

```
21        text-align:right;
22        }
23  .num,.pass{                              /* 对文本框设置共同的宽、高、边框、内边距 */
24        width:165px;
25        height:18px;
26        border:1px solid rgba(255,255,255,0.3);
27        padding:2px 2px 2px 22px;
28        border-radius:5px;
29        color:#FFF;
30        }
31  .num{                                    /* 定义第 1 个文本框的背景、文本颜色 */
32        background:url(3.png) no-repeat 5px center rgba(255,255,255,0.1);
33        }
34  .pass{                                   /* 定义第 2 个文本框的背景、文本颜色 */
35        background: url(1.png) no-repeat 5px center rgba(255,255,255,0.1);
36        }
37  .btn01{
38        width:190px;
39        height:25px;
40        border-radius:3px;                 /* 设置圆角边框 */
41        border:2px solid #000;
42        margin-left:65px;
43        background:#57b2c9;
44        color:#FFF;
45        border:none;
46        }
```

保存文件，刷新页面，效果如图 7-56 所示。

图 7-56　CSS 控制表单样式效果展示

在例 7-24 中，使用 CSS 轻松实现了对表单控件的字体、边框、背景和内边距的控制。

7.7　阶段案例——制作表单注册页面

本章前几节重点讲解了表格相关标记、表单相关标记以及 CSS 控制表格与表单的样式。为了使初学者更好地运用表格与表单组织页面，本节将通过案例的形式分步骤制作网页中常见的注册界面，其效果如图 7-57 所示。

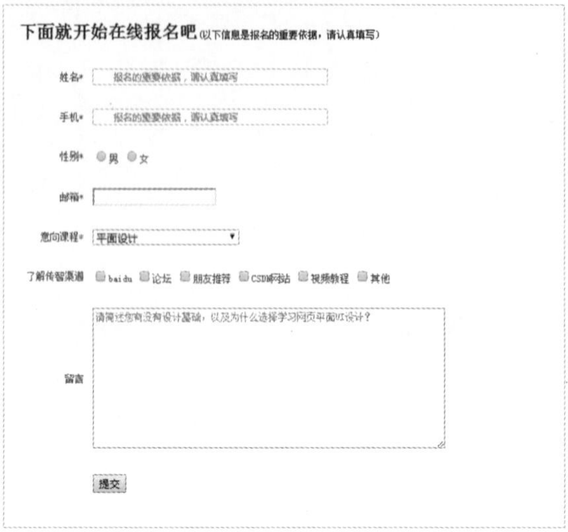

图 7-57   注册页面效果

7.7.1   分析表单注册页面效果图

为了提高网页制作的效率，每拿到一个页面的效果图时，都应当对其结构和样式进行分析，下面我们就来对效果图 7-57 进行分析。

1. 结构分析

观察效果图 7-57，容易看出整个注册界面整体上可以分为上面的标题和下面的表单两部分。其中表单部分排列整齐，由左右两部分构成，左边为提示信息，右边为具体的表单控件，对于表单部分可以使用表格进行布局。在标题部分和表单部分的外面还需要定义一个大盒子用于对注册界面进行整体控制。效果图 7-57 对应的结构如图 7-58 所示。

图 7-58   页面结构图

2. 样式分析

控制效果图 7-57 的样式主要分为 4 个部分，具体如下。

（1）通过最外层的大盒子实现对页面的整体控制，需要对其设置宽高、内外边距及边框样式。

（2）标题的文本样式。

（3）提示信息的文本样式。

（4）表单控件的边框、背景和文本样式。

7.7.2 搭建表单注册页面结构

根据上面的分析，可以使用相应的 HTML 标记来搭建网页结构，如例 7-25 所示。

例 7-25 example25.html

```
1   <!doctype html>
2   <html>
3   <head>
4   <meta charset="utf-8">
5   <title> 在线报名 </title>
6   </head>
7   <body>
8   <div id="box">
9       <h2 class="header"> 下面就开始在线报名吧 <span>（以下信息是报名的重要依据，请认真填写）</
    span></h2>
10      <form action="#" method="post">
11       <table class="content">
12         <tr>
13             <td class="left"> 姓名 <span class="red">*</span></td>
14              <td><input type="text" value=" 报名的重要依据，请认真填写 " class="txt01"> </td>
15           </tr>
16           <tr>
17              <td class="left"> 手机 <span class="red">*</span></td>
18               <td><input type="text" value=" 报名的重要依据，请认真填写 " class="txt02" /></td>
19           </tr>
20           <tr>
21               <td class="left"> 性别 <span class="red">*</span></td>
22             <td>
23                 <label for="boy"><input type="radio" name="sex" id="boy" /> 男 </
    label>
24                  <label for="girl"><input type="radio" name="sex" id="girl" /> 女 </
    label>
25             </td>
26           </tr>
27           <tr>
28               <td class="left"> 邮箱 <span class="red">*</span></td>
29             <td><input type="text" class="txt03" /></td>
30           </tr>
31            <tr>
32               <td class="left"> 意向课程 <span class="red">*</span></td>
33             <td>
34             <select class="course">
35                     <option> 网页设计 </option>
36                     <option selected="selected"> 平面设计 </option>
37                 <option>UI 设计 </option>
38             </select>
39             </td>
40           </tr>
```

```
41                <tr>
42                    <td class="left"> 了解传智渠道 </td>
43                    <td>
44                        <label for="baidu"><input type="checkbox" id="baidu" />baidu</label>
45                        <label for="it"><input type="checkbox" id="it" /> 论坛 </label>
46                        <label for="friend"><input type="checkbox" id="friend" /> 朋友推荐 </label>
47                        <label for="csdn"><input type="checkbox" id="csdn" />CSDN 网 站 </label>
48                        <label for="video"><input type="checkbox" id="video" /> 视 频 教 程 </label>
49                        <label for="other"><input type="checkbox" id="other" /> 其他 </label>
50                    </td>
51                </tr>
52                <tr>
53                    <td class="left"> 留言 </td>
54                    <td><textarea cols="50" rows="5" class="message"> 请简述您有没有设计基础, 以及为什么选择学习网页平面 UI 设计。</textarea></td>
55                </tr>
56                <tr>
57                    <td> </td>
58                    <td><input type="submit" value=" 提交 "/></td>
59                </tr>
60            </table>
61        </form>
62    </div>
63  </body>
64  </html>
```

在例 7-25 所示的 HTML 结构代码中，最外层 id 为 box 的 <div> 用于对注册界面进行整体控制，其中第 9 行的 <h2> 标记用于定义标题部分，在 <h2></h2> 中嵌套了一对 <span></span>，用于控制标题中的小号字体。在标题部分之后，创建了一个 8 行 2 列的表格，用于对表单部分进行布局。需要注意的是，第 1 列的前几个单元格中嵌套了 class 为 red 的 <span>，用于控制提示信息中的"*"。

运行例 7-25，效果如图 7-59 所示。

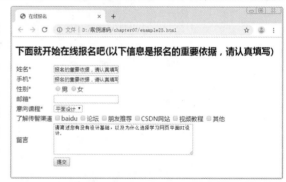

图 7-59　HTML 结构页面效果

7.7.3　定义表单注册页面的 CSS 样式

搭建完页面的结构后，接下来我们使用 CSS 对页面的样式进行修饰。为了使初学者更好地掌握 CSS 控制表格及表单样式的方法，本小节采用从整体到局部的方式实现效果图 7-57 所示的效果，具体如下。

1. 定义基础样式

首先定义页面的统一样式，CSS 代码如下：

```
/* 全局控制 */
body{font-size:12px; font-family:"宋体 "; color:#515151;}
/* 重置浏览器的默认样式 */
body,h2,form,table{padding:0; margin:0;}
```

2. 整体控制注册界面

制作页面结构时，我们定义了一个 id 为 "box" 的 <div> 用于对注册界面进行整体控制，其宽度和高度固定，且有 1 像素的边框和一定的内边距，此外为了使页面在浏览器中居中，可以对其应用外边距属性 margin。CSS 代码如下：

```
#box{                               /* 控制最外层的大盒子 */
    width:660px;
    height:600px;
    border:1px solid #CCC;
    padding:20px;
    margin:50px auto 0;
}
```

3. 制作标题部分

对于效果图 7-57 所示的标题部分，需要单独控制其字号和文本颜色，为了使标题和下面的表单内容之间有一定的距离，可以对标题设置内边距，对于标题中的小号字体，可以单独控制。CSS 代码如下：

```
.header{                            /* 控制标题 */
    font-size:22px;
    color:#0b0b0b;
    padding-bottom:30px;
}
.header span{                       /* 控制标题中的小号字体 */
    font-size:12px;
    font-weight:normal;
}
```

4. 整体控制表单部分

观察效果图 7-57 中的表单部分可以发现，每行内容之间都有一定的距离，因此可以给单元格 <td> 应用内边距属性 padding。CSS 代码如下：

```
td{padding-bottom:26px;}
```

注意：

某些情况下为元素设置外边距 margin 和内边距 padding 可以达到同样的控制效果，但是单元格标记 <td> 无外边距属性，所以这时如果对 <td> 应用 margin-bottom:26px;，将不起作用。

5. 控制表单中的提示信息

观察表单左侧的提示信息可以发现，它们均居右对齐，和右边的表单控件之间有一定的间距，且其中的"*"颜色特殊，需要单独控制。CSS 代码如下：

```
td.left{
    width:78px;
    text-align:right;               /* 使提示信息居右对齐 */
    padding-right:8px;              /* 拉开提示信息和表单控件间的距离 */
}
.red{color:#F00;}                   /* 控制提示信息中星号的颜色 */
```

6. 控制 3 个单行文本输入框

对于姓名、电话和邮箱 3 个单行文本输入框，需要定义它们的宽度、高度、边框、字号大小、文本颜色、背景图像和内边距样式。CSS 代码如下：

```
.txt01,.txt02{                      /* 定义前两个单行文本输入框相同的样式 */
    width:264px;
    height:12px;
    border:1px solid #CCC;
    padding:3px 3px 3px 26px;
    font-size:12px;
    color:#949494;
}
.txt01{                             /* 定义第 1 个单行文本输入框的背景图像 */
```

```
        background:url(img/name.png) no-repeat 2px center;
}
.txt02{                        /* 定义第 2 个单行文本输入框的背景图像 */
        background:url(img/phone.png) no-repeat 2px center;
}
.txt03{                        /* 定义第 3 个单行文本输入框的样式 */
        width:122px;
        height:12px;
        padding:3px 3px 3px 26px;
        font-size:12px;
        background:url(img/email.png) no-repeat 2px center;
}
```

7. 控制下拉菜单和多行文本输入框

对于"意向课程"部分的下拉菜单，只需设置宽度即可。而"留言"部分的多行文本输入框，需要设置其宽度、高度、字号大小、文本颜色和内边距样式。CSS 代码如下：

```
.course{ width:184px;}          /* 定义下拉菜单的宽度 */
.message{                       /* 定义多行文本输入框的样式 */
        width:432px;
        height:164px;
        font-size:12px;
        color:#949494;
        padding:3px;
}
```

至此，我们就完成了效果图 7-56 所示注册界面的 CSS 样式部分。将该样式应用于网页后，效果如图 7-60 所示。值得一提的是，在制作表单时，我们可以使用 HTML5 提供的新属性进行简单的表单验证，如表单内容不能为空、输入有效的 URL 地址等，但在实际工作中，一些复杂的表单验证通常使用 JavaScript 来实现。

7.8 本章小结

本章介绍了 HTML5 中两个重要的元素——表格与表单，主要包括表格相关标记、表单相关标记，以及如何使用 CSS 控制表格与表单的样式。在本章

图 7-60   添加 CSS 样式后的页面效果

的最后，通过表格进行布局，然后使用 CSS 对表格和表单进行修饰，制作出了一个常见的注册界面。

通过本章的学习，读者应该能够掌握创建表格与表单的基本语法，了解表格布局，熟悉常用的表单控件，熟练地运用表格与表单组织页面元素。

7.9 课后练习题

查看本章课后练习题，请扫描二维码。

第 8 章

DIV+CSS 布局

学习目标

拓展阅读

★掌握标签的浮动属性的运用，能够为标签设置和清除浮动。

★掌握标签的定位属性的运用，能够理解不同类型定位之间的差别。

★掌握 DIV+CSS 的布局技巧，能够运用 DIV+CSS 为网页布局。

在网页设计中，如果按照从上到下的默认方式进行排版，网页版面看起来会显得单调、混乱。这时就可以对页面进行布局，将各部分模块有序排列，使网页的排版变得丰富、美观。本章将详细讲解网页中浮动、定位和布局的相关知识。

8.1 布局概述

我们在阅读报纸时会发现，虽然报纸中的内容很多，但是经过合理的排版，版面依然清晰、易读，如图 8-1 所示的报纸排版。同样，在制作网页时，也需要对网页进行"排版"。网页的"排版"主要是通过布局来实现的。在网页设计中，布局是指对网页中的模块进行合理的排布，使页面排列清晰、美观易读。

图 8-1　报纸排版

网页设计中布局主要依靠 DIV+CSS 技术来实现。说到 DIV 大家肯定非常熟悉，但是在本章它不仅指前面我们讲到过的 <div> 标签，还包括所有能够承载内容的容器标签（如 p、li 等）。在 DIV+CSS 布局技术中，DIV 负责内容区域的分配，CSS 负责样式效果的呈现，因此网页中的布局也常被称作"DIV+CSS"布局。

需要注意的是，为了提高网页制作的效率，布局时通常需要遵循一定的布局流程，具体如下。

（1）确定页面的版心宽度

版心指的是页面的有效使用面积，是主要元素以及内容所在的区域，一般在浏览器窗口中水平居中显示。在设计网页时，页面尺寸宽度一般为 1200 ～ 1920px。但是为了适配不同分辨率的显示器，一般设计版心宽度为 1000 ～ 1200px。例如屏幕分辨率为 1024×768px 的浏览器，在浏览器内有效可视区域宽度为 1000px，所以最好设置版心宽度为 1000px。在设计网站时应尽量适配主流的屏幕分辨率。常见的宽度值为 960px、980px、1000 px 和 1200px 等。图 8-2 所示为某甜点网站页面的版心和页面宽度。

图 8-2　甜点网站页面

（2）分析页面中的模块

在运用 CSS 布局之前，首先要对页面有一个整体的规划，包括页面中有哪些模块，以及模块之间的关系（关系分为并列关系和包含关系）。例如，图 8-3 所示为最简单的页面布局，该页面主要由头部（header）、导航（nav）、焦点图（banner）、内容（content）、页面底部（footer）5 部分组成。

（3）控制网页的各个模块

当分析完页面模块后，就可以运用盒子模型的原理，通过 DIV+CSS 布局来控制网页的各个模块了。初学者在制作网页时，一定要养成分析页面布局的习惯，这样可以提高网页制作的效率。

图 8-3　简单的页面布局

8.2　布局常用属性

在使用 DIV+CSS 进行网页布局时，经常会使用一些属性对标签进行控制，常见的属性有浮动属性（float 属性）和定位属性（position 属性）。本节将对这两种布局常用属性做具体介绍。

8.2.1　标签的浮动属性

初学者在设计一个页面时，默认的排版方式是将页面中的标签从上到下一一罗列。例如，图 8-4 展示的就是采用默认排版方式的效果。

通过这样的布局制作出来的页面布局参差不齐。然而大家在浏览网页时，会发现页面中的标签通常会按照左、中、右的结构进行排版，如图 8-5 所示。

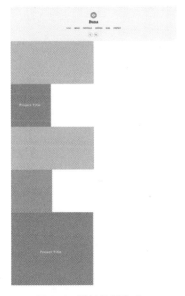

图 8-4　默认排版方式

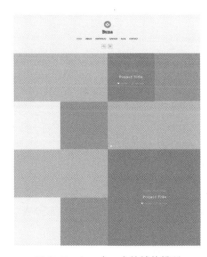

图 8-5　左、中、右的结构排版

通过这样的布局，页面会变得整齐有序。想要实现图 8-5 所示的效果，就需要为标签设置浮动属性。下面我们将对浮动属性的相关知识进行详细讲解。

1. 认识浮动

浮动是指设置了浮动属性的标签会脱离标准文档流（标准文档流指的是内容元素排版布局过程中，会自动从左往右，从上往下进行流式排列）的控制，移动到其父标签中指定位置的过程。作为 CSS 的重要属性，浮动被频繁地应用在网页制作中。在 CSS 中，通过 float 属性来定义浮动，定义浮动的基本语法格式如下：

```
选择器 {float: 属性值;}
```

在上面的语法中，float 常用的属性值有 3 个，具体如表 8-1 所示。

表 8-1　float 的常用属性值

属性值	描述
left	标签向左浮动
right	标签向右浮动
none	标签不浮动（默认值）

　　了解了 float 属性的属性值及含义，接下来我们通过一个案例来学习 float 属性的用法，如例 8-1 所示。

例 8-1　example01.html

```
1   <!doctype html>
2   <html>
3   <head>
4   <meta charset="utf-8">
5   <title> 标签的浮动 </title>
6   <style type="text/css">
7   .father{                          /* 定义父标签的样式 */
8   background:#eee;
9   border:1px dashed #999;
10  }
11  .box01,.box02,.box03{             /* 定义 box01、box02、box03 三个盒子的样式 */
12  height:50px;
13  line-height:50px;
14  border:1px dashed #999;
15  margin:15px;
16  padding:0px 10px;
17  }
18  .box01{ background:#FF9;}
19  .box02{ background:#FC6;}
20  .box03{ background:#F90;}
21  p{                                /* 定义段落文本的样式 */
22  background:#ccf;
23  border:1px dashed #999;
24  margin:15px;
25  padding:0px 10px;
26  }
27  </style>
28  </head>
29  <body>
30  <div class="father">
31  <div class="box01">box01</div>
32  <div class="box02">box02</div>
33  <div class="box03">box03</div>
34  <p> 梦想总是在失败后成功。 当你回想之前的经历， 你会感动不已， 因为你的脑海里又浮现出从前的辛酸经历，
    能想到之前要放弃的想法是多么不对， 所以梦想不能放弃! </p>
35  </div>
36  </body>
37  </html>
```

　　在例 8-1 中，第 31 ~ 33 行代码定义了 3 个盒子 box01、box02、box03，第 34 行代码设置了一段文本，并且所有的标签均不应用 float 属性，让它们按照默认方式进行排序。

　　运行例 8-1，效果如图 8-6 所示。

　　在图 8-6 中，box01、box02、box03 以及段落文本从上到下一一罗列。可见如果不对标签设置浮动，则该标签及其内部的子标签将按照标准文档流的样式显示。

　　接下来我们在例 8-1 的基础上演示标签的左浮动效果。为 box01、box02、box03 设置左浮动，具体 CSS 代码如下 :

```
.box01,.box02,.box03{                  /* 定义 box01、box02、box03 左浮动 */
    float:left;
}
```

　　保存 HTML 文件，刷新页面，效果如图 8-7 所示。

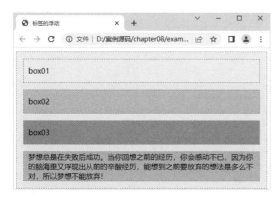

图 8-6　标签未设置浮动

图 8-7　box01、box02、box03 同时设置左浮动的效果

从图 8-7 中可以看出，box01、box02、box03 3 个盒子脱离标准文档流，排列在同一行。同时周围的段落文本将环绕盒子，出现图文混排的网页效果。

值得一提的是，float 还有另一个属性值 "right"，该属性值在网页布局时也会经常用到，它与 "left" 属性值的用法相同但浮动方向相反。应用了 "float:right;" 样式的标签将向右侧浮动。

2. 清除浮动

由于浮动标签不再占用原文档流的位置，所以它会对页面中其他标签的排版产生影响。例如，图 8-7 所示的段落文本，受到其周围标签浮动的影响，产生了图文混排的效果。这时，如果要避免浮动对段落文本的影响，就需要在 <p> 标签中清除浮动。在 CSS 中，常用 clear 属性清除浮动。运用 clear 属性清除浮动的基本语法格式如下：

```
选择器{clear: 属性值;}
```

上述语法中，clear 属性的常用值有 3 个，具体如表 8-2 所示。

表 8-2　clear 的常用属性值

属性值	描述
left	不允许左侧有浮动标签（清除左侧浮动的影响）
right	不允许右侧有浮动标签（清除右侧浮动的影响）
both	同时清除左右两侧浮动的影响

了解了 clear 属性的 3 个属性值及其含义，接下来我们通过对例 8-1 中的 <p> 标签应用 clear 属性来清除周围浮动标签对段落文本的影响。在 <p> 标签的 CSS 样式中添加如下代码：

```
clear:left;                    /* 清除左浮动 */
```

上面的 CSS 代码用于清除左侧浮动对段落文本的影响。添加 "clear:left;" 样式后，保存 HTML 文件，刷新页面，效果如图 8-8 所示。

从图 8-8 中可以看出，清除段落文本左侧的浮动后，段落文本会独占一行，排列在浮动标签 box01、box02、box03 的下面。

需要注意的是，clear 属性只能清除标签左右两侧浮动的影响。然而在制作网页时，经常会受到一些特殊的浮动影响，例如，对子标签设置浮动时，如果不对其父标签定义高度，则子标签的浮动会对父标签产生影

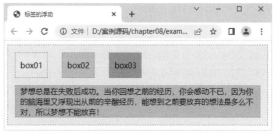

图 8-8　清除左浮动影响后的布局效果

响，那么究竟会产生什么影响呢？我们来看一个例子，具体如例 8-2 所示。

例 8-2   example02.html

```
1   <!doctype html>
2   <html>
3   <head>
4   <meta charset="utf-8">
5   <title>清除浮动</title>
6   <style type="text/css">
7   .father{                          /* 没有给父标签定义高度 */
8       background:#ccc;
9       border:1px dashed #999;
10  }
11  .box01,.box02,.box03{
12      height:50px;
13      line-height:50px;
14      background:#f9c;
15      border:1px dashed #999;
16      margin:15px;
17      padding:0px 10px;
18      float:left;                   /* 定义 box01、box02、box03 3 个盒子左浮动 */
19  }
20  </style>
21  </head>
22  <body>
23  <div class="father">
24      <div class="box01">box01</div>
25      <div class="box02">box02</div>
26      <div class="box03">box03</div>
27  </div>
28  </body>
29  </html>
```

在例 8-2 中，第 18 行代码为 box01、box02、box03 3 个子盒子定义了左浮动；第 7 ~ 10 行代码用于为父盒子添加样式，但是并未给父盒子设置高度。

运行例 8-2，效果如图 8-9 所示。

如图 8-9 所示，受到子标签浮动的影响，没有设置高度的父标签变成了一条直线，即父标签不能自适应子标签的高度。由于子标签和父标签为嵌套关系，不存在左右位置，所以使用 clear 属性并不能清除子标签浮动

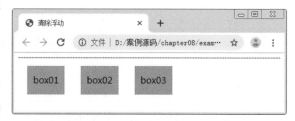

图 8-9   子标签浮动对父标签的影响

对父标签的影响？那么对于这种情况该如何清除浮动呢？为了使初学者在以后的工作中能够轻松地清除一些特殊的浮动影响，本书总结了常用的 3 种清除浮动的方法，具体介绍如下。

（1）使用空标签清除浮动

在浮动标签之后添加空标签，并对该标签应用 "clear:both" 样式，可清除标签浮动所产生的影响，这个空标签可以是 <div>、<p>、<hr /> 等任何标签。接下来我们在例 8-2 的基础上演示使用空标签清除浮动的方法，如例 8-3 所示。

例 8-3   example03.html

```
1   <!doctype html>
2   <html>
3   <head>
4   <meta charset="utf-8">
5   <title>空标签清除浮动</title>
```

```
6   <style type="text/css">
7   .father{                              /* 不为父标签定义高度 */
8       background:#ccc;
9       border:1px dashed #999;
10  }
11  .box01,.box02,.box03{
12      height:50px;
13      line-height:50px;
14      background:#f9c;
15      border:1px dashed #999;
16      margin:15px;
17      padding:0px 10px;
18      float:left;                       /* 为 box01、box02、box03 3 个盒子设置左浮动 */
19  }
20  .box04{ clear:both;}                   /* 对空标签应用 clear:both;*/
21  </style>
22  </head>
23  <body>
24  <div class="father">
25      <div class="box01">box01</div>
26      <div class="box02">box02</div>
27      <div class="box03">box03</div>
28      <div class="box04"></div>           <!-- 在浮动标签后添加空标签 -->
29  </div>
30  </body>
31  </html>
```

例 8-3 中，第 28 行代码在浮动标签 box01、box02、box03 之后添加类名为 "box04" 的空 div，然后对 box04 应用 "clear:both;" 样式，清除浮动对父盒子的影响。

运行例 8-3，效果如图 8-10 所示。

在图 8-10 中，父标签又被子标签撑开了，也就是说子标签浮动对父标签的影响已经不存在。需要注意的是，上述方法虽然可以清除浮动，但是增加了毫无意义的结构标签，因此在实际工作中不建议使用。

图 8-10　空标签清除浮动

（2）使用 overflow 属性清除浮动

对标签应用 "overflow:hidden;" 样式，也可以清除浮动对该标签的影响，这种方式还弥补了空标签清除浮动的不足。接下来我们继续在例 8-2 的基础上演示使用 overflow 属性清除浮动，如例 8-4 所示。

例 8-4　example04.html

```
1   <!doctype html>
2   <html>
3   <head>
4   <meta charset="utf-8">
5   <title>overflow 属性清除浮动 </title>
6   <style type="text/css">
7   .father{                              /* 没有给父标签定义高度 */
8       background:#ccc;
9       border:1px dashed #999;
10      overflow:hidden;                  /* 对父标签应用 overflow:hidden;*/
11  }
12  .box01,.box02,.box03{
13      height:50px;
14      line-height:50px;
```

```
15        background:#f9c;
16        border:1px dashed #999;
17        margin:15px;
18        padding:0px 10px;
19        float:left;                        /* 定义 box01、box02、box03 3 个盒子左浮动 */
20    }
21    </style>
22    </head>
23    <body>
24    <div class="father">
25        <div class="box01">box01</div>
26        <div class="box02">box02</div>
27        <div class="box03">box03</div>
28    </div>
29    </body>
30    </html>
```

在例 8-4 中，第 10 行代码对父标签应
用了 "overflow:hidden;" 样式，来清除子标
签浮动对父标签的影响。

运行例 8-4，效果如图 8-11 所示。

如图 8-11 所示，父标签被子标签撑
开了，也就是说子标签浮动对父标签的影
响已经不存在。需要注意的是，在使用
"overflow:hidden;" 样式清除浮动时，一定要

图 8-11   overflow 属性清除浮动

将该样式写在被影响的标签中。除了 "hidden"，overflow 属性还有其他属性值，我们将会在
后面的小节中详细讲解。

（3）使用 after 伪对象清除浮动

使用 after 伪对象也可以清除浮动，但是该方法只适用于 IE 8 及以上版本浏览器和其他
非 IE 浏览器。使用 after 伪对象清除浮动时有以下注意事项。

● 必须为需要清除浮动的标签伪对象设置 "height:0;" 样式，否则该标签会比其实际高
度高出若干像素。

● 必须在伪对象中设置 content 属性，属性值可以为空，如 "content: "";"。

接下来我们通过一个案例演示使用 after 伪对象清除浮动，如例 8-5 所示。

例 8-5   example05.html

```
1     <!doctype html>
2     <html>
3     <head>
4     <meta charset="utf-8">
5     <title>使用 after 伪对象清除浮动</title>
6     <style type="text/css">
7     .father{                              /* 没有给父标签定义高度 */
8         background:#ccc;
9         border:1px dashed #999;
10    }
11    .father:after{                        /* 对父标签应用 after 伪对象样式 */
12        display:block;
13        clear:both;
14        content:"";
15        visibility:hidden;
16        height:0;
```

```
17  }
18  .box01,.box02,.box03{
19      height:50px;
20      line-height:50px;
21      background:#f9c;
22      border:1px dashed #999;
23      margin:15px;
24      padding:0px 10px;
25      float:left;                          /* 定义 box01、box02、box03 3 个盒子左浮动 */
26  }
27  </style>
28  </head>
29  <body>
30  <div class="father">
31      <div class="box01">box01</div>
32      <div class="box02">box02</div>
33      <div class="box03">box03</div>
34  </div>
35  </body>
36  </html>
```

在例 8-5 中，第 11 ~ 17 行代码用于
为需要清除浮动的父标签应用 after 伪对
象样式。

运行例 8-5，效果如图 8-12 所示。

如图 8-12 所示，父标签又被子标签撑
开了，也就是说子标签浮动对父标签的影
响已经不存在。

图 8-12　使用 after 伪对象清除浮动

8.2.2　标签的定位属性

浮动布局虽然灵活，但是却无法对标签的位置进行精确的控制。在 CSS 中，通过定位属
性（position）可以实现网页标签的精确定位。下面我们将对标签的定位属性以及常用的几种
定位方式进行详细的讲解。

1. 认识定位属性

制作网页时，如果希望标签内容出现在某个特定的位置，就需要使用定位属性对标签进
行精确定位。标签的定位属性主要包括定位模式和边偏移两部分，对它们的具体介绍如下。

（1）定位模式

在 CSS 中，position 属性用于定义标签的定位模式，使用 position 属性定位标签的基本语
法格式如下：

选择器 {position: 属性值;}

在上面的语法中，position 属性的常用值有 4 个，分别表示不同的定位模式，具体如
表 8-3 所示。

表 8-3　position 属性的常用值

值	描述
static	自动定位（默认定位方式）
relative	相对定位，相对于其原文档流的位置进行定位
absolute	绝对定位，相对于其上一个已经定位的父标签进行定位
fixed	固定定位，相对于浏览器窗口进行定位

（2）边偏移

定位模式（position）仅仅用于定义标签以哪种方式定位，并不能确定标签的具体位置。在 CSS 中，通过边偏移属性 top、bottom、left 或 right，可以精确定义定位标签的位置。边偏移属性取值为数值或百分比，对它们的具体解释如表 8-4 所示。

表 8-4　边偏移设置方式

边偏移属性	描述
top	顶端偏移量，定义标签相对于其父标签上边线的距离
bottom	底部偏移量，定义标签相对于其父标签下边线的距离
left	左侧偏移量，定义标签相对于其父标签左边线的距离
right	右侧偏移量，定义标签相对于其父标签右边线的距离

2. 定位类型

标签的定位类型主要包括静态定位、相对定位、绝对定位和固定定位，对它们的具体介绍如下。

（1）静态定位

静态定位是标签的默认定位方式，当 position 属性的取值为 static 时，可以将标签定位于静态位置。所谓静态位置就是各个标签在 HTML 文档流中默认的位置。

任何标签在默认状态下都会以静态定位来确定自己的位置，所以当没有定义 position 属性时，并不是说明该标签没有自己的位置，它会遵循默认值显示为静态位置。在静态定位状态下，我们无法通过边偏移属性（top、bottom、left 或 right）来改变标签的位置。

（2）相对定位

相对定位是将标签相对于它在标准文档流中的位置进行定位，当 position 属性的取值为 relative 时，可以将标签相对定位。对标签设置相对定位后，我们可以通过边偏移属性改变标签的位置，但是它在文档流中的位置仍然保留。

为了使初学者更好地理解相对定位，接下来我们通过一个案例来演示对标签设置相对定位的方法和效果，如例 8-6 所示。

例 8-6　example06.html

```
1   <!doctype html>
2   <html>
3   <head>
4   <meta charset="utf-8">
5   <title>标签的定位</title>
6   <style type="text/css">
7   body{ margin:0px; padding:0px; font-size:18px; font-weight:bold;}
8   .father{
9       margin:10px auto;
10      width:300px;
11      height:300px;
12      padding:10px;
13      background:#ccc;
14      border:1px solid #000;
15  }
16  .child01,.child02,.child03{
17      width:100px;
18      height:50px;
19      line-height:50px;
```

```
20        background:#ff0;
21        border:1px solid #000;
22        margin:10px 0px;
23        text-align:center;
24  }
25  .child02{
26        position:relative;                    /* 相对定位 */
27        left:150px;                           /* 距左边线 150px*/
28        top:100px;                            /* 距顶部边线 100px*/
29  }
30  </style>        .
31  </head>
32  <body>
33  <div class="father">
34        <div class="child01">child-01</div>
35        <div class="child02">child-02</div>
36        <div class="child03">child-03</div>
37  </div>
38  </body>
39  </html>
```

在例 8-6 中，第 25 ~ 29 行代码用于对 child02 设置相对定位模式，并通过边偏移属性 left 和 top 改变 child02 的位置。

运行例 8-6，效果如图 8-13 所示。

从图 8-13 可以看出，对 child02 设置相对定位后，child02 会相对于其自身的默认位置进行偏移，但是它在文档流中的位置仍然保留。

（3）绝对定位

绝对定位是将标签依据最近的已经定位（绝对、固定或相对定位）的父标签进行定位，若所有父标签都没有定位，设置绝对定位的标签会依据 body 根标签（也可以看作浏览器窗口）进行定位。当 position 属性的取值为 absolute 时，可以将标签的定位模式设置为绝对定位。

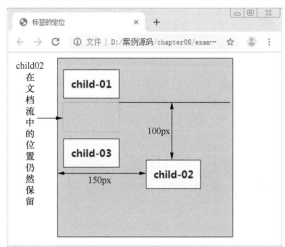

图 8-13　相对定位效果

为了使初学者更好地理解绝对定位，接下来我们在例 8-6 的基础上将 child02 的定位模式设置为绝对定位，即将第 25 ~ 29 行代码更改如下：

```
.child02{
    position:absolute;                    /* 绝对定位 */
    left:150px;                           /* 距左边线 150px*/
    top:100px;                            /* 距顶部边线 100px*/
}
```

保存 HTML 文件，刷新页面，效果如图 8-14 所示。

在图 8-14 中，设置为绝对定位的 child02，会依据浏览器窗口进行定位。为 child02 设置绝对定位后，child03 占据了 child02 的位置，也就是说 child02 脱离了标准文档流的控制，同时不再占据标准文档流中的空间。

在上面的案例中，对 child02 设置了绝对定位，当浏览器窗口放大或缩小时，child02 相对于其父标签的位置都将发生变化。图 8-15 所示为缩小浏览器窗口时的页面效果，很明显

child02 相对于其父标签的位置发生了变化。

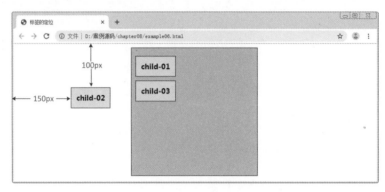

图 8-14   绝对定位效果

然而在网页设计中，一般需要子标签相对于其父标签的位置保持不变，也就是让子标签依据其父标签的位置进行绝对定位，此时如果父标签不需要定位，该怎么办呢？

对于上述情况，可直接将父标签设置为相对定位，但不对其设置偏移量，然后再对子标签应用绝对定位，并通过偏移属性对其进行精确定位。这样父标签既不会失去其空间，同时还能保证子标签依据父标签准确定位。

接下来我们通过一个案例来演示子标签依据其父标签准确定位，如例 8-7 所示。

例 8-7   example07.html

```
1  <!doctype html>
2  <html>
3  <head>
4  <meta charset="utf-8">
5  <title>子标签相对于父标签定位</title>
6  <style type="text/css">
7  body{ margin:0px; padding:0px; font-size:18px; font-weight:bold;}
8  .father{
9      margin:10px auto;
10     width:300px;
11     height:300px;
12     padding:10px;
13     background:#ccc;
14     border:1px solid #000;
15     position:relative;            /* 相对定位，但不设置偏移量 */
16  }
17  .child01,.child02,.child03{
18     width:100px;
19     height:50px;
20     line-height:50px;
21     background:#ff0;
22     border:1px solid #000;
23     border-radius:50px;
24     margin:10px 0px;
25     text-align:center;
26  }
27  .child02{
28     position:absolute;            /* 绝对定位 */
29     left:150px;                   /* 距左边线 150px*/
30     top:100px;                    /* 距顶部边线 100px*/
31  }
32  </style>
```

```
33  </head>
34  <body>
35  <div class="father">
36      <div class="child01">child-01</div>
37      <div class="child02">child-02</div>
38      <div class="child03">child-03</div>
39  </div>
40  </body>
41  </html>
```

在例 8-7 中，第 15 行代码用于对父标签设置相对定位，但不对其设置偏移量；第 27 ~ 31 行代码用于对子标签 child02 设置绝对定位，并通过偏移属性对其进行精确定位。

运行例 8-7，效果如图 8-16 所示。

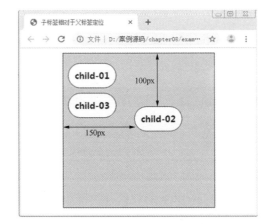

图 8-15　缩小浏览器窗口时的页面效　　　图 8-16　子标签相对于父标签绝对定位效果

如图 8-16 所示，子标签相对于父标签进行偏移。无论如何缩放浏览器的窗口，子标签相对于其父标签的位置都将保持不变。

▌注意：

1. 如果仅对标签设置绝对定位，不设置边偏移，则标签的位置不变，但该标签不再占用标准文档流中的空间，会与上移的后续标签重叠。

2. 定义多个边偏移属性时，如果 left 和 right 参数值冲突，以 left 参数值为准；如果 top 和 bottom 参数值冲突，以 top 参数值为准。

（4）固定定位

固定定位是绝对定位的一种特殊形式，它以浏览器窗口作为参照物来定义网页标签。当 position 属性的取值为 fixed 时，即可将标签的定位模式设置为固定定位。

当对标签设置固定定位后，该标签将脱离标准文档流的控制，始终依据浏览器窗口来定义自己的显示位置。不管浏览器滚动条如何滚动，也不管浏览器窗口的大小如何变化，该标签都会始终显示在浏览器窗口的固定位置。

8.3　布局的其他属性

除了浮动和定位外，在布局时，我们还会用到一些其他属性，虽然它们没有浮动和定位两种属性应用得频繁，但是在制作一些特殊需求的页面时会用到。本节将重点介绍两个属性，分别是 overflow 属性和 z-index 属性。

8.3.1　overflow 属性

当盒子内的标签超出盒子自身的大小时，内容就会溢出，如图 8-17 所示。

这时如果想要处理溢出内容的显示样式，就需要使用 CSS 的 overflow 属性。overflow 属性用于规定溢出内容的显示状态，其基本语法格式如下：

图 8-17　内容溢出

```
选择器 {overflow: 属性值 ;}
```

在上面的语法中，overflow 属性的常用值有 4 个，具体如表 8-5 所示。

表 8-5　overflow 的常用属性值

属性值	描述
visible	内容不会被修剪，会呈现在标签框之外（默认值）
hidden	溢出内容会被修剪，并且被修剪的内容是不可见的
auto	在需要时产生滚动条，即自适应所要显示的内容
scroll	溢出内容会被修剪，且浏览器会始终显示滚动条

了解了 overflow 属性的几个常用属性值及其含义，接下来我们通过一个案例演示它们的具体的用法和效果，如例 8-8 所示。

例 8-8　example08.html

```
1   <!doctype html>
2   <html>
3   <head>
4   <meta charset="utf-8">
5   <title>overflow 属性 </title>
6   <style type="text/css">
7   div{
8       width:260px;
9       height:176px;
10      background:url(bg.png) center center  no-repeat;
11      overflow:visible;      /* 溢出内容呈现在标签框之外 */
12  }
13  </style>
14  </head>
15  <body>
16  <div>
17  晨曦浮动着诗意，流水倾泻着悠然。大自然本就是我的乐土。我曾经迷路，被纷扰的世俗淋湿而模糊了双眼。归去来兮！我回归恬淡，每一日便都是晴天。晨曦，从阳光中飘洒而来，唤醒了冬夜的静美和沉睡的花草林木，鸟儿出巢，双双对对唱起欢乐的恋歌，脆声入耳漾心，滑过树梢回荡在闽江两岸。婆娑的垂柳，在晨风中轻舞，恰似你隐约在烟岚中，轻甩长发向我微笑莲步走来。栏杆外的梧桐树傲岸繁茂，紫燕穿梭其间，是不是因为有了凤凰栖息之地呢？
18  </div>
19  </body>
20  </html>
```

在例 8-8 中，第 11 行代码通过 "overflow:visible;" 样式，使溢出的内容不会被修剪，呈现在 div 盒子之外。

运行例 8-8，效果如图 8-18 所示。

在图 8-18 中，溢出的内容不会被修剪，呈现在带有背景的 div 盒子之外。

如果希望溢出的内容被修剪，且不可见，可将 overflow 的属性值修改为 hidden。接下来我们在例 8-8 的基础上进行演示，将第 11 行代码更改如下：

```
overflow:hidden;              /* 溢出内容被修剪，且不可见 */
```

保存 HTML 文件，刷新页面，效果如图 8-19 所示。

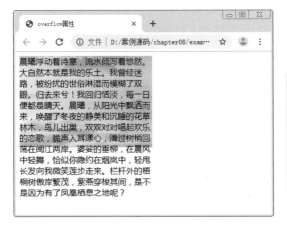

图 8-18　"overflow:visible;" 效果　　　　　图 8-19　"overflow:hidden;" 效果

在图 8-19 中，溢出内容会被修剪，并且被修剪的内容是不可见的。

如果希望标签框能够自适应内容的多少，并且在内容溢出时，产生滚动条，未溢出时，不产生滚动条，可以将 overflow 的属性值设置为 auto。接下来我们继续在例 8-8 的基础上进行演示，将第 11 行代码更改如下：

```
overflow:auto;              /* 根据需要产生滚动条 */
```

保存 HTML 文件，刷新页面，效果如图 8-20 所示。

由图 8-20 可见，标签框的右侧产生了滚动条，拖动滚动条即可查看溢出的内容。如果将文本内容减少到盒子可全部呈现时，滚动条就会自动消失。

值得一提的是，当定义 overflow 的属性值为 scroll 时，标签框中也会产生滚动条。接下来我们继续在例 8-8 的基础上进行演示，将第 11 行代码更改如下：

```
overflow:scroll;            /* 始终显示滚动条 */
```

保存 HTML 文件，刷新页面，效果如图 8-21 所示。

图 8-20　"overflow:visible;" 效果　　　　　图 8-21　"overflow:scroll;" 效果

由图 8-21 可见，标签框中出现了水平和竖直方向的滚动条。与 "overflow: auto;" 不同，当定义 "overflow: scroll;" 时，不论标签是否溢出，标签框中的水平和竖直方向的滚动条都始终存在。

8.3.2　z-index 属性

当对多个标签同时设置定位时，定位标签之间有可能会发生重叠，如图 8-22 所示。

在 CSS 中，要想调整重叠定位标签的堆叠顺序，可以对定位标签应用 z-index 属性。z-index 属性取值可为正整数、负整数和 0，默认状态下 z-index 属性值是 0，并且 z-index 属性取值越大，设置该属性的定位标签在层叠标签中越居上。

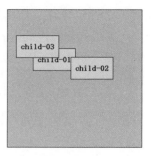

图 8-22　定位标签发生重叠

8.4　布局类型

使用 DIV+CSS 可以进行多种类型的布局，常见的布局类型有单列布局、双列布局、三列布局 3 种类型，本节将对这 3 种布局进行详细讲解。

8.4.1　单列布局

单列布局是网页布局的基础，所有复杂的布局都是在此基础上演变而来的。图 8-23 展示的就是一个"单列布局"页面的结构示意图。

从图 8-23 中可以看出，单列布局页面从上到下分别为头部、导航、焦点图、内容和页面底部，每个模块单独占据一行，且宽度与版心相等。

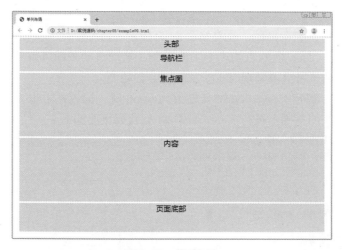

图 8-23　单列布局

分析完效果图，接下来就可以使用相应的 HTML 标签来搭建页面结构，如例 8-9 所示。

例 8-9　example09.html

```
1  <!doctype html>
2  <html>
3  <head>
4  <meta charset="utf-8">
5  <title> 单列布局 </title>
6  </head>
```

```
7   <body>
8   <div id="top">头部 </div>
9   <div id="nav">导航栏 </div>
10  <div id="banner">焦点图 </div>
11  <div id="content">内容 </div>
12  <div id="footer">页面底部 </div>
13  </body>
14  </html>
```

在例 8-9 中，第 8 ～ 12 行代码定义了 5 对 <div></div> 标签，分别用于控制页面的头部
（top）、导航（nav）、焦点图（banner）、内容（content）和页面底部（footer）。

搭建完页面结构，接下来书写相应的 CSS 样式，具体代码如下：

```
1   body{margin:0; padding:0;font-size:24px;text-align:center;}
2   div{
3       width:980px;              /* 设置所有模块的宽度为 980px、居中显示 */
4       margin:5px auto;
5       background:#D2EBFF;
6   }
7   #top{height:40px;}            /* 分别设置各个模块的高度 */
8   #nav{height:60px;}
9   #banner{height:200px;}
10  #content{height:200px;}
11  #footer{height:90px;}
```

在上面的 CSS 代码中，第 4 行代码对 div 定义了 "margin:5px auto;" 样式，该样式表示盒
子在浏览器中水平居中位置，且上下左右外边距均为 5px。通过 "margin:5px auto;" 样式既可以使
盒子水平居中，又可以使各个盒子在垂直方向上有一定的间距。值得一提的是，通常给标签
定义 id 或者类名时，都会遵循一些常用的命名规范，具体请参照 8.4.6 小节。

8.4.2　两列布局

单列布局虽然统一、有序，但常常会让人觉得呆板，所以在实际网页制作过程中，通常
使用另一种布局方式——两列布局。两列布局和单列布局类似，只是网页内容被分为了左右
两部分，通过这样的分割，打破了统一布局的呆板，让页面看起来更加活跃。图 8-24 所示
是一个 "两列布局" 页面的结构示意图。

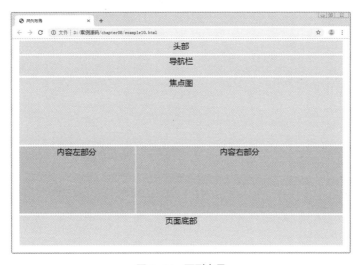

图 8-24　两列布局

由图 8-24 可见，内容模块被分为了左右两部分，实现这一效果的关键是在内容模块所在的大盒子中嵌套两个小盒子，然后对两个小盒子分别设置浮动。

分析完效果图，接下来使用相应的 HTML 标签搭建页面结构，如例 8-10 所示。

例 8-10   example10.html

```
1   <!doctype html>
2   <html>
3   <head>
4   <meta charset="utf-8">
5   <title>两列布局</title>
6   </head>
7   <body>
8   <div id="top">头部</div>
9   <div id="nav">导航栏</div>
10  <div id="banner">焦点图</div>
11  <div id="content">
12      <div class="content_left">内容左部分</div>
13      <div class="content_right">内容右部分</div>
14  </div>
15  <div id="footer">页面底部</div>
16  </body>
17  </html>
```

例 8-9 与例 8-10 的大部分代码相同，不同之处在于，例 8-10 中主体内容所在的盒子中嵌套了类名为 "content_left" 和 "content_right" 的两个小盒子，如第 11 ~ 14 行代码所示。

搭建完页面结构，接下来书写相应的 CSS 样式。由于网页的内容模块被分为了左右两部分，所以只需在例 8-10 样式的基础上单独控制 class 为 content_left 和 content_right 的两个小盒子的样式即可，具体代码如下：

```
1   body{margin:0; padding:0;font-size:24px;text-align:center;}
2   div{
3       width:980px;                      /* 设置所有模块的宽度为 980px、居中显示 */
4       margin:5px auto;
5       background:#D2EBFF;
6   }
7   #top{height:40px;}                    /* 分别设置各个模块的高度 */
8   #nav{height:60px;}
9   #banner{height:200px;}
10  #content{height:200px;}
11  .content_left{
12      width:350px;
13      height:200px;
14      background-color:#CCC;
15      float:left;                       /* 左侧内容左浮动 */
16      margin:0;
17  }
18  .content_right{
19      width:625px;
20      height:200px;
21      background-color:#CCC;
22      float:right;                      /* 右侧内容右浮动 */
23      margin:0;
24  }
25  #footer{height:90px;}
```

在上面的代码中，第 15 行代码和第 22 行代码分别为内容中左侧的盒子和右侧的盒子设置了浮动。

8.4.3　三列布局

对于一些大型网站，特别是电子商务类网站，由于内容分类较多，通常需要采用"三列布局"的页面布局方式。其实，这种布局方式是两列布局的演变，只是将主体内容分成了左、中、右三部分。图 8-25 所示是一个"三列布局"页面的结构示意图。

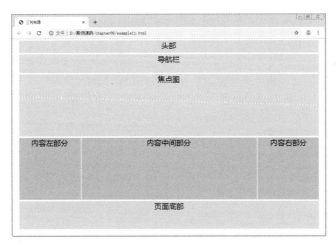

图 8-25　三列布局

由图 8-25 可见，内容模块被分为了左中右三部分，实现这一效果的关键是在内容模块所在的大盒子中嵌套 3 个小盒子，然后对 3 个小盒子分别设置浮动。

接下来使用相应的 HTML 标签搭建页面结构，如例 8-11 所示。

例 8-11　example11.html

```
1   <!doctype html>
2   <html>
3   <head>
4   <meta charset="utf-8">
5   <title> 三列布局 </title>
6   </head>
7   <body>
8   <div id="top"> 头部 </div>
9   <div id="nav"> 导航栏 </div>
10  <div id="banner"> 焦点图 </div>
11  <div id="content">
12      <div class="content_left"> 内容左部分 </div>
13      <div class="content_middle"> 内容中间部分 </div>
14      <div class="content_right"> 内容右部分 </div>
15  </div>
16  <div id="footer"> 页面底部 </div>
17  </body>
18  </html>
```

和例 8-10 对比，本案例的不同之处在于主体内容所在的盒子中增加了类名为"content_middle"的小盒子（第 13 行代码所示）。

搭建完页面结构，接下来书写相应的 CSS 样式。由于内容模块被分为了左、中、右三部分，所以只需在例 8-10 样式的基础上单独控制类名为"content_middle"的小盒子的样式即可，具体代码如下：

```
1   body{margin:0; padding:0;font-size:24px;text-align:center;}
2   div{
```

```
3        width:980px;                              /* 设置所有模块的宽度为 980px、居中显示 */
4        margin:5px auto;
5        background:#D2EBFF;
6    }
7    #top{height:40px;}                            /* 分别设置各个模块的高度 */
8    #nav{height:60px;}
9    #banner{height:200px;}
10   #content{height:200px;}
11   .content_left{
12       width:200px;
13       height:200px;
14       background-color:#CCC;
15       float:left;                               /* 左侧部分左浮动 */
16       margin:0;
17   }
18   .content_middle{
19       width:570px;
20       height:200px;
21       background-color:#CCC;
22       float:left;                               /* 中间部分左浮动 */
23       margin:0 0 0 5px;
24   }
25   .content_right{
26       width:200px;
27       background-color:#CCC;
28       float:right;                              /* 右侧部分右浮动 */
29       height:200px;
30       margin:0;
31   }
32   #footer{height:90px;}
```

　　本案例的核心在于如何分配左、中、右三个盒子的位置。在案例中将类名为 "content_left" 和 "content_middle" 的盒子设置为左浮动,类名为 "content_right" 的盒子设置为右浮动,通过 margin 属性设置盒子之间的间隙。

　　值得一提的是,无论布局类型是单列布局、两列布局或者多列布局,为了网站的美观,网页中的一些模块,例如头部、导航、焦点图或页面底部的版权等经常需要通栏显示。将模块设置为通栏后,无论页面放大或缩小,该模块都将横铺于浏览器窗口中。图 8-26 所示是一个应用 "通栏布局" 页面的结构示意图。

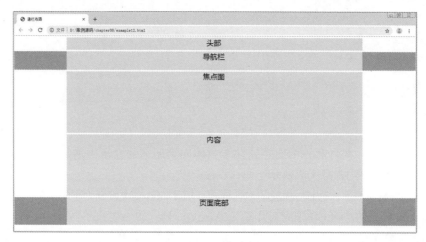

图 8-26　通栏布局

　　由图 8-26 可见，导航栏和页面底部均为通栏模块，它们将始终横铺于浏览器窗口中。通栏布局的关键是在相应模块的外面添加一层 div，并且将外层 div 的宽度设置为 100%。

　　接下来我们通过一个案例来演示通栏布局的设置技巧，如例 8-12 所示。

<div align="center">例 8-12　example12.html</div>

```
1   <!doctype html>
2   <html>
3   <head>
4   <meta charset="utf-8">
5   <title> 通栏布局 </title>
6   </head>
7   <body>
8   <div id="top"> 头部 </div>
9   <div id="topbar">
10      <div class="nav"> 导航栏 </div>
11  </div>
12  <div id="banner"> 焦点图 </div>
13  <div id="content"> 内容 </div>
14  <div id="footer">
15      <div class="inner"> 页面底部 </div>
16  </div>
17  </body>
18  </html>
```

　　在例 8-12 中，第 9 ~ 11 行代码定义了类名为 "topbar" 的一对 <div></div>，用于将导航模块设置为通栏；第 14 ~ 16 行代码定义了一对类名为 "footer" 的 <div></div>，用于将页面底部设置为通栏。

　　搭建完页面结构，接下来书写相应的 CSS 样式，具体代码如下：

```
1   body{margin:0; padding:0;font-size:24px;text-align:center;}
2   div{
3       width:980px;              /* 设置所有模块的宽度为 980px、居中显示 */
4       margin:5px auto;
5       background:#D2EBFF;
6   }
7   #top{height:40px;}            /* 分别设置各个模块的高度 */
8   #topbar{                      /* 通栏显示宽度为 100%, 此盒子为 nav 导航栏盒子的父盒子 */
9       width:100%;
10      height:60px;
11      background-color:#3CF;
12  }
13  .nav{height:60px;}
14  #banner{height:200px;}
15  #content{height:200px;}
16  .inner{height:90px;}
17  #footer{                      /* 通栏显示宽度为 100%, 此盒子为 inner 盒子的父盒子 */
18      width:100%;
19      height:90px;
20      background-color:#3CF;
21  }
```

　　在上面的 CSS 代码中，第 8 ~ 12 行代码和第 17 ~ 21 行代码分别用于将 "topbar" 和 "footer" 两个父盒子的宽度设置为 100%。

　　需要注意的是，前面所讲的几种布局是网页中的基本布局。在实际工作中，通常需要综合运用这几种基本布局，实现多行多列的布局样式。

注意：

初学者在制作网页时，一定要养成实时测试页面的好习惯，避免完成页面的制作后，出现难以调试的 bug（错误、漏洞）或兼容性问题。

8.4.4　全新的 HTML5 结构元素

在使用 DIV+CSS 布局时，我们需要通过为 div 命名的方式，来区分网页中不同的模块。在 HTML5 中布局方式有了新的变化，HTML5 中增加了新的结构标签，如 header 标签、nav 标签、article 标签等，具体介绍如下。

1. header 标签

HTML5 中的 header 标签是一种具有引导和导航作用的结构标签，该标签可以包含所有通常放在页面头部的内容。header 标签通常用来放置整个页面或页面内的一个内容区块的标题，也可以包含网站 logo 图片、搜索表单或者其他相关内容。其基本语法格式如下：

```
<header>
<h1> 网页主题 </h1>
...
</header>
```

在上面的语法格式中，<header></header> 的使用方法和 <div class="header"></div> 类似。下面我们通过一个案例对 header 标签的用法进行演示，如例 8-13 所示。

例 8-13　example13.html

```
1   <!doctype html>
2   <html lang="en">
3   <head>
4   <meta charset="UTF-8">
5   <title>header 标签的使用 </title>
6   </head>
7   <body>
8   <header>
9       <h1> 秋天的味道 </h1>
10      <h3> 你想不想知道秋天的味道？它是甜、是苦、是涩……</h3>
11  </header>
12  </body>
13  </html>
```

运行例 8-13，效果如图 8-27 所示。

图 8-27　header 标签效果展示

注意：

在 HTML 网页中，并不限制 header 标签的个数，一个网页中可以使用多个 header 标签，也可以为每一个内容块添加 header 标签。

2. nav 标签

nav 标签用于定义导航链接，是 HTML5 新增的标签，该标签可以将具有导航性质的链接归纳在一个区域中，使页面元素的语义更加明确。nav 标签的使用方法和普通标签类似，例如下面这段示例代码：

```
<nav>
    <ul>
        <li><a href="#"> 首页 </li>
        <li><a href="#"> 公司概况 </li>
        <li><a href="#"> 产品展示 </li>
        <li><a href="#"> 联系我们 </li>
    </ul>
</nav>
```

在上面这段代码中，通过在 nav 标签内部嵌套无序列表 ul 来搭建导航结构。通常一个 HTML 页面中可以包含多个 nav 标签，作为页面整体或不同部分的导航。具体来说，nav 标签可以用于以下几种场合。

● 传统导航条：目前主流网站上都有不同层级的导航条，其作用是跳转到网站的其他主页面。

● 侧边栏导航：目前主流博客网站及电商网站都有侧边栏导航，目的是将当前文章或当前商品页面跳转到其他文章或其他商品页面。

● 页内导航：它的作用是在本页面几个主要的组成部分之间进行跳转。

● 翻页操作：翻页操作切换的是网页的内容部分，可以通过单击"上一页"或"下一页"切换，也可以通过单击实际的页数跳转到某一页。

除了以上几点以外，nav 标签也可以用于其他导航链接组中。需要注意的是，并不是所有的链接组都要被放进 nav 标签，只需要将主要的和基本的链接放进 nav 标签即可。

3. footer 标签

footer 标签用于定义一个页面或者区域的底部，它可以包含所有放在页面底部的内容。在 HTML5 出现之前，一般使用 <div class="footer"></div> 标签来定义页面底部，而现在通过 HTML5 的 footer 标签可以轻松实现。与 header 标签相同，一个页面中可以包含多个 footer 标签。

4. article 标签

article 标签代表文档、页面或者应用程序中与上下文不相关的独立部分，该元素经常被用于定义一篇日志、一条新闻或用户评论等。一个 article 标签通常有它自己的标题（可以放在 header 标签中）和脚注（可以放在 footer 标签中），例如下面的示例代码：

```
<article>
    <header>
        <h1> 秋天的味道 </h1>
        <p> 你想不想知道秋天的味道? 它是甜、是苦、是涩……</p>
    </header>
    <footer>
        <p> 著作权归 XXXXXX 公司所有 ...</p>
    </footer>
</article>
```

需要注意的，在上面的示例代码中还缺少主体内容。主体内容通常会写在 header 和 footer 之间，通过多个 section 标签进行划分。一个页面中可以出现多个 article 标签，并且 article 标签可以嵌套使用。

5. section 标签

section 标签表示一段专题性的内容，一般会带有标题，主要应用在文章的章节中。例如，新闻的详情页有一篇文章，该文章有自己的标题和内容，因此可以使用 article 标签标注，如果该新闻内容太长，分好多段落，每段都有自己的小标题，这时候就可以使用 section 标签把段落标注起来。在使用 section 标签时，需要注意以下几点。

● section 不仅仅是一个普通的容器标签。当只是为了样式化或者方便脚本使用时，应该使用 div 标签。

● 如果 article 标签、aside 标签或 nav 标签更符合使用条件，那么不要使用 section 标签。

● 没有标题的内容模块不要使用 section 标签定义。

下面我们通过一个案例对 section 标签的用法进行演示，如例 8-14 所示。

例 8-14　example14.html

```
1  <!doctype html>
2  <html lang="en">
3  <head>
4  <meta charset="UTF-8">
5  <title>section 标签的使用</title>
6  </head>
7  <body>
8  <article>
9      <header>
10         <h2>小张的个人介绍</h2>
11     </header>
12     <p>小张是一个好学生，是一个帅哥……</p>
13     <section>
14         <h2>评论</h2>
15         <article>
16             <h3>评论者：A</h3>
17             <p>小张真的很帅</p>
18         </article>
19         <article>
20             <h3>评论者：B</h3>
21             <p>小张是一个好学生</p>
22         </article>
23     </section>
24 </article>
25 </body>
26 </html>
```

在例 8-14 中，header 标签用来定义文章的标题，section 标签用来存放对小张的评论内容，article 标签用来划分 section 标签所定义的内容，将其分为两部分。

运行例 8-14，效果如图 8-28 所示。

值得一提的是，在 HTML5 中，article 标签可以看作是一种特殊的 section 标签，它比 section 标签更具有独立性，即 section 标签强调分段或分块，而 article 标签强调独立性。如果一块内容相对来说比较独立、完整时，应该使用 article 标签；但是如果想要将一块内容分成多段时，应该使用 section 标签。

图 8-28　section 标签效果展示

6. aside 标签

aside 标签用来定义当前页面或者文章的附属信息部分，它可以包含与当前页面或主要内容相关的引用、侧边栏、广告、导航条等有别于主要内容的部分。aside 标签的用法主要分为以下两种。

- 被包含在 article 标签内作为主要内容的附属信息。
- 在 article 标签之外使用，作为页面或网站的附属信息部分。最常用的使用形式是侧边栏。

8.4.5　网页模块命名规范

网页模块的命名看似无足轻重，但如果没有统一的命名规范进行必要约束，随意的命名就会使整个网站的后续工作很难进行。因此网页模块命名规范非常重要，需要引起初学者的足够重视。通常网页模块的命名需要遵循以下几个原则。

- 避免使用中文字符命名（如 id=" 导航栏 "）。
- 不能以数字开头（如 id="1nav"）。
- 不能占用关键字（如 id="h3"）。
- 用最少的字母达到最容易理解的意义。

在网页中，常用的命名方式有"驼峰式命名"和"帕斯卡命名"两种，对它们的具体解释如下。

- 驼峰式命名：除了第一个单词外其余单词首写字母都要大写（例如 partOne）。
- 帕斯卡命名：每一个单词之间用"_"连接（例如 content_one）。

了解了命名原则和命名方式，接下来我们为大家列举网页中常用的一些命名，具体如表 8-6 所示。

表 8-6　常用命名规则

相关模块	命名	相关模块	命名
头	header	内容	content/container
导航	nav	尾	footer
侧栏	sidebar	栏目	column
左边、右边、中间	left right center	登录条	loginbar
标志	logo	广告	banner
页面主体	main	热点	hot
新闻	news	下载	download
子导航	subnav	菜单	menu
子菜单	submenu	搜索	search
友情链接	friendlink	版权	copyright
滚动	scroll	标签页	tab
文章列表	list	提示信息	msg
小技巧	tips	栏目标题	title
加入	joinus	指南	guild
服务	service	注册	register
状态	status	投票	vote
合作伙伴	partner		
CSS 文件	**命名**	**CSS 文件**	**命名**
主要样式	master	基本样式	base
模块样式	module	版面样式	layout
主题	themes	专栏	columns
文字	font	表单	forms
打印	print		

8.5　阶段案例——制作通栏 banner

本章前几节重点讲解了布局的概念、属性以及布局的类型。为了使初学者更好地运用浮动与定位组织页面，本小节将通过案例的形式分步骤制作一款通栏 banner，效果如图 8-29 所示。

图 8-29　通栏 banner

8.5.1　分析通栏 banner 效果图

为了提高网页制作的效率，我们在每拿到一个页面的效果图时，都应当对其结构和样式进行分析。下面我们就来对效果图 8-29 进行分析。

1. 结构分析

我们将 banner 做成一个通栏 banner，整个 banner 可以分为左右两部分，其中左边为广告图、右边为课程介绍。广告图部分由一张背景图片、广告词、切换图标构成；课程介绍部分由标题、常用软件图标及课程介绍概述构成。效果图 8-29 对应的结构如图 8-30 所示。

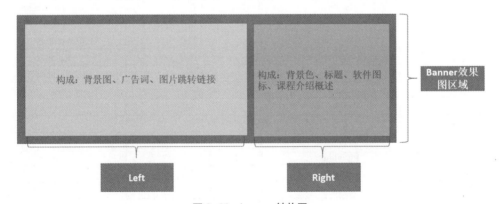

图 8-30　banner 结构图

2. 样式分析

可以按照下面的顺序控制图 8-29 所示效果图的样式。

（1）通过最外层的大盒子实现对 banner 模块的整体控制，需要对其设置 100% 宽度和背景颜色，用于通栏显示。

（2）通过第 2 层的大盒子设置页面的版心，需要对其设置宽、高及边距样式。

（3）通过对 banner 左右的两个盒子设置浮动，实现 banner 左右布局的效果。

（4）控制左边的大盒子及内部广告词、切换图标样式。

（5）控制右边的大盒子及内部标题、段落文本和软件图标样式。

8.5.2　制作通栏 banner 页面结构

根据上面的分析，使用相应的 HTML 标签搭建网页结构，如例 8–15 所示。

例 8–15　example15.html

```
1   <!doctype html>
2   <html>
3   <head>
4   <meta charset="utf-8">
5   <title>通栏 Banner</title>
6   <link rel="stylesheet" href="style15.css" type="text/css" />
7   </head>
8   <body>
9   <div class="bg_banner">
10      <div class="banner">
11      <!--left begin-->
12          <div class="left">
13              <div class="content_left">
14                  <p class="school_en">YOUDIANSHEJI</p>
15                  <p class="school_ch">有点设计 </p>
16                  <p class="advertise">以就业为导向 <br /> 打造理论与实践相结合的实战型人才 </p>
17                  <ul class="style_a">
18                      <li class="current"><a href="#"></a></li>
19                      <li><a href="#"></a></li>
20                      <li><a href="#"></a></li>
21                      <li><a href="#"></a></li>
22                  </ul>
23              </div>
24          </div>
25      <!--left end-->
26      <!--right begin-->
27          <div class="right">
28              <div class="content_right">
29                  <h4>课程介绍 <br />INTRODUCTION</h4>
30                  <ul class="style_icon">
31                      <li><a href="#"><img src="icon1.gif"></a></li>
32                      <li><a href="#"><img src="icon2.gif"></a></li>
33                      <li><a href="#"><img src="icon3.gif"></a></li>
34                      <li><a href="#"><img src="icon4.gif"></a></li>
35                  </ul>
36                  <p class="cl">掌握平面设计 , 网页设计 ,UI 设计 ,FLASH 设计四门主流技术 , 让你有点设
计 </p>
37              </div>
38          </div>
39      <!--right end-->
40      </div>
41  </div>
42  </body>
43  </html>
```

在例 8–15 中，类名为 "bg_banner" 的 div 用于设置通栏样式 ; 类名为 "banner" 的 div 用于设置版心宽度，并整体控制内容部分。分别定义了 class 为 left 和 right 的两个 div，来搭建 banner 左右模块的结构。同时，通过 <p> 标签控制左边大盒子中的广告词及右边大盒子中的段落文本，并定义 <h4> 标签控制右侧盒子中的标题。此外，分别采用无序列表 ul 来搭建左侧切换图标和右侧 4 个软件图标的列表结构。

运行例 8–15，效果如图 8–31 所示。

图 8-31   HTML 结构页面效果

8.5.3   定义通栏 banner CSS 样式

搭建完页面的结构后，接下来使用 CSS 样式对页面的结构进行修饰。为了使初学者更好地运用浮动与定位组织页面，本小节采用从整体到局部的方式实现效果图 8-29 所示的效果，具体如下。

1. 定义基础样式

首先定义页面的统一样式，具体 CSS 代码如下：

```
/* 全局控制 */
body{font-family:" 微软雅黑 "; font-size:12px; color:#FFF;}
@font-face{
    font-family:dn;        /* 服务器字体名称 */
    src:url(dqc.ttf);      /* 服务器字体名称 */
}
/* 重置浏览器的默认样式 */
body,p,ul,li,h4,img{margin:0; padding:0; border:0; list-style:none;}
```

2. 控制整体大盒子

制作页面结构时，我们定义了两层大盒子，第 1 个大盒子 class 为 "bg_banner"，用来定义通栏样式；第 2 个大盒子 class 为 "banner"，来实现对 banner 模块的整体控制。通过 CSS 样式设置其宽度和高度固定，以防止溢出内容呈现在元素框之外。为了使页面在浏览器中居中，可以对其应用外边距属性 margin。具体 CSS 代码如下：

```
.banner{
    width:1000px;
    height:285px;
    margin:13px auto 15px auto;
    overflow:hidden;                      /* 防止溢出内容呈现在元素框之外 */
}
```

3. 控制左边大盒子

由于 banner 整体上由左右两部分构成，因此可以通过浮动实现左右两个盒子在一行排列显示的效果。接下来控制左边的盒子，确定其宽高及定位样式，并添加相应的背景图片。另外，需要单独控制文字的加粗效果。具体 CSS 代码如下：

```
.left{
    width:755px;
```

```
        height:285px;
        font-weight:bold;
        background:url(pic.gif);
        position:relative;                    /* 设置父元素相对定位 */
        float:left;
}
```

4. 控制左边大盒子里的整体内容样式

对于左边盒子的内容，可以采用绝对定位方式来控制元素的显示位置。此外，需要设置整体内容为右对齐，具体 CSS 代码如下：

```
.content_left{
        position:absolute;                    /* 设置子元素绝对定位 */
        top:75px;
        right:45px;
        text-align:right;                     /* 设置文本内容右对齐 */
}
```

5. 分别控制左边大盒子里各内容样式

对于广告词、切换图标等各部分内容，主要定义它们的字体、字号、边距、文本颜色、背景图像及浮动样式。具体 CSS 代码如下：

```
.school_en{
        font-size:14px;                       /* 设置英文字号 */
}
.school_ch{
        font-size:36px;
        font-family:dn;                       /* 设置传智播客字体样式 */
        border-right:5px solid #F90;
        padding-right:10px;
}
.advertise{
        margin-top:20px;
        font-size:16px;
}
ul.style_a{
        margin-top:25px;
        margin-left:120px;
        list-style:none;
        overflow:hidden;                      /* 防止溢出内容呈现在元素框之外 */
}
ul.style_a li{
        float:left;                           /* 设置浮动属性 */
        margin-left:10px;
}
ul.style_a li a{                              /* 设置 banner 广告图切换图标样式 */
        background:#FFF;
        width:46px;
        height:3px;
        text-align:center;
        line-height:22px;
        display:block;                        /* 把行内元素转为块元素 */
        font-size:18px;
        opacity:0.3;
}
ul.style_a li.current a{opacity:0.8;}         /* 设置第一个切换图标样式 */
```

6. 控制右边大盒子及整体内容样式

首先，对右边大盒子 "right" 定义右浮动属性，对其内容部分 "content_right" 我们同样可以运用绝对定位方式定位到相应的位置，同时对父元素"right"设置相对定位。具体 CSS 代码如下：

```
.right{
    width:245px;
    height:285px;
    background:rgba(255,255,255,0.2);
    float:right;
    position:relative;                 /*设置父元素相对定位 */
}
.content_right{
    position:absolute;                 /*设置子元素绝对定位 */
    top:50px;
    left:30px;
}
```

7. 分别控制右边大盒子里各内容样式

接下来需要定义右边大盒子各部分内容的样式。值得注意的是，由于需要定义 <li> 的浮动属性，下面的元素会受其影响，所以需要对类名为"cl"的文本内容设置清除浮动属性。具体 CSS 代码如下：

```
ul.style_icon{
    margin-top:10px;
}
ul.style_icon li{
    float:left;                        /*设置浮动属性 */
    margin-right:12px;
}
.cl{                                   /*设置清除浮动属性 */
    margin-top:55px;
    margin-right:30px;
    line-height:24px;
}
```

至此，我们完成了效果图 8-29 所示通栏 banner 的 CSS 样式部分。

8.6   本章小结

本章首先带领读者认识布局，然后讲解了布局的属性以及布局的类型，最后通过 DIV+CSS 布局制作出了一个网页中常见的通栏 banner。

通过本章的学习，初学者应该能够熟练地运用浮动和定位进行网页布局，掌握清除浮动的几种常用方法，完成网页基本的布局设计。

8.7   课后练习题

查看本章课后练习题，请扫描二维码。

第9章

多媒体嵌入

拓展阅读

学习目标

★熟悉 HTML5 的多媒体特性。

★了解 HTML5 支持的音频和视频格式。

★掌握 HTML5 中视频相关属性的运用，能够在 HTML5 页面中添加视频文件。

★掌握 HTML5 中音频相关属性的运用，能够在 HTML5 页面中添加音频文件。

★了解 HTML5 中视频、音频的一些常见操作，并能够应用到网页制作中。

网页设计的多媒体技术主要是指在网页上运用音频视频传递信息的一种方式。在网络传输速度越来越快的今天，音频和视频技术已经被越来越广泛地应用在网页设计中，比起静态的图片和文字，音频和视频可以为用户提供更直观、丰富的信息。本章将对 HTML5 多媒体的特性以及创建音频和视频的方法进行详细讲解。

9.1 视频 / 音频嵌入技术概述

在全新的视频、音频标签出现之前，W3C 并没有视频和音频嵌入到页面的标准方式，视频、音频内容在大多数情况下都是通过第三方插件或浏览器的应用程序嵌入到页面中。例如可以运用 Adobe 公司的 FlashPlayer 插件将视频和音频嵌入到网页中。图 9-1 所示为网页中 FlashPlayer 插件的标志。

图 9-1
FlashPlayer 插件的
标志

通过插件或浏览器的应用程序嵌入音视频，这种方式不仅需要借助第三方插件，而且实现的代码复杂冗长，图 9-2 所示为运用插件方式嵌入视频代码的截图。

从图 9-2 所示的视频嵌入代码截图中可以看出，该代码不仅包含 HTML 代码，还包含 JavaScript 代码，整体代码复杂冗长，不利于初学者学习和掌握。那么该如何化繁为简呢？现在我们可以运用 HTML5 中新增的 video 标签和 audio 标签来嵌入视频或音频。例如，图 9-3 所示的示例代码截图，图中所示代码就是使用 video 标签嵌入视频的代码，在这段代码中仅需要一行代码就可以实现视频的嵌入，让网页的代码结构变得清晰简单。

在 HTML5 语法中，video 标签用于为页面添加视频，audio 标签用于为页面添加音频。到目前为止，绝大多数的浏览器已经支持 HTML5 中的 video 和 audio 标签。各浏览器的支持情况如表 9-1 所示。

```
1  <!DOCTYPE html PUBLIC "-//W3C//DTD XHTML 1.0 Transitional//EN"
   "http://www.w3.org/TR/xhtml1/DTD/xhtml1-transitional.dtd">
2  <html xmlns="http://www.w3.org/1999/xhtml">
3  <head>
4  <meta http-equiv="Content-Type" content="text/html; charset=utf-8" />
5  <title>插入视频文件</title>
6  <script src="Scripts/swfobject_modified.js" type="text/javascript"></script>
7  </head>
8  <body>
9  <object classid="clsid:D27CDB6E-AE6D-11cf-96B8-444553540000" width="600" height=
   "256" id="FLVPlayer">
10   <param name="movie" value="FLVPlayer_Progressive.swf" />
11   <param name="quality" value="high" />
12   <param name="wmode" value="opaque" />
13   <param name="scale" value="noscale" />
14   <param name="salign" value="lt" />
15   <param name="FlashVars" value=
   "&amp;MM_ComponentVersion=1&amp;skinName=Clear_Skin_1&amp;streamName=video/pian&amp;
   autoPlay=true&amp;autoRewind=false" />
16   <param name="swfversion" value="8,0,0,0" />
17   <!-- 此 param 标签提示使用 Flash Player 6.0 r65 和更高版本的用户下载最新版本的
   Flash Player。如果您不想让用户看到该提示，请将其删除。 -->
18   <param name="expressinstall" value="Scripts/expressInstall.swf" />
19   <!-- 下一个对象标签用于菲 IE 浏览器。所以使用 IECC 将其从 IE 隐藏。 -->
```

图 9-2　嵌入视频的脚本代码

```
1  <!doctype html>
2  <html>
3  <head>
4  <meta charset="utf-8">
5  <title>在HTML5中嵌入视频</title>
6  </head>
7  <body>
8  <video src="video/pian.mp4" controls="controls">浏览器不支持video标签</video>
9  </body>
10 </html>
```

图 9-3　video 标签嵌入视频

表 9-1　浏览器对 video 和 audio 的支持情况

浏览器	支持版本
IE	9.0 及以上版本
Firefox（火狐浏览器）	3.5 及以上版本
Opear（欧朋浏览器）	10.5 及以上版本
Chrome（谷歌浏览器）	3.0 及以上版本
Safari（苹果浏览器）	3.2 及以上版本

表 9-1 列举了各主流浏览器对 video 和 audio 标签的支持情况。需要注意的是，在不同的浏览器上运用 video 或 audio 标签时，浏览器显示音视频界面的样式也略有不同。图 9-4 和图 9-5 所示为视频在 Firefox 浏览器和 Chrome 浏览器中显示的样式。

对比图 9-4 和图 9-5 我们会发现，在不同的浏览器中，同样的视频文件，其播放控件的显示样式却不同（如调整音量的按钮、全屏播放按钮等）。控件显示为不同样式是因为每个浏览器对内置视频控件样式的定义不同。

图 9-4　Firefox 浏览器视频播放效果

图 9-5　Chrome 浏览器视频播放效果

9.2　视频文件和音频文件的格式

HTML5 和浏览器对视频和音频文件格式都有严格的要求，仅有少数几种音频、视频格式的文件能够同时满足 HTML5 和浏览器的需求。因此想要在网页中嵌入音视频文件，首先要选择正确的音频、视频文件格式。本节将对 HTML5 中视频和音频的一些常见格式以及浏览器的支持情况做具体介绍。

1. HTML5 支持的视频格式

在 HTML5 中嵌入的视频格式主要包括 ogg、mpeg4、webm 等，具体介绍如下。

● ogg：一种开源的视频封装容器，其视频文件格式后缀为"ogg"，里面可以封装 vobris 音频编码或者 theora 视频编码，同时 ogg 文件也能将音频编码和视频编码进行混合封装。

● mpeg4：目前最流行的视频格式，其视频文件格式后缀为"mp4"。同等条件下，mpeg4 格式的视频质量较好，但它的专利被 MPEG-LA 公司控制，任何支持播放 mpeg4 视频的设备，都必须有一张 MPEG-LA 公司颁发的许可证。目前 MPEG-LA 公司规定，只要是互联网上免费播放的视频，均可以无偿获得使用许可证。

● webm：由 Google 公司发布的一个开放、免费的媒体文件格式，其视频文件格式后缀为"webm"。由于 webm 格式的视频质量和 mpeg4 较为接近，并且没有专利限制等问题，webm 已经被越来越多的人所使用。

2. HTML5 支持的音频格式

在 HTML5 中嵌入的音频格式主要包括 ogg、mp3、wav 等，具体介绍如下。

● ogg：当 ogg 文件只封装音频编码时，它就会变成为一个音频文件。ogg 音频文件格式后缀为"ogg"。ogg 音频格式类似于 mp3 音频格式，不同的是，ogg 格式是完全免费并且没有专利限制的。同等条件下，ogg 格式音频文件的音质、体积大小优于 mp3 音频格式。

● mp3：目前最主流的音频格式，其音频文件格式后缀为"mp3"。同 mpeg4 视频格式一样，mp3 音频格式也存在专利、版权等诸多的限制，但因为各大硬件提供商的支持，使得 mp3 依靠其丰富的资源和良好的兼容性仍旧保持较高的使用率。

● wav：微软公司开发的一种声音文件格式，其后缀名为 wav。作为无损压缩的音频格式，wav 的音质是 3 种音频格式文件中最好的，但是 wav 的体积也是最大的。wav 音频格式最大的优势是被 Windows 平台及其应用程序广泛支持，是标准的 Windows 文件。

9.3　嵌入视频和音频

通过上一节的学习，相信读者对 HTML5 中视频和音频的相关知识有了初步了解。接下来，本节将进一步讲解视频和音频的嵌入方法，使读者能够熟练运用 video 标签和 audio 标签在网页中嵌入视频和音频文件。

9.3.1　在 HTML5 中嵌入视频

在 HTML5 中，video 标签用于定义视频文件，它支持 3 种视频格式，分别为 ogg、webm 和 mpeg4。使用 video 标签嵌入视频的基本语法格式如下：

```
<video src=" 视频文件路径 " controls="controls"></video>
```

在上面的语法格式中，src 属性用于设置视频文件的路径，controls 属性用于控制是否显示播放控件，这两个属性是 video 标签的基本属性。值得一提的是在 <video> 和 </video> 之间还可以插入文字，当浏览器不支持 video 标签时，就会在浏览器中显示该文字。

了解了定义视频的基本语法格式后，下面我们通过一个案例来体会嵌入视频的方法，如例 9-1 所示。

例 9-1　example01.html

```
1   <!doctype html>
2   <html>
3   <head>
4   <meta charset="utf-8">
5   <title> 在 HTML5 中嵌入视频 </title>
6   </head>
7   <body>
8   <video src="video/pian.mp4" controls="controls"> 浏览器不支持 video 标签 </video>
9   </body>
10  </html>
```

在例 9-1 中，第 8 行代码使用 video 标签来定义视频文件。

运行例 9-1，效果如图 9-6 所示。

图 9-6 显示的是视频未播放的状态，视频界面底部是浏览器默认添加的视频控件，用于控制视频播放的状态，当单击 "▶" 播放按钮时，网页就会播放视频，如图 9-7 所示。

图 9-6　嵌入视频

图 9-7　播放视频

值得一提的是，在 video 标签中还可以添加其他属性，进一步优化视频的播放效果，具体如表 9-2 所示。

表 9-2　video 标签常见属性

属性	值	描述
autoplay	autoplay	当页面载入完成后自动播放视频
loop	loop	视频结束时重新开始播放
preload	auto/meta/none	如果出现该属性，则视频在页面加载时进行加载，并预备播放。如果使用 "autoplay"，则忽略该属性
poster	url	当视频缓冲不足时，该属性值链接一个图像，并将该图像按照一定的比例显示出来

了解了表 9-2 所示的 video 视频属性后，下面我们在例 9-1 的基础上对 video 标签应用新属性，进一步优化视频播放效果，修改后的代码如下：

```
<video src="video/pian.mp4" controls="controls" autoplay="autoplay" loop="loop">浏览器不支持video标签</video>
```

在上面的代码中，为 video 标签增加了 "autoplay="autoplay"" 和 "loop="loop"" 两个样式。其中 "autoplay="autoplay"" 可以让视频自动播放，"loop="loop"" 让视频具有循环播放功能。

保存 HTML 文件，刷新页面，效果如图 9-8 所示。

需要注意的是，在 2018 年 1 月 Chrome 浏览器取消了对自动播放功能的支持，也就是说 "autoplay" 属性是无效的，这样如果我们想要自动播放视频，就需要为 video 标签添加 "muted"

图 9-8　自动和循环播放视频

属性，嵌入的视频就会静音播放。此外也可以在 Chrome 浏览器搜索栏中输入 "chrome://flags/"，（该方法不适用于新版本的 chrome 浏览器，如 chrome79）在打开的页面 "搜索标签" 处（见图 9-9），输入 "Autoplay policy"，将 "Default" 改为 "No user gesture is required"（见图 9-10），重新启动 Chrome 浏览器即可使用自动播放属性。

图 9-9　搜索页面

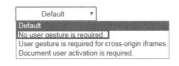

图 9-10　修改默认选项

9.3.2　在 HTML5 中嵌入音频

在 HTML5 中，audio 标签用于定义音频文件，它支持 3 种音频格式，分别为 ogg、mp3 和 wav。使用 audio 标签嵌入音频文件的基本语法格式如下：

```
<audio src=" 音频文件路径 " controls="controls"></audio>
```

从上面的基本语法格式可以看出，audio 标签的语法格式和 video 标签类似，在 audio 标签的语法中 src 属性用于设置音频文件的路径，controls 属性用于为音频提供播放控件。在 <audio> 和 </audio> 之间同样可以插入文字，当浏览器不支持 audio 标签时，就会在浏览器中显示该文字。

下面我们通过一个案例来演示嵌入音频的方法，如例 9-2 所示。

例 9-2　example02.html

```
1  <!doctype html>
2  <html>
3  <head>
4  <meta charset="utf-8">
5  <title>在 HTML5 中嵌入音频</title>
6  </head>
7  <body>
8  <audio src="music/1.mp3" controls="controls">浏览器不支持audio标签</audio>
9  </body>
10 </html>
```

在例 9-2 中，第 8 行代码的 audio 标签用于定义音频文件。

运行例 9-2，效果如图 9-11 所示。

图 9-11 为谷歌浏览器中默认的音频控件样式，当单击"▶"播放按钮时，就可以在页面中播放音频文件。值得一提的是，在 audio 标签中还可以添加其他属性，来进一步优化音频的播放效果，具体如表 9-3 所示。

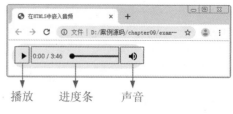

图 9-11　播放音频

表 9-3　audio 标签常见属性

属性	值	描述
autoplay	autoplay	当页面载入完成后自动播放音频
loop	loop	音频结束时重新开始播放
preload	auto/meta/none	如果出现该属性，则音频在页面加载时进行加载，并预备播放。如果使用 "autoplay" 属性，浏览器会忽略 preload 属性

表 9-3 列举的 audio 标签的属性和 video 标签是相同的，这些相同的属性在嵌入音视频时是通用的。

9.3.3　视频和音频文件的兼容性问题

虽然 HTML5 支持 ogg、mpeg4 和 webm 的视频格式以及 ogg、mp3 和 wav 的音频格式，但并不是所有的浏览器都支持这些格式，因此我们在嵌入视频音频文件格式时，就要考虑浏览器的兼容性问题。表 9-4 列举了各浏览器对音、视频文件格式的兼容情况。

表 9-4　浏览器支持的视频音频格式

视频格式					
	IE 9 以上	Firefox 4.0 以上	Opera 10.6 以上	Chrome 6.0 以上	Safari 3.0 以上
ogg	×	支持	支持	支持	×
mpeg4	支持	支持	支持	支持	支持
webm	×	支持	支持	支持	×
音频格式					
ogg	×	支持	支持	支持	×
mp3	支持	支持	支持	支持	支持
wav	×	支持	支持	支持	支持

从表 9-4 我们可以看出，除了 mpeg4 和 mp3 格式外，各浏览器都会有一些不兼容的音频格式。为了保证不同格式的视频、音频能够在各个浏览器中正常播放，我们往往需要提供多种格式的音视频文件共浏览器选择。

在 HTML5 中，运用 source 标签可以为 video 标签或 audio 标签提供多个备用文件。运用 source 标签添加音频的基本语法格式如下：

```
<audio controls="controls">
    <source src=" 音频文件地址 " type=" 媒体文件类型 / 格式 ">
    <source src=" 音频文件地址 " type=" 媒体文件类型 / 格式 ">
    ......
</audio>
```

在上面的语法格式中，可以指定多个 source 标签为浏览器提供备用的音频文件。source 标签一般设置两个属性——src 和 type，对它们的具体介绍如下。

- src：用于指定媒体文件的 URL 地址。
- type：指定媒体文件的类型和格式。其中类型可以为 "video" 或 "audio"，格式为视频或音频文件的格式类型。

例如，将 mp3 格式和 wav 格式同时嵌入到页面中，示例代码如下：

```
<audio controls="controls">
    <source src="music/1.mp3" type="audio/mp3">
    <source src="music/1.wav" type="audio/wav">
</audio>
```

source 标签添加视频的方法和添加音频的方法基本相同，只需要把 audio 标签换成 video 标签即可，其语法格式如下：

```
<video controls="controls">
    <source src=" 视频文件地址 " type=" 媒体文件类型 / 格式 ">
    <source src=" 视频文件地址 " type=" 媒体文件类型 / 格式 ">
    ……
</video>
```

例如，将 mp4 格式和 ogg 格式同时嵌入到页面中，可以书写如下示例代码：

```
<video controls="controls">
    <source src="video/1.ogg" type="video/ogg">
    <source src="video/1.mp4" type="video/mp4">
</video>
```

注意：

1. Safari 浏览器对于 wav 音频格式和 mp4 视频格式的支持，需要把页面部署到 web 服务器里面才能实现。如果只是单纯地用 Safari 浏览器打开本地的一个静态页面，则浏览器不支持这两种格式。

2. Opera 浏览器同样需要把页面部署到 web 服务器上，才能支持 ogg 视频文件格式。

9.3.4　调用网络音频视频文件

在为网页嵌入音视频文件时，我们通常会调用本地的音视频文件，例如下面的示例代码：

```
<audio src="music/1.mp3" controls="controls">浏览器不支持 audio 标签</audio>
```

在上面的示例代码中，"music/1.mp3" 表示路径为本地 music 文件夹中名称为 "1.mp3" 的音频文件。调用本地音视频文件虽然方便，但需要使用者提前准备好文件（需要下载文件、上传文件等操作），操作十分烦琐。这时为 src 属性设置一个完整的 url，直接调用网络中的音频、视频文件，就可以化繁为简。例如下面的示例代码：

```
src="http://www.0dutv.com/plug/down/up2.
php/3589123.mp3"
```

在上面的示例代码中，"http://www.0dutv.com/plug/down/up2.php/3589123.mp3" 就是调用音频文件的 url。然而该如何获取某个音视频文件的 URL 呢？下面我们演示一下获取某个音频文件 url，具体步骤如下。

1. 获取文件的 URL

打开网页，在搜索栏（百度、360 等搜索栏）输入关键词 "mp3 外链"，页面中会出现许多 mp3 外链网站，如图 9-12 所示。打开任意一

图 9-12　搜索 mp3 外链网站

个网站（如红框标识的网站），进入到该网站首页，如图 9-13 所示。点击任意一首歌曲，可进入该歌曲的详情页，详情页会列出 mp3 的外链地址，如图 9-14 所示。

图 9-13　进入 mp3 外链网站

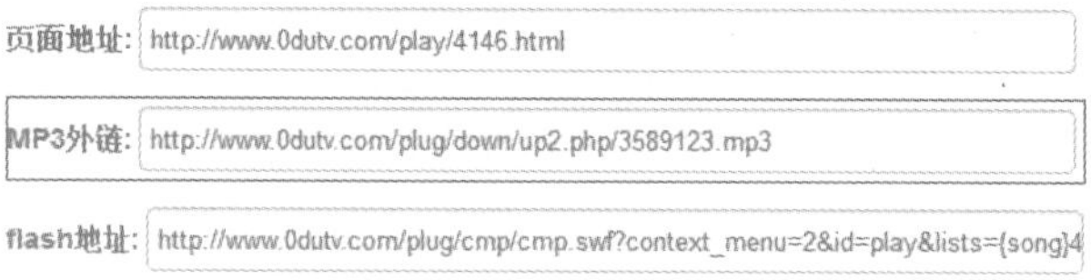

页面地址：http://www.0dutv.com/play/4146.html

MP3外链：http://www.0dutv.com/plug/down/up2.php/3589123.mp3

flash地址：http://www.0dutv.com/plug/cmp/cmp.swf?context_menu=2&id=play&lists={song}4

图 9-14　mp3 外链地址

　　需要注意的是，如果音视频外链所在的网站变动，外链地址将会失效，这样的外链地址是不稳定的，因此我们在设计网页时尽量少用外链的音视频文件。

2．插入文件 url

　　选中 mp3 的外链地址并复制。复制红框标示的外链地址，粘贴到音频文件的示例代码中，具体代码如下：

```
<audio src="http://www.0dutv.com/plug/down/up2.php/3589123.mp3" controls="controls" >浏览器不支持 audio 标签</audio>
```

　　在上面的示例代码中，"http://www.0dutv.com/plug/down/up2.php/3589123.mp3" 为可以访问的音频文件 url。

　　调用网络视频文件的方法和调用音频文件方法类似，也需要获取相关视频文件的 url 地址，然后通过相关代码插入视频文件即可，具体示例代码如下：

```
<video src="http://www.w3school.com.cn/i/movie.ogg" controls="controls">调用网络视频文件</video>
```

　　在上面的示例代码中 "http://www.w3school.com.cn/i/movie.ogg" 即为当前可以访问的互联网视频文件的 url 地址。

　　运用示例代码，对应效果如图 9-15 所示。

　　值得一提的是，调用网络音视频文件的方法虽然简单易用，但是当链入的音、视频文件所在的网站出现问题时，我们调用的 url 地址也会失效。

图 9-15　调用网络视频文件

| 注意：

在网页中嵌入音频或视频文件时，一定要注意版权问题，我们尽量选择一些授权使用的音频或视频文件。

9.4 CSS 控制视频的宽和高

在网页中嵌入视频时，经常会为 video 标签添加宽高，给视频预留一定的空间。给视频设置宽高属性后，浏览器在加载页面时就会预先确定视频的尺寸，为视频保留合适大小的空间，保证页面布局的统一。为 video 标签添加宽、高的方法十分简单，可以运用 width 和 height 属性直接为 video 标签设置宽高。

下面我们通过一个案例来演示如何为 video 设置宽度和高度，如例 9-3 所示。

例 9-3   example03.html

```
1  <!doctype html>
2  <html>
3  <head>
4  <meta charset="utf-8">
5  <title>CSS 控制视频的宽高 </title>
6  <style type="text/css">
7  *{
8     margin:0;
9     padding:0;
10 }
11 div{
12    width:600px;
13    height:300px;
14    border:1px solid #000;
15 }
16 video{
17    width:200px;
18    height:300px;
19    background:#9CCDCD;
20    float:left;
21 }
22 p{
23    width:200px;
24    height:300px;
25    background:#999;
26    float:left;
27 }
28 </style>
29 </head>
30 <body>
31 <div>
```

```
32    <p> 占位色块 </p>
33    <video src="video/pian.mp4" controls="controls"> 浏览器不支持 video 标签 </video>
34    <p> 占位色块 </p>
35    </div>
36    </body>
37    </html>
```

在例 9-3 中，第 11 ~ 15 行代码设置大盒子的宽度为 600px，高度为 300px。在其内部嵌套一个 video 标签和两个 p 标签，设置宽度均为 200px，高度均为 300px，并运用浮动属性让它们排列在一排显示。

运行例 9-3，效果如图 9-16 所示。

从图 9-16 中可以看出，视频和段落文本排成一排，页面布局没有变化。这是因为定义了视频的宽和高，因此浏览器在加载时会为视频预留合适的空间，此时如果更改例 9-3 中的代码，删除视频的宽度和高度属性，修改后的代码如下：

```
video{
    background:#F90;
    float:left;
}
```

保存 HTML 文件，刷新页面，效果如图 9-17 所示。

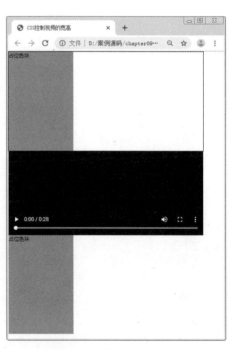

图 9-16 定义视频宽高   图 9-17 删除视频宽高

从图 9-17 中可以看出，视频和其中一个灰色文本模块被挤到了大盒子下面。这是因为未定义视频宽度和高度时，视频会按原始大小显示，此时浏览器因为没有办法控制视频尺寸，只能按照视频默认尺寸加载视频，从而导致页面布局混乱。

注意：

通过 width 和 height 属性缩放的视频即使在页面上看起来很小，但它的原始大小依然没变，因此在实际工作中要运用视频处理软件（如"格式工厂"）对视频进行压缩。

9.5 阶段案例——制作音乐播放界面

本章前几节重点讲解了多媒体的格式、浏览器对 HTML5 音视频的支持情况以及在 HTML5 页面中嵌入音视频文件的方法。为了加深读者对网页多媒体标签的理解和运用，本节将通过案例的形式分步骤制作一个音乐播放界面，其效果如图 9-18 所示。

图 9-18 音乐播放界面效果图

9.5.1 分析音乐播放界面效果图

1. 结构分析

观察效果图 9-18 容易看出，音乐播放界面整体由背景、左边的唱片以及右边的歌词三部分组成。其中背景部分是插入的视频，可以通过 video 标签定义；唱片部分由两个盒子嵌套组成，可以通过两个 div 进行定义；而右边的歌词部分可以通过 h2 标签和 p 标签定义。效果图 9-18 对应的结构如图 9-19 所示。

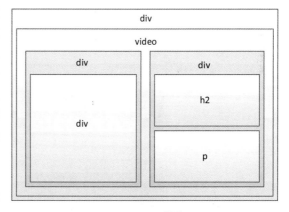

图 9-19 页面结构图

2. 样式分析

对效果图 9-18 所示的样式的控制主要分为以下几个部分。

（1）通过最外层的大盒子对页面进行整体控制，需要为其设置宽度、高度、绝对定位等样式。

（2）为大盒子添加视频作为页面背景，需要为其设置宽度、高度、绝对定位和外边距，使其始终显示在浏览器居中位置。

（3）为左边控制唱片部分的 div 添加样式，需要对其设置宽高、圆角边框、内阴影以及背景图片。

（4）为右边歌词部分的 h2 标签和 p 标签添加样式，需要对其设置宽高、背景以及字体样式。其中歌曲标题使用特殊字体，因此需要运用 @font-face 规则添加字体样式。

9.5.2　制作音乐播放界面结构

根据上面的分析，使用相应的 HTML 标签来搭建网页结构，如例 9–4 所示。

例 9–4　example04tml

```
1   <!doctype html>
2   <html>
3   <head>
4   <meta charset="utf-8">
5   <title> 音乐播放页面 </title>
6   <link rel="stylesheet" href="style08.css" type="text/css" />
7   </head>
8   <body>
9   <div id="box-video">
10          <video src="video/mailang.webm"  autoplay="autoplay" loop >浏览器不支持video标签 </
video>
11          <div class="cd">
12           <div class="center"></div>
13          </div>
14          <div class="song">
15           <h2>风中的麦浪 </h2>
16           <p> 爱过的地方 <br/> 当微风带着收获的味道 <br/> 吹向我脸庞 <br/> 想起你轻柔的话语 <br/>曾
打湿我眼眶 <br/> 嗯…啦…嗯…啦…<br/> 我们曾在田野里歌唱 <br/> 在冬季盼望 <br/> 却没能等到阳光下 </p>
17              <audio src="music/mailang.mp3" autoplay="autoplay" loop ></audio>
18          </div>
19  </div>
20  </body>
21  </html>
```

在例 9–4 中，最外层的 div 用于对音乐播放页面进行整体控制；第 11 ~ 13 行代码用于控制页面唱片部分的结构；第 14 ~ 18 行代码用于控制页面歌词部分的结构。

运行例 9–4，效果如图 9–20 所示。

图 9–20　HTML 页面效果图

9.5.3　定义音乐播放界面 CSS 样式

搭建完页面的结构，接下来我们来为页面添加 CSS 样式。本节采用从整体到局部的方式实现图 9-18 所示的效果，具体如下。

1. 定义基础样式

在定义 CSS 样式时，首先要清除浏览器默认样式，具体 CSS 代码如下：

```
*{margin:0; padding:0; }
```

2. 整体控制音乐播放界面

通过一个大的 div 对音乐播放界面进行整体控制，需要将其宽度设置为 100%，高度设置为 100%，使其自适应浏览器大小，具体代码如下：

```
#box-video{
    width:100%;
    height:100%;
    position:absolute;
    overflow:hidden;
    }
```

在上面控制音乐播放界面的样式代码中，"overflow:hidden;"样式用于隐藏浏览器滚动条，使视频能够固定的浏览器界面中，不被拖动。

3. 设置视频文件样式

运用 video 标签在页面中嵌入视频，具体代码如下：

```
/* 插入视频 */
#box-video video{
    position:absolute;
    top:50%;
    left:50%;
    margin-left:-1350px;
    margin-top:-540px;
    }
```

在上面控制视频的样式代码中，通过定位和 margin 属性将视频始终定位在浏览器界面中间位，这样无论浏览器界面放大或缩小，视频都将在浏览器界面居中显示。

4. 设置唱片部分样式

唱片部分，可以将两个圆看做成嵌套在一起的父子盒子，其中父盒子需要对其应用圆角边框样式和阴影样式，子盒子需要对其设置定位使其始终显示在父元素中心位置。具体代码如下：

```
.cd{
    width:422px;
    height:422px;
    position:absolute;
    top:25%;
    left:10%;
    z-index:2;
    border-radius:50%;
    border:10px solid #FFF;
    box-shadow:5px 5px 15px #000;
    background:url(images/cd_img.jpg) no-repeat;
    }
.center{
    width:100px;
    height:100px;
    background-color:#000;
    border-radius:50%;
    position:absolute;
    top:50%;
    left:50%;
```

```
    margin-left:-50px;
    margin-top:-50px;
    z-index:3;
    border:5px solid #FFF;
    background-image:url(images/yinfu.gif);
    background-position: center center;
    background-repeat:no-repeat;
    }
```

在上面控制唱片样式的代码中，对父盒子应用了"z-index:2;"样式，对子盒子应用了"z-index:3;"样式，使父盒子显示在 video 元素上层、子盒子显示在父盒子上层。

5. 设置歌词部分样式

歌词部分可以看作是一个大的 div 内部嵌套一个 h2 标签和一个 p 标签，其中 p 标签的背景是一张渐变图片，需要让其沿 x 轴平铺。具体代码如下：

```
.song{
    position:absolute;
    top:25%;
    left:50%;
    }
@font-face{
    font-family:MD;
    src:url(font/MD.ttf);
    }
h2{
    font-family:MD;
    font-size:110px;
    color:#913805;
    }
p{
    width:556px;
    height:300px;
    font-family:" 微软雅黑 ";
    padding-left:30px;
    line-height:30px;
    background:url(images/bg.png) repeat-x;
    box-sizing:border-box;
    }
```

至此，我们就完成了效果图 9-18 所示音乐播放界面的 CSS 样式部分。

9.6　本章小结

本章首先介绍了 HTML5 的多媒体特性、多媒体的格式以及浏览器的支持情况，然后讲解了在 HTML5 页面中嵌套多媒体文件的方法，最后运用所学知识制作了一个音乐播放页面。

通过本章的学习，读者应该能够了解 HTML5 多媒体文件的特性，熟悉常用的多媒体格式，掌握在页面中嵌入音视频文件的方法，并将其综合运用到页面的制作中。

9.7　课后练习题

查看本章课后练习题，请扫描二维码。

第10章

过渡、变形和动画

学习目标

拓展阅读

★理解过渡属性，能够控制过渡时间、动画快慢等常见过渡效果。

★掌握变形属性的运用，能够制作 2D 变形、3D 变形效果。

★掌握动画设置的方法，能够熟练制作网页中常见的动画效果。

在传统的 Web 设计中，当网页中要显示动画或特效时，往往需要使用 JavaScript 脚本或者 Flash 来实现。在 CSS3 中，新增了过渡、变形和动画属性，可以轻松实现旋转、缩放、移动和过渡等动画效果，让动画和特效的实现变得更加简单。本章将对 CSS3 中的过渡、变形和动画进行详细讲解。

10.1 过渡

CSS3 提供了强大的过渡属性，使用此属性可以在不使用 Flash 动画或者 JavaScript 脚本的情况下，为元素从一种样式转变为另一种样式时添加效果，例如渐显、渐隐、速度的变化等。在 CSS3 中，过渡属性主要包括 transition-property、transition-duration、transition-timing-function、transition-delay，本节将分别对这些过渡属性进行详细讲解。

10.1.1 transition-property 属性

transition-property 属性设置应用过渡的 CSS 属性，例如，想要改变宽度属性。其基本语法格式如下：

```
transition-property: none | all | property;
```

在上面的语法格式中，transition-property 属性的取值包括 none、all 和 property（代指 CSS 属性名）3 个，具体说明如表 10-1 所示。

表 10-1   transition-property 属性值

属性值	描述
none	没有属性会获得过渡效果
all	所有属性都将获得过渡效果
property	定义应用过渡效果的 CSS 属性名称，多个名称之间以逗号分隔

下面我们通过一个案例来演示 transition-property 属性的用法，如例 10-1 所示。

例 10-1   example01.html

```
1   <!doctype html>
2   <html>
3   <head>
4   <meta charset="utf-8">
5   <title>transition-property 属性 </title>
6   <style type="text/css">
7   div{
8        width:400px;
9        height:100px;
10       background-color:red;
11       font-weight:bold;
12       color:#FFF;
13       }
14   div:hover{
15       background-color:blue;
16       transition-property:background-color;      /* 指定动画过渡的 CSS 属性 */
17       }
18   </style>
19   </head>
20   <body>
21   <div> 使用 transition-property 属性改变元素背景色 </div>
22   </body>
23   </html>
```

在例 10-1 中，第 15 和 16 行代码，通过 transition-property 属性指定产生过渡效果的 CSS 属性为 background-color，并设置了鼠标指针移上时背景颜色变为蓝色。

运行例 10-1，默认效果如图 10-1 所示。

当鼠标指针悬浮到图 10-1 所示网页中的 div 区域时，背景色立刻由红色变为蓝色，如图 10-2 所示，而不会产生过渡。这是因为在设置"过渡"效果时，必须使用 transition-duration 属性设置过渡时间，否则不会产生过渡效果。

图 10-1   默认红色背景色效果

图 10-2   红色背景变为蓝色背景效果

多学一招：浏览器私有前缀

浏览器私有前缀是区分不同内核浏览器的标示。由于 W3C 组织每提出一个新属性，都需要经过一个耗时且复杂的标准制定流程。在标准还未确定时，部分浏览器已经根据最初草案实现了新属性的功能，为了与之后确定的标准进行兼容，各浏览器使用了自己的私有前缀与标准进行区分，当标准确立后，各大浏览器再逐步支持不带前缀的 CSS3 新属性。表 10-2 列举了主流浏览器的私有前缀，具体如下。

表 10-2　浏览器私有前缀

属性值	描述
–webkit–	谷歌浏览器
–moz–	火狐浏览器
–ms–	IE 浏览器
–o–	欧朋浏览器

现在很多新版本的浏览器可以很好地兼容 CSS3 的新属性，很多私有前缀可以不写，但为了兼容老版本的浏览器，仍可以使用私有前缀。例如例 10-1 中的 transition-property 属性，要兼容老版本的浏览器可以书写成下面的示例代码：

```
-webkit-transition-property:background-color;    /*Safari and Chrome 浏览器兼容代码 */
-moz-transition-property:background-color;        /*Firefox 浏览器兼容代码 */
-o-transition-property:background-color;          /*Opera 浏览器兼容代码 */
-ms-transition-property:background-color;         /*Opera 浏览器兼容代码 */
```

10.1.2　transition-duration 属性

transition-duration 属性用于定义过渡效果持续的时间，其基本语法格式如下：

```
transition-duration:time;
```

在上面的语法格式中，transition-duration 属性默认值为 0，其取值为时间，常用单位是秒（s）或者毫秒（ms）。例如，用下面的示例代码替换例 10-1 的 div:hover 样式：

```
div:hover{
    background-color:blue;
    /* 指定动画过渡的 CSS 属性 */
    transition-property:background-color;
    /* 指定动画过渡的 CSS 属性 */
    transition-duration:5s;
}
```

在上述示例代码中，使用 transition-duration 属性来定义完成过渡效果需要花费 5 秒的时间。运行案例代码，当鼠标指针悬浮到网页中的 div 区域时，盒子的颜色会慢慢变成蓝色。

10.1.3　transition-timing-function 属性

transition-timing-function 属性规定过渡效果的速度曲线，其基本语法格式如下：

```
transition-timing-function:linear|ease|ease-in|ease-out|ease-in-out|cubic-
bezier(n,n,n,n);
```

从上述语法可以看出，transition-timing-function 属性的取值有很多，其中默认值为 "ease"，常见属性值及说明如表 10-3 所示。

表 10-3　transition-timing-function 属性值

属性值	描述
linear	指定以相同速度开始至结束的过渡效果，等同于 cubic-bezier(0,0,1,1))
ease	指定以慢速开始，然后加快，最后慢慢结束的过渡效果，等同于 cubic-bezier(0.25,0.1,0.25,1)
ease-in	指定以慢速开始，然后逐渐加快的过渡效果，等同于 cubic-bezier(0.42,0,1,1)
ease-out	指定以慢速结束的过渡效果，等同于 cubic-bezier(0,0,0.58,1)
ease-in-out	指定以慢速开始和结束的过渡效果，等同于 cubic-bezier(0.42,0,0.58,1)
cubic-bezier(n,n,n,n)	定义用于加速或者减速的贝塞尔曲线的形状，它们的值在 0 ~ 1

在表 10-3 中，最后一个属性值 "cubic-bezier(n,n,n,n)" 中文译为 "贝塞尔曲线"，使用

贝塞尔曲线可以精确控制速度的变化。但使用 CSS3 不要求设计者掌握贝塞尔曲线的核心内容，使用前面几个属性值可以满足大部分动画的要求。

下面我们通过一个案例来演示 transition-timing-function 属性的用法，如例 10-2 所示。

例 10-2   example02.html

```
1   <!doctype html>
2   <html>
3   <head>
4   <meta charset="utf-8">
5   <title>transition-timing-function 属性 </title>
6   <style type="text/css">
7   div{
8       width:424px;
9       height:406px;
10      margin:0 auto;
11      background:url(HTML5.png) center center no-repeat;
12      border:5px solid #333;
13      border-radius:0px;
14      }
15  div:hover{
16      border-radius:50%;
17      transition-property:border-radius;   /* 指定动画过渡的 CSS 属性 */
18      transition-duration:2s;  /* 指定动画过渡的时间 */
19      transition-timing-function:ease-in-out;   /* 指定动画以慢速开始慢速结束的过渡效果 */
20      }
21  </style>
22  </head>
23  <body>
24  <div></div>
25  </body>
26  </html>
```

在例 10-2 中，通过 transition-property 属性指定产生过渡效果的 CSS 属性为 "border-radius"，并指定过渡动画由方形变为圆形。然后使用 transition-duration 属性定义过渡效果需要花费 2 秒的时间，同时使用 transition-timing-function 属性规定过渡效果以慢速开始慢速结束。

运行例 10-2，当鼠标指针悬浮到网页中的 div 区域时，过渡的动作将会被触发，方形将慢速开始变化，然后逐渐加速，随后慢速变为圆形，效果如图 10-3 所示。

图 10-3   方形逐渐过渡变为圆形效果

10.1.4   transition-delay 属性

transition-delay 属性规定过渡效果的开始时间，其基本语法格式如下：

```
transition-delay:time;
```

在上面的语法格式中，transition-delay 属性默认值为 0，常用单位是秒（s）或者毫秒（ms）。transition-delay 的属性值可以为正整数、负整数和 0。当设置为负数时，过渡动作会从该时间点开始，之前的动作被截断；设置为正数时，过渡动作会延迟触发。

下面我们在例 10-2 的基础上演示 transition-delay 属性的用法，在第 19 行代码后增加如下代码：

```
transition-delay:2s;      /* 指定动画延迟触发 */
```

上述代码使用 transition-delay 属性指定过渡的动作会延迟 2 秒触发。

保存例 10-2，刷新页面，当鼠标指针悬浮到网页中的 div 区域时，经过 2 秒后过渡的动作会被触发，方形慢速开始变化，然后逐渐加速，随后慢速变为圆形。

10.1.5　transition 属性

transition 属性是一个复合属性，用于在一个属性中设置 transition-property、transition-duration、transition-timing-function、transition-delay 4 个过渡属性，其基本语法格式如下：

```
transition:property duration timing-function delay;
```

在使用 transition 属性设置多个过渡效果时，它的各个参数必须按照顺序进行定义，不能颠倒。例如，例 10-2 中设置的 4 个过渡属性，可以直接通过如下代码实现：

```
transition:border-radius 5s ease-in-out 2s;
```

> **注意：**
>
> 无论是单个属性还是简写属性，使用时都可以实现多个过渡效果。如果使用 transition 简写属性设置多种过渡效果，需要为每个过渡属性集中指定所有的值，并且使用逗号进行分隔。

10.2　变形

在 CSS3 中，通过变形可以对元素进行平移、缩放、倾斜和旋转等操作。同时变形可以和过渡属性结合，实现一些绚丽网页动画效果。变形通过 transform 属性实现，主要包括 2D 变形和 3D 变形两种，本节将对 transform 属性进行详细讲解。

10.2.1　认识 transform 属性

在 CSS3 中，transform 属性可以实现网页中元素的变形效果。CSS3 变形效果是一系列效果的集合，例如平移、缩放、倾斜和旋转。使用 transform 属性实现的变形效果，无须加载额外文件，可以极大提高网页开发者的工作效率和页面的执行速度。transform 属性的基本语法如下：

```
transform:none|transform-functions;
```

在上面的语法格式中，transform 属性的默认值为 none，适用于行内元素和块元素，表示元素不进行变形。transform-function 用于设置变形，可以是一个或多个变形样式，主要包括 translate()、scale()、skew() 和 rotate() 等，具体说明如下。

- translate()：移动元素对象，即基于 x 坐标和 y 坐标重新定位元素。
- scale()：缩放元素对象，可以使任意元素对象尺寸发生变化，取值包括正数、负数和小数。
- skew()：倾斜元素对象，取值为一个度数值。
- rotate()：旋转元素对象，取值为一个度数值。

10.2.2　2D 变形

在 CSS3 中，2D 变形主要包括 4 种变形效果，分别是：平移、缩放、倾斜和旋转。下面我们分别针对这些变形效果进行讲解。

1. 平移

平移是指元素位置的变化，包括水平移动和垂直移动。在 CSS3 中，使用 translate() 可以实现元素的平移效果，基本语法格式如下：

```
transform:translate(x-value,y-value);
```

在上述语法中，参数 x-value 和 y-value 分别用于定义水平（x 轴）和垂直（y 轴）坐标。参数值常用单位为像素和百分比。当参数值为负数时，表示反方向移动元素（向左和向上移动）。如果省略了第 2 个参数，则取默认值 0，即在该坐标轴不移动。

在使用 translate() 方法移动元素时，坐标点默认为元素中心点，然后根据指定的 x 坐标和 y 坐标进行移动，效果如图 10-4 所示。在该图中，1 表示平移前的元素，2 表示平移后的元素。

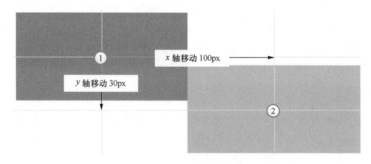

图 10-4　Translate() 方法平移示意图

下面我们通过一个案例来演示 translate() 方法的使用，如例 10-3 所示。

例 10-3　example03.html

```
1   <!doctype html>
2   <html>
3   <head>
4   <meta charset="utf-8">
5   <title>translate() 方法 </title>
6   <style type="text/css">
7   div{
8       width:100px;
9       height:50px;
10      background-color:#0CC;
11  }
12  #div2{transform:translate(100px,30px);}
13  </style>
14  </head>
15  <body>
16  <div> 盒子 1 未平移 </div>
17  <div id="div2"> 盒子 2 平移 </div>
18  </body>
19  </html>
```

在例 10-3 中，使用 <div> 标签定义了两个样式完全相同的盒子。然后，通过 translate() 方法将第 2 个盒子沿 x 坐标向右移动 100 像素，沿 y 坐标向下移动 30 像素。

运行例 10-3，效果如图 10-5 所示。

> **注意：**
>
> translate() 中参数值的单位不可以省略，否则平移命令将不起作用。

2. 缩放

在 CSS3 中，使用 scale() 可以实现元素缩放效果，基本语法格式如下：

```
transform:scale(x-value,y-value);
```

在上述语法中，参数 x-value 和 y-value 分别用于定义水平（x 轴）和垂直（y 轴）的缩放倍数。参数值可以为正数、负数和小数，不需要加单位。其中正数用于放大元素，负数用于翻转缩放元素，小于 1 的小数用于缩小元素。如果第 2 个参数省略，则第 2 个参数默认等于第 1 个参数值。scale() 设置缩放的示意图如图 10-6 所示，其中实线表示放大前的元素，虚线表示放大后的元素。

图 10-5　translate() 方法实现平移效果

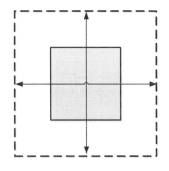

图 10-6　scal() 设置缩放

下面我们通过一个案例来演示 scale() 方法的使用，如例 10-4 所示。

例 10-4　example04.html

```
1  <!doctype html>
2  <html>
3  <head>
4  <meta charset="utf-8">
5  <title>scale() 方法 </title>
6  <style type="text/css">
7  div{
8      width:100px;
9      height:50px;
10     background-color:#FF0;
11     border:1px solid black;
12 }
13 #div2{
14     margin:100px;
15     transform:scale(2,3);
16 }
17 </style>
18 </head>
19 <body>
20 <div> 我是原来的元素 </div>
21 <div id="div2"> 我是放大后的元素 </div>
22 </body>
23 </html>
```

在例 10-4 中，使用 <div> 标签定义了两个样式相同的盒子。并且通过 scale() 方法将第 2 个 <div> 的宽度放大 2 倍，高度放大 3 倍。

运行例 10-4，效果如图 10-7 所示。

3. 倾斜

在 CSS3 中，使用 skew() 可以实现元素倾斜效果，基本语法格式如下：

```
transform:skew(x-value,y-value);
```

在上述语法中，参数 x-value 和 y-value 分别用于定义水平（x 轴）和垂直（y 轴）的倾斜角度。参数值为角度数值，单位为 deg，取值可以为正值或者负值，表示不同的切斜方向。如果省略了第 2 个参数，则取默认值 0。skew() 设置倾斜的示意图如图 10-8 所示，其中实线表示倾斜前的元素，虚线表示倾斜后的元素。

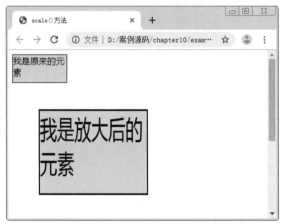

图 10-7　scale() 方法实现缩放效果　　　　图 10-8　skew() 方法倾斜示意图

下面我们通过一个案例来演示 skew() 方法的使用，如例 10-5 所示。

例 10-5　example05.html

```
1   <!doctype html>
2   <html>
3   <head>
4   <meta charset="utf-8">
5   <title>skew() 方法 </title>
6   <style type="text/css">
7   div{
8       width:100px;
9       height:50px;
10      margin:0 auto;
11      background-color:#F90;
12      border:1px solid black;
13  }
14  #div2{transform:skew(30deg,10deg);}
15  </style>
16  </head>
17  <body>
18  <div> 我是原来的元素 </div>
19  <div id="div2"> 我是倾斜后的元素 </div>
20  </body>
21  </html>
```

在例 10-5 中，使用 <div> 标签定义了两个样式相同的盒子。并且通过 skew() 方法将第 2

个 <div> 元素沿 x 轴倾斜 30 度，沿 y 轴倾斜 10 度。

运行例 10-5，效果如图 10-9 所示。

4. 旋转

在 CSS3 中，使用 rotate() 可以旋转指定的元素对象，基本语法格式如下：

```
transform:rotate(angle);
```

在上述语法中，参数 angle 表示要旋转的角度值，单位为 deg。如果角度为正数值，则按照顺时针进行旋转，否则按照逆时针旋转。rotate() 设置旋转的示意图如图 10-10 所示，其中实线表示旋转前的元素，虚线表示旋转后的元素。

图 10-9　skew() 方法实现倾斜效果

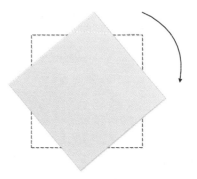

图 10-10　rotate() 方法旋转示意图

例如对某个 div 元素设置顺时针方向旋转 30 度，具体示例代码如下：

```
div{ transform:rotate(30deg);}
```

注意：

如果一个元素需要设置多种变形效果，可以使用空格把多个变形属性值隔开。

5. 更改变换的中心点

通过 transform 属性可以实现元素的平移、缩放、倾斜以及旋转效果，这些变形操作都是以元素的中心点为参照。默认情况下，元素的中心点在 x 轴和 y 轴的 50% 位置。如果需要改变这个中心点，可以使用 transform-origin 属性，其基本语法格式如下：

```
transform-origin: x-axis y-axis z-axis;
```

在上述语法中，transform-origin 属性包含 3 个参数，其默认值分别为 50% 50% 0px。各参数的具体含义如表 10-4 所示。

表 10-4　transform-origin 参数说明

参数	描述
x-axis	定义视图被置于 x 轴的何处。属性值可以是百分比、em、px 等具体的值，也可以是 top、right、bottom、left 和 center 这样的关键词
y-axis	定义视图被置于 y 轴的何处。属性值可以是百分比、em、px 等具体的值，也可以是 top、right、bottom、left 和 center 这样的关键词
z-axis	定义视图被置于 z 轴的何处。需要注意的是，该值不能是一个百分比值，否则将会视为无效值，一般为像素单位

在表 10-4 中，参数 x-axis 和 y-axis 表示水平和垂直位置的坐标位置，用于 2D 变形，参数 z-axis 表示空间纵深坐标位置，用于 3D 变形。

下面我们通过一个案例来演示 transform-origin 属性的使用，如例 10-6 所示。

例 10-6   example06.html

```
1   <!doctype html>
2   <html>
3   <head>
4   <meta charset="utf-8">
5   <title>transform-origin 属性 </title>
6   <style>
7   #div1{
8       position:relative;
9       width: 200px;
10      height: 200px;
11      margin: 100px auto;
12      padding:10px;
13      border: 1px solid black;
14  }
15  #box02{
16      padding:20px;
17      position:absolute;
18      border:1px solid black;
19      background-color: red;
20      transform:rotate(45deg);            /* 旋转 45° */
21      transform-origin:20% 40%;           /* 更改原点坐标的位置 */
22  }
23  #box03{
24      padding:20px;
25      position:absolute;
26      border:1px solid black;
27      background-color:#FF0;
28      transform:rotate(45deg);            /* 旋转 45° */
29  }
30  </style>
31  </head>
32  <body>
33  <div id="div1">
34      <div id="box02"> 更改基点位置 </div>
35      <div id="box03"> 未更改基点位置 </div>
36  </div>
37  </body>
38  </html>
```

在例 10-6 中，通过 transform 的 rotate() 方法将 box02、box03 盒子分别旋转 45 度。然后通过 transform-origin 属性来更改 box02 盒子原点坐标的位置。

运行例 10-6，效果如图 10-11 所示。

通过图 10-11 可以看出，box02、box03 盒子的位置产生了错位。两个盒子的初始位置相同，并且旋转角度相同，发生错位的原因是 transform-origin 属性改变了 box02 盒子的坐标点。

10.2.3 3D 变形

2D 变形是元素在 x 轴和 y 轴的变化，而

图 10-11   transform-origin 属性的使用

3D 变形是元素围绕 x 轴、y 轴、z 轴的变化。相比于平面化的 2D 变形，3D 变形更注重于空

间位置的变化。下面我们将对网页中一些常用的 3D 变形效果做具体介绍。

1. rotateX()

在 CSS3 中，rotateX() 可以让指定元素围绕 x 轴旋转，基本语法格式如下：

```
transform:rotateX(a);
```

在上述语法格式中，参数 a 用于定义旋转的角度值，单位为 deg，取值可以是正数也可以是负数。如果值为正，元素将围绕 x 轴顺时针旋转；如果值为负，元素围绕 x 轴逆时针旋转。

下面我们通过一个过渡和变形结合的案例来演示 rotateX() 函数的使用，如例 10-7 所示。

例 10-7　example07.html

```
1  <!doctype html>
2  <html>
3  <head>
4  <meta charset="utf-8">
5  <title>rotateX() 方法 </title>
6  <style type="text/css">
7  div{
8      width:250px;
9      height:50px;
10     background-color:#FF0;
11     border:1px solid black;
12 }
13 div:hover{
14     transition:all 1s ease 2s;              /* 设置过渡效果 */
15     transform:rotateX(60deg);
16 }
17 </style>
18 </head>
19 <body>
20 <div> 元素旋转后的位置 </div>
21 </body>
22 </html>
```

在例 10-7 中，第 15 行代码用于设置 div 围绕 x 轴旋转 60 度。

运行例 10-7，效果如图 10-12 所示。

初始状态　　　　　　　　　　　围绕 x 轴旋转

图 10-12　元素围绕 x 轴顺时针旋转

2. rotateY()

在 CSS3 中，rotateY() 可以让指定元素围绕 y 轴旋转，基本语法格式如下：

```
transform:rotateY(a);
```

在上述语法中，参数 a 与 rotateX(a) 中的 a 含义相同，用于定义旋转的角度。如果值为正，元素围绕 y 轴顺时针旋转；如果值为负，元素围绕 y 轴逆时针旋转。

接下来，在例 10-7 的基础上演示元素围绕 y 轴旋转的效果。将例 10-7 中的第 15 行代码更改为：

```
transform:rotateY(60deg);
```

此时，刷新浏览器页面，元素将围绕 y 轴顺时针旋转 60 度，效果如图 10-13 所示。

初始状态   围绕 y 轴旋转

图 10-13   元素围绕 y 轴顺时针旋转

注意：

rotateZ() 函数和 rotateX() 函数、rotateY() 函数功能一样，区别在于 rotateZ() 函数用于指定一个元素围绕 Z 轴旋转。如果仅从视觉角度上看，rotateZ() 函数让元素顺时针或逆时针旋转，与 2D 中的 rotate() 效果等同，但 rotateZ 不是在 2D 平面上的旋转。

3. rotated3d()

rotated3d() 是通过 rotateX()、rotateY() 和 rotateZ() 演变的综合属性，用于设置多个轴的 3D 旋转，例如要同时设置 x 轴和 y 轴的旋转，就可以使用 rotated3d()，其基本语法格式如下：

```
rotate3d(x,y,z,angle);
```

在上述语法格式中，x、y、z 可以取值 0 或 1，当要沿着某一轴转动，就将该轴的值设置为 1，否则设置为 0。Angle 为要旋转的角度。例如设置元素在 x 轴和 y 轴均旋转 45 度，可以书写下面的示例代码：

```
transform:rotate3d(1,1,0,45deg);
```

4. perspective 属性

perspective 属性可以简单地理解为视距，主要用于呈现良好的 3D 透视效果。例如我们前面设置的 3D 旋转果并不明显，就是没有设置 perspective 的原因。perspective 属性的基本语法格式如下：

```
perspective: 参数值;
```

在上面的语法格式中，perspective 属性参数值可以为 none 或者数值（一般单位为像素），其透视效果由参数值决定，参数值越小，透视效果越突出。

下面我们通过一个透视旋转的案例演示 perspective 属性的使用方法，如例 10-8 所示。

例 10-8   example08.html

```
1    <!doctype html>
2    <html>
3    <head>
4    <meta charset="utf-8">
5    <title>perspective 属性 </title>
6    <style type="text/css">
7    div{
8        width:250px;
9        height:50px;
10       border:1px solid #666;
11       perspective:250px;                    /* 设置透视效果 */
12       margin:0 auto;
13       }
14   .div1{
15       width:250px;
16       height:50px;
17       background-color:#0CC;
```

```
18  }
19  .div1:hover{
20      transition:all 1s ease 2s;
21      transform:rotateX(60deg);
22  }
23  </style>
24  </head>
25  <body>
26  <div>
27      <div class="div1">元素透视 </div>
28  </div>
29  </body>
30  </html>
```

在例 10-8 中第 26 ~ 28 行代码定义一个大的 div 内部嵌套一个 div 子盒子。第 11 行代码为大 div 添加 perspective 属性。

运行例 10-8，效果如图 10-14 所示，当鼠标指针悬浮在盒子上时，小 div 将围绕 x 轴旋转，并出现透视效果，如图 10-15 所示。

图 10-14　默认样式

图 10-15　鼠标指针悬浮样式

值得一提的是，在 CSS3 中还包含很多转换的属性，通过这些属性可以设置不同的转换效果。表 10-5 列举了一些常见的属性。

表 10-5　转换的属性

属性名称	描述	属性值
transform-style	用于保存元素的 3D 空间	flat：子元素将不保留其 3D 位置（默认属性）
		preserve-3d：子元素将保留其 3D 位置
backface-visibility	定义元素在不面对屏幕时是否可见	visible：背面是可见的
		hidden：背面是不可见的

除了前面提到的旋转，3D 变形还包括移动和缩放，运用这些方法可以实现不同的转换效果，具体方法如表 10-6 所示。

表 10-6　转换的方法

方法名称	描述
translate3d(x,y,z)	定义 3D 位移
translateX(x)	定义 3D 位移，仅使用用于 x 轴的值
translateY(y)	定义 3D 位移，仅使用用于 y 轴的值
translateZ(z)	定义 3D 位移，仅使用用于 z 轴的值
scale3d(x,y,z)	定义 3D 缩放
scaleX(x)	定义 3D 缩放，通过给定一个 x 轴的值
scaleY(y)	定义 3D 缩放，通过给定一个 y 轴的值
scaleZ(z)	定义 3D 缩放，通过给定一个 z 轴的值

下面我们通过一个综合案例演示 3D 变形属性和方法的使用，如例 10-9 所示。

例 10-9　example09.html

```
1   <!doctype html>
2   <html>
3   <head>
4   <meta charset="utf-8">
5   <title>translate3D() 方法 </title>
6   <style type="text/css">
7   div{
8       width:200px;
9       height:200px;
10      border:2px solid #000;
11      position:relative;
12      transition:all 1s ease 0s;              /* 设置过渡效果 */
13      transform-style:preserve-3d;            /* 保存嵌套元素的 3D 空间 */
14  }
15  img{
16      position:absolute;
17      top:0;
18      left:0;
19      transform:translateZ(100px);
20  }
21  .no2{
22      transform:rotateX(90deg) translateZ(100px);
23  }
24  div:hover{
25      transform:rotateX(-90deg);              /* 设置旋转角度 */
26  }
27  div:visited{
28      transform:rotateX(-90deg);              /* 设置旋转角度 */
29      transition:all 1s ease 0s;              /* 设置过渡效果 */
30      transform-style:preserve-3d;            /* 规定被嵌套元素如何在 3D 空间中显示 */
31  }
32  </style>
33  </head>
34  <body>
35  <div>
36      <img class="no1" src="1.png" alt="1">
37      <img class="no2" src="2.png" alt="2">
38  </div>
39  </body>
40  </html>
```

在 例 10-9 中，第 13 行代码通过 transform-style 属性保留了元素的 3D 空间位置，同时在整个案例中分别针对 <div> 和 <img> 设置了不同的旋转轴和旋转角度。

运行例 10-9，鼠标指针移上和移出时的动画效果如图 10-16 所示。

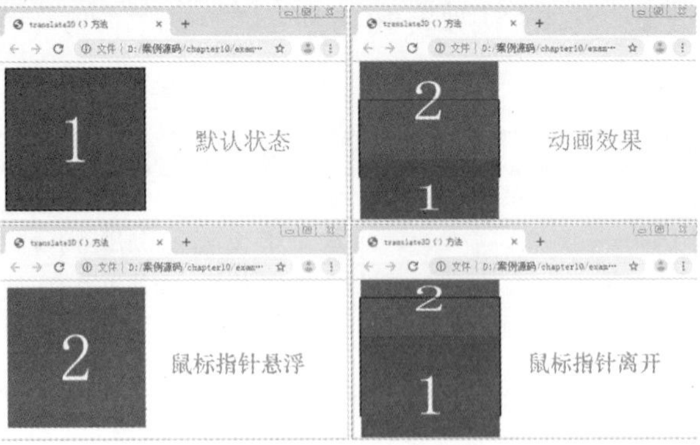

图 10-16　元素默认效果

10.3　动画

在 CSS3 中，过渡和变形只能设置元素的变换过程，并不能对过程中的某一环节进行精确控制，例如过渡和变形实现的动态效果不能够重复播放。为了实现更加丰富的动画效果，CSS3 提供了 animation 属性，使用 animation 属性可以定义复杂的动画效果。本节将详细讲解使用 animation 属性设置动画的技巧。

10.3.1 @keyframes 规则

@keyframes 规则用于创建动画，animation 属性只有配合 @keyframes 规则才能实现动画效果，因此在学习 animation 属性之前，我们首先要学习 @keyframes 规则。@keyframes 规则的语法格式如下：

```
@keyframes animationname {
        keyframes-selector{css-styles;}
}
```

在上面的语法格式中，@keyframes 属性包含的参数具体含义如下。

● animationname：表示当前动画的名称，它将作为引用时的唯一标识，因此不能为空。

● keyframes-selector：关键帧选择器，即指定当前关键帧要应用到整个动画过程中的位置，值可以是一个百分比、from 或者 to。其中，from 和 0% 效果相同，表示动画的开始，to 和 100% 效果相同，表示动画的结束。

● css-styles：定义执行到当前关键帧时对应的动画状态，由 CSS 样式属性进行定义，多个属性之间用分号分隔，不能为空。

例如，使用 @keyframes 属性可以定义一个淡入动画，示例代码如下：

```
@keyframes appear
{
    0%{opacity:0;}                    /* 动画开始时的状态，完全透明 */
    100%{opacity:1;}                  /* 动画结束时的状态，完全不透明 */
}
```

上述代码创建了一个名为 apper 的动画，该动画在开始时 opacity 为 0（透明），动画结束时 opacity 为 1（不透明）。该动画效果还可以使用等效代码来实现，具体如下：

```
@keyframes appear
{
    from{opacity:0;}                  /* 动画开始时的状态，完全透明 */
    to{opacity:1;}                    /* 动画结束时的状态，完全不透明 */
}
```

另外，如果需要创建一个淡入淡出的动画效果，可以通过如下代码实现，具体如下：

```
@keyframes appear
{
    from,to{opacity:0;}               /* 动画开始和结束时的状态，完全透明 */
    20%,80%{opacity:1;}               /* 动画的中间状态，完全不透明 */
}
```

在上述代码中，为了实现淡入淡出的效果，需要定义动画开始和结束时元素不可见，然后渐渐淡出，在动画的 20% 处变得可见，然后动画效果持续到 80% 处，再慢慢淡出。

注意：

IE 9 以及更早的版本，不支持 @keyframe 规则或 animation 属性。

10.3.2 animation-name 属性

animation-name 属性用于定义要应用的动画名称，该动画名称会被 @keyframes 规则引用，其基本语法格式如下：

```
animation-name:keyframename | none;
```

在上述语法中，animation-name 属性初始值为 none，适用于所有块元素和行内元素。
keyframename 参数用于规定需要绑定到 @keyframes 规则的名称，如果值为 none，则表示不应
用任何动画。

10.3.3 animation-duration 属性

animation-duration 属性用于定义整个动画效果完成所需要的时间，其基本语法格式如下：

```
animation-duration: time;
```

在上述语法中，animation-duration 属性初始值为 0。time 参数是以秒（s）或者毫秒（ms）
为单位的时间。当设置为 0 时，表示没有任何动画效果；当取值为负数时，会被视为 0。

下面我们通过一个小人奔跑的案例来演示 animation-name 及 animation-duration 属性的用
法，如例 10-10 所示。

例 10-10   example10.html

```
1   <!doctype html>
2   <html>
3   <head>
4   <meta charset="utf-8">
5   <title>animation-duration 属性 </title>
6   <style type="text/css">
7   img{
8       width:200px;
9       animation-name:mymove;              /* 定义动画名称 */
10      animation-duration:10s;             /* 定义动画时间 */
11      }
12  @keyframes mymove{
13      from {transform:translate(0) rotateY(180deg);}
14      50% {transform:translate(1000px) rotateY(180deg);}
15      51% {transform:translate(1000px) rotateY(0deg);}
16      to {transform:translate(0) rotateY(0deg);}
17      }
18  </style>
19  </head>
20  <body>
21  <img src="people.gif" >
22  </body>
23  </html>
```

在例 10-10 中，第 9 行代码使用 animation-name 属性定义要应用的动画名称；第 10 行
代码使用 animation-duration 属性定义整个动画效果完成所需要的时间；第 13 ～ 16 行代码使
用 form、to 和百分比指定当前关键帧
要应用的动画效果。

运行例 10-10，小人会从从左到
右进行一次折返跑，效果如图 10-17
所示。

值得一提的是，我们还可以通过
定位属性设置元素位置的移动，效果
和变形中的平移效果一致。

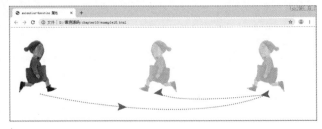

图 10-17   动画效果

10.3.4 animation-timing-function 属性

animation-timing-function 用来规定动画的速度曲线，可以定义使用哪种方式来执行动画

速率。animation-timing-function 属性的语法格式如下：

```
animation-timing-function:value;
```

在上述语法中，animation-timing-function 的默认属性值为 ease。另外，animation-timing-function 还包括 linear、ease-in、ease-out、ease-in-out、cubic-bezier(n,n,n,n) 等常用属性值，具体如表 10-7 所示。

表 10-7　animation-timing-function 的常用属性值

属性值	描述
linear	动画从头到尾的速度是相同的
ease	默认属性值。动画以低速开始，然后加快，在结束前变慢
ease-in	动画以低速开始
ease-out	动画以低速结束
ease-in-out	动画以低速开始和结束
cubic-bezier(n,n,n,n)	在 cubic-bezier 函数中自己的值。可能的值是从 0 到 1 的数值

例如想要让元素匀速运动，可以为元素添加以下示例代码：

```
animation-timing-function:linear; /* 定义匀速运动 */
```

10.3.5　animation-delay 属性

animation-delay 属性用于定义执行动画效果延迟的时间，也就是规定动画什么时候开始。其基本语法格式如下：

```
animation-delay:time;
```

在上述语法中，参数 time 用于定义动画开始前等待的时间，其单位是秒或者毫秒，默认属性值为 0。animation-delay 属性适用于所有的块元素和行内元素。

例如想要让添加动画的元素在 2s 后播放动画效果，可以在该元素中添加如下代码：

```
animation-delay:2s;
```

此时，刷新浏览器页面，动画开始前将会延迟 2s 的时间，然后才开始执行动画。值得一提的是，animation-delay 属性也可以设置为负值，当设置为负值后，动画会跳过该时间播放。

10.3.6　animation-iteration-count 属性

animation-iteration-count 属性用于定义动画的播放次数。其基本语法如下：

```
animation-iteration-count: number | infinite;
```

在上述语法格式中，animation-iteration-count 属性初始值为 1。如果属性值为 number，则用于定义播放动画的次数；如果是 infinite，则指定动画循环播放。例如下面的示例代码：

```
animation-iteration-count:3;
```

在上面的代码中，使用 animation-iteration-count 属性定义动画效果需要播放 3 次，动画效果将连续播放 3 次后停止。

10.3.7　animation-direction 属性

animation-direction 属性定义当前动画播放的方向，即动画播放完成后是否逆向交替循环。其基本语法如下：

```
animation-direction: normal | alternate;
```

在上述语法格式中，animation-direction 属性包括 normal 和 alternate 两个属性值。其中，normal 为默认属性值，动画会正常播放；alternate 属性值会使动画会在奇数次数（1、3、5 等）正常播放，而在偶数次数（2、4、6 等）逆向播放。因此要想使 animation-direction 属性生效，首先要定义 animation-iteration-count 属性（播放次数），只有动画播放次数大于等于 2 次时，animation-direction 属性才会生效。

下面我们通过一个小球滚动案例来演示 animation-direction 属性的用法，如例 10-11 所示。

例 10-11　example11.html

```
1   <!doctype html>
2   <html>
3   <head>
4   <meta charset="utf-8">
5   <title>animation-duration 属性</title>
6   <style type="text/css">
7   div{
8       width:200px;
9       height:150px;
10      border-radius:50%;
11      background:#F60;
12      animation-name:mymove;           /* 定义动画名称 */
13      animation-duration:8s;           /* 定义动画时间 */
14      animation-iteration-count:2;     /* 定义动画播放次数 */
15      animation-direction:alternate;   /* 动画逆向播放 */
16      }
17  @keyframes mymove{
18      from {transform:translate(0) rotateZ(0deg);}
19      to {transform:translate(1000px) rotateZ(1080deg);}
20  </style>
21  </head>
22  <body>
23  <div></div>
24  </body>
25  </html>
```

在例 10-11 中，第 14 和 15 行代码设置了动画的播放次数和逆向播放，此时 div 第 2 次的动画效果就会逆向播放。

运行例 10-11，效果如图 10-18 所示。

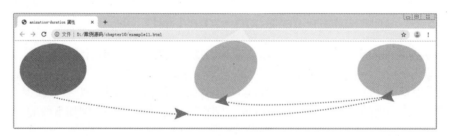

图 10-18　逆向动画效果

10.3.8　animation 属性

animation 属性是一个简写属性，用于在一个属性中设置 animation-name、animation-duration、animation-timing-function、animation-delay、animation-iteration-count 和 animation-direction 6 个动画属性。其基本语法格式如下：

```
animation: animation-name animation-duration animation-timing-function animation-delay
animation-iteration-count animation-direction;
```

在上述语法中，使用 animation 属性时必须指定 animation-name 和 animation-duration 属性，否则动画效果将不会播放。下面的示例代码是一个简写后的动画效果代码：

```
animation: mymove 5s linear 2s 3 alternate;
```

上述代码也可以拆解为：

```
animation-name:mymove;                  /* 定义动画名称 */
animation-duration:5s;                  /* 定义动画时间 */
animation-timing-function:linear;       /* 定义动画速率 */
animation-delay:2s;                     /* 定义动画延迟时间 */
animation-iteration-count:3;            /* 定义动画播放次数 */
animation-direction:alternate;          /* 定义动画逆向播放 */
```

10.4 阶段案例——制作表情图片

本章前几节重点讲解了 CSS3 中的高级应用，包括过渡、变形及动画等。为了使读者更好地理解这些应用，并能够熟练运用相关属性实现元素的过渡、平移、缩放、倾斜、旋转及动画等特效，本节将通过案例的形式分步骤地制作表情图片，最终效果如图 10-19 所示。

其中表情图片的眼睛有动画效果，眼珠会从左到右滚动，当眼珠滚动到中间时，会变成心形图案，具体动画过程如图 10-20 所示。

图 10-19 制作表情图片

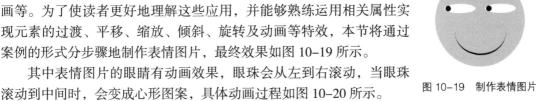

开始动画　　　　　中间动画　　　　　结束动画

图 10-20 表情图片动画过程

10.4.1 分析表情图片效果图

在分析效果图时，我们将从代码的结构，静态样式和动画效果三方面进行分析。

1. 结构分析

观察图 10-19 可知，整个页面分为两部分，一部分是作为背景的脸部，可以用一个大的 div 标签设置。另一部分是脸上的五官，分别为眉毛、眼睛和嘴，五官部分可以使用 p 标签设置。其中眼睛内部的眼球，可以在 p 标签中嵌套 span 标签来实现。效果图 10-19 对应的结构如图 10-21 所示。

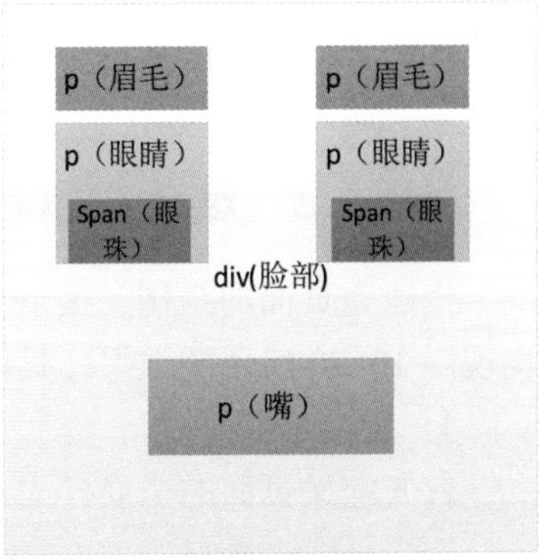

2. 样式分析

图 10-21 页面结构

可以按照以下顺序控制效果图 10-19 所示的样式。

（1）为控制脸部的大 div 添加样式，需要对其设置圆角、宽高、背景色等。

（2）为控制眉毛的 p 标签添加样式，需要设置宽高、圆角和顶部边框。然后通过旋转和平移制作出眉毛的形状。

（3）为控制眼睛的 p 标签添加样式，需要设置宽高和圆角。然后通过平移确定眼睛位置。

（4）为控制嘴部的 p 标签添加样式，需要设置宽高、圆角和顶部边框。然后通过平移确定嘴部位置。

3. 动画分析

通过图 10-20 的动画演示效果可知，黑色眼球会从左到右移动，其中在位于中间部位时，黑色眼球会变为透明，被心形眼球所替代，具体实现步骤如下。

（1）为控制眼球的 span 标签添加 animation 属性，制动动画名称、时间等属性值。

（2）通过 @keyframes 规则设置动画的具体样式，可以通过 from、to 或者百分比来指定不同位置眼球的变化情况。

10.4.2　制作表情图片页面结构

根据上面的分析，使用相应的 HTML 标签搭建网页结构，如例 10-12 所示。

例 10-12　example12.html

```
1   <!doctype html>
2   <html>
3   <head>
4   <meta charset="utf-8">
5   <title> 表情图片 </title>
6   </head>
7   <body>
8   <div class="lian">
9       <p class="meimao1 meimao"></p>
10      <p class="meimao2 meimao"></p>
11      <p class="yanjing1 yanjing">
12      <span></span>
13      </p>
14      <p class="yanjing2 yanjing">
15      <span></span>
16      </p>
17      <p class="zui"></p>
18  </div>
19  </body>
20  </html>
```

在例 10-12 中，通过标签的嵌套来搭建表情图片的结构。由于未设置 CSS 样式，此时页面中没有任何效果。

10.4.3　定义表情图片 CSS 样式

搭建完页面的结构，接下来我们来为页面添加 CSS 样式。本节采用从整体到局部的方式实现图 10-20 所示的效果，具体如下。

1. 定义公共样式

首先定义页面的全局样式，具体 CSS 代码如下：

```
/* 重置浏览器的默认样式 */
body, ul, li, p, h1, h2, h3,img {margin:0; padding:0; border:0; list-style:none;}
```

2. 拼合静态样式

制作做动画之前，我们首先需要通过 CSS 代码拼合好表情图片的静态样式，具体代码如下：

```
.lian {
    width:200px;
    height:200px;
    border-radius:50%;
    background:#fcd671;
    margin:100px auto;
    position:relative;
}
```

```
.meimao{
    width:30px;
    height:30px;
    border-radius:50%;
    border-top:4px solid #000;
}
.meimao1{
    position:absolute;
    left:20%;
    top:14%;
    transform:rotate(20deg);
}
.meimao2{
    position:absolute;
    left:65%;
    top:14%;
    transform:rotate(-20deg);
}
.yanjing{
    width:70px;
    height:20px;
    background:#FFF;
    border-radius:50%;
}
.yanjing1{
    position:absolute;
    left:10%;
    top:30%;
}
.yanjing2{
    position:absolute;
    left:55%;
    top:30%;
}
span{
    display:block;
    width:12px;
    height:12px;
    background:#000;
    border-radius:50%;
    transform:translate(3px,4px);
}
.zui{
    width:114px;
    height:100px;
    border-radius:50%;
    border-bottom:3px solid #000;
    position:absolute;
    left:22%;
    top:28%;
    }
```

保存文件，运行例 10-12，效果如图 10-22 所示。

3. 添加动画效果

添加动画效果主要包括两个步骤，第一步需要创建动画，第二步引用动画，具体如下。

（1）创建动画

@ keyframes 规则用于创建动画，在本案例中，我们分别在 0%、10%、30%、31%、69%、70%、80% 和 100% 位置创建动画，具体代码如下：

图 10-22　静态页面效果

```
@keyframes yanzhu
{
    from{transform:translate(3px,4px) scale(1);}          /* 动画开始时的状态 */
    10%{transform:translate(3px,4px) scale(1);}
    30%{
        transform:translate(24px,4px) scale(3);
        opacity:0
        }
    31%{
        transform:translate(24px,4px) scale(3);
        opacity:1;
        background:url(xin.png) center center no-repeat;
        background-size:11px 9px;
        }
    69%{
        transform:translate(24px,4px) scale(3);
        opacity:1;
        background:url(xin.png) center center no-repeat;
        background-size:11px 9px;
        }
    70%{
        transform:translate(24px,4px) scale(3);
        opacity:0
        }
    80%{transform:translate(52px,4px) scale(1);}
    to{transform:translate(52px,4px) scale(1);}
}
```

（2）引用动画

创建网动画后，我们还需要引用动画，在 span 标签中设置 animation 属性，具体代码如下：

```
animation: yanzhu 8s linear 2s infinite alternate;
```

保存文件，刷新页面，即可出现图 10-20 所示的动画效果。

10.5　本章小结

本章首先介绍了 CSS3 中的过渡和变形，重点讲解了过渡属性、2D 转换和 3D 转换。然后，讲解了 CSS3 中的动画特效，主要包括 animation 的相关属性。最后，通过 CSS3 中的过渡、变形和动画，制作出了一个表情图片的动画。

通过本章的学习，读者应该能够掌握 CSS3 中过渡、转换和动画的知识，并能够熟练地使用相关属性实现元素的过渡、平移、缩放、倾斜、旋转及动画等特效。

10.6　课后练习题

查看本章课后练习题，请扫描二维码。

第 11 章

绘图和数据存储原理

★熟悉 JavaScript 的基础知识。

★掌握 HTML5 画布的用法，能够用 JavaScript 在画布中绘制图形。

★了解 HTML5 数据的基本原理。

拓展阅读

11.1 简单的 JavaScript

说起 JavaScript 其实大家并不陌生，在我们浏览的网页中或多或少都有 JavaScript 的影子。例如，我们浏览网页时，每隔一段时间，焦点图就会自动切换（见图 11-1），再如当我们单击网站导航时会弹出一个列表菜单（见图 11-2）。

图 11-1 焦点图切换效果

图 11-2 导航列表菜单

图 11-1 和图 11-2 所示的这些动态交互效果，都可以通过 JavaScript 来实现。本节将对 JavaScript 的引入、变量以及获取 HTML 元素的方法做详细讲解。

11.1.1　JavaScript 的引入

JavaScript 脚本文件的引入方式和 CSS 样式文件类似。在 HTML 文档中引入 JavaScript 文件的方式主要有 3 种，即行内式、嵌入式、外链式。接下来，我们将对 JavaScript 的 3 种引入方式做详细讲解。

1．行内式

行内式是将 JavaScript 代码作为 HTML 标签的属性值使用。例如，单击"test"时，弹出一个警告框提示"Happy"，具体示例如下：

```
<a href="javascript:alert('Happy');"> test </a>
```

JavaScript 还可以写在 HTML 标签的事件属性中，事件是 JavaScript 中的一种机制。例如，单击网页中的一个按钮时，就会触发按钮的单击事件，具体示例如下：

```
<input type="button" onclick="alert('Happy'); " value="test" >
```

上述代码实现了单击"test"按钮时，弹出一个警告框提示"Happy"。

值得一提的是，网页开发提倡结构、样式、行为的分离，即分离 HTML、CSS、JavaScript 三部分的代码，避免直接写在 HTML 标签的属性中，从而有利于维护。因此在实际开发中并不推荐使用行内式。

2．嵌入式

在 HTML 中运用 <script> 标签及其相关属性可以嵌入 JavaScript 脚本代码。嵌入 JavaScript 代码的基本格式如下：

```
<script type="text/javascript">
    JavaScript 语句；
</script>
```

上述语法格式中，type 是 <script> 标签的常用属性，用来指定 HTML 中使用的脚本语言类型。type="text/JavaScript" 就是为了告诉浏览器，里面的文本为 JavaScript 脚本代码。但是随着 Web 技术的发展（以及 HTML5 的普及、浏览器性能的提升），嵌入 JavaScript 脚本代码的基本格式又有了新的写法，具体如下：

```
<script>
    JavaScript 语句；
</script>
```

在上面的语法格式中，省略了 type="text/JavaScript"，这是因为新版本的浏览器一般将嵌入的脚本语言默认为 JavaScript，因此在编写 JavaScript 代码时可以省略 type 属性。

JavaScript 可以放在 HTML 中的任何位置，但放置的地方会对 JavaScript 脚本代码的执行顺序有一定影响。因此在实际工作中一般将 JavaScript 脚本代码放置于 HTML 文档的 <head></head> 标签之间。由于浏览器载入 HTML 文档的顺序是从上到下，将 JavaScript 脚本代码放置于 <head></head> 标签之间，可以确保在使用脚本之前，JavaScript 脚本代码就已经被载入。下面展示的就是一段放置了 JavaScript 的示例代码：

```
<!doctype html>
<html>
<head>
<meta charset="utf-8">
<title> 嵌入式 </title>
<script type=" text/javascript">
    alert(" 我是 JavaScript 脚本代码! ")
</script>
</head>
<body>
</body>
</html>
```

在上面的示例代码中，<script> 标签包裹的就是 JavaScript 脚本代码。

3. 外链式

外链式是将所有的 JavaScript 代码放在一个或多个以 ".js" 为扩展名的外部 JavaScript 文件中，通过 <src> 标签将这些 JavaScript 文件链接到 HTML 文档中，其基本语法格式如下：

```
<script type="text/Javascript" src="脚本文件路径">
</script>
```

上述格式中，src 是 <script> 标签的属性，用于指定外部脚本文件的路径。同样的，在外链式的语法格式中，我们也可以省略 type 属性，将外链式的语法简写为：

```
<script src="脚本文件路径">
</script>
```

需要注意的是，调用外部 JavaScript 文件时，外部的 JavaScript 文件中可以直接书写 JavaScript 脚本代码，不需要写 <script> 引入标签。

在实际开发中，当需要编写大量的、逻辑复杂的 JavaScript 代码时，推荐使用外链式。相比嵌入式，外链式的优势可以总结为以下两点。

（1）利于后期修改和维护

嵌入式会导致 HTML 与 JavaScript 代码混合在一起，不利于代码的修改和维护；外链式会将 HTML、CSS、JavaScript 三部分代码分离开来，利于后期的修改和维护。

（2）减轻文件体积、加快页面加载速度

嵌入式会将使用的 JavaScript 代码全部嵌入到 HTML 页面中，这就会增加 HTML 文件的体积，影响网页本身的加载速度；而外链式可以利用浏览器缓存，将需要多次用到的 JavaScript 脚本代码重复利用，既减轻了文件的体积，也加快了页面的加载速度。例如，在多个页面中引入了相同的 JavaScript 文件时，打开第一个页面后，浏览器就将 JavaScript 文件缓存下来，下次打开其他引用该 JavaScript 文件的页面时，浏览器就不用重新加载 JavaScript 文件了。

11.1.2　变量

当一个数据需要多次使用时，可以利用变量将数据保存起来。变量就是指程序中一个已经命名的存储单元，它的主要作用就是为数据操作提供存放信息的容器。下面我们来对变量的命名、变量的声明与赋值进行讲解。

1. 变量的命名

在 JavaScript 中，可以使用字母、数字和一些符号来命名变量。在命名变量时需要注意以下原则。

● 必须以字母或下画线开头，中间可以是数字、字母或下画线。如 number、_it123 均为合法的变量名，而 88shout、&num 为非法变量名。

● 变量名不能包含空格、加、减等符号。

● 不能使用 JavaScript 中的关键字（指在 JavaScript 脚本语言中被事先定义好并赋予特殊含义的单词字符）作为变量名，如 var、int。

● JavaScript 的变量名严格区分大小写，如 UserName 与 username 代表两个不同的变量。

2. 变量的声明与赋值

在 JavaScript 中使用 "var" 关键字声明变量，这种直接使用 var 声明变量的方法，我们称之为 "显式声明变量"，显式声明变量的基本语法格式如下：

```
var 变量名；
```

为了让初学者掌握声明变量的方法，我们通过以下代码进行演示：

```
1    var sales;
2    var hits, hot, NEWS;
3    var room_101, room102;
4    var $name, $age;
```

在上面的示例代码中，利用关键字 var 声明变量。其中第 2、3、4 行变量名之间用英文逗号"，"隔开，实现一条语句同时声明多个变量的目的。

我们可以在声明变量的同时为变量赋值，也可以在声明完成之后为变量赋值，例如下面的示例代码：

```
1    var unit, room;                          // 声明变量
2    var unit = 3;                            // 为变量赋值
3    var room = 1001;                         // 为变量赋值
4    var fname = 'Tom', age = 12;             // 声明变量的同时赋值
```

在上面的示例代码中，均通过关键字 var 声明变量。其中第 1 行代码同时声明了"unit""room"两个变量；第 2、3 行代码为这两个变量进行赋值；第 4 行声明了"fname""age"两个变量，并在声明变量的同时为这两个变量赋值。

在声明变量时，我们也可以省略 var 关键字，通过赋值的方式声明变量，这种方式称为"隐式声明变量"。例如下面的示例代码：

```
flag = false;                            // 声明变量 flag 并为其赋值 false
a = 1, b = 2;                            // 声明变量 a 和 b 并分别赋值为 1 和 2
```

在上面的示例代码中，直接省略掉 var，通过赋值的方式声明变量。需要注意的是，由于 JavaScript 采用的是动态编译，程序运行时不容易发现代码中的错误，所以本书仍然推荐读者使用显式声明变量的方法。

注意：

如果重复声明的变量已经有一个初始值，那么再次声明就相当于对变量重新赋值。

11.1.3 document 对象

如果我们想要在 JavaScript 中操作某个标签，首先要获取该标签的属性。在 JavaScript 中通过 document 对象及其方法可以获取标签属性，如 id、name 和 class 等属性。表 11-1 列举了一些用于查找元素的方法，具体如下。

表 11-1　document 对象的方法

方法	说明
document.getElementById()	返回对拥有指定 id 名的第一个对象的引用 （简单理解为获取指定 id 名的标签）
document.getElementsByName()	返回带有指定 name 属性名的对象集合 （简单理解为获取指定 name 名的标签）
document.getElementsByTagName()	返回带有指定标签名的对象集合 （简单理解为获取标签名）
document.getElementsByClassName()	返回带有指定类名的对象集合 （简单理解为获取指定 class 名的标签）

在表 11-1 中，document 后面的"."用于访问对象的属性或方法，是 JavaScript 中的一种常用写法。

通过 document 对象，可以在 JavaScript 中轻松控制 HTML 结构或 CSS 样式。下面我们通

过一个案例演示使用 JavaScript 控制盒子宽度、高度和背景色，如例 11-1 所示。

例 11-1　example01.html

```
1   <!doctype html>
2   <html>
3   <head>
4   <meta charset="utf-8">
5   <title>document 对象 </title>
6   <style>
7   div{
8       width:200px;
9       height:100px;
10      background:#FC0;
11      }
12  </style>
13  </head>
14  <body>
15     <div id="box"></div>
16  </body>
17  </html>
```

在例 11-1 中，定义了一个宽为 200 像素，高为 100 像素，背景为橙色的盒子。

运行例 11-1，效果如图 11-3 所示。

接下来我们通过 JavaScript 代码将盒子的宽度改为 300 像素，高度改为 20 像素，背景颜色改为蓝色，具体代码如下：

```
1   <script>
2       var box=document.getElementById('box');
3       box.style.width='300px';
4       box.style.height='20px';
5       box.style.background='blue';
6   </script>
```

在上面的代码中，第 2 行代码可以理解为将获取的元素保存在变量 "box" 中；第 3 ~ 5 行代码通过 "." 写法，设置 CSS 样式中的宽度、高度和背景属性。

保存文件，刷新页面，效果如图 11-4 所示。

图 11-3　定义盒子

图 11-4　JavaScript 改变盒子样式

11.2　HTML5 画布

在网页中，用户通过 <img> 标签可以插入需要的图片，但这些图片往往需要预先准备好。在 HTML5 中，提供了全新的画布功能，让用户可以随时创造丰富多彩、赏心悦目的图案。本节将从认识画布、使用画布、绘制线、绘制圆等几方面，详细讲解 HTML5 画布的使用技巧。

11.2.1　认识画布

说到画布，其实大家并不陌生，在美术课上，我们可以用画笔在画布上绘画和涂鸦，如

图 11-5 所示。在网页中，我们把用于绘制图形的特殊区域也称为"画布"，网页设计师可以在该区域绘制自定义的图形样式。

网页中的画布是一块方形区域，默认情况下，该区域的宽度为 300 像素，高度为 150 像素，用户可以自定义画布的大小或为画布添加其他属性。但是在 HTML5 的"画布"的绘画，使用的并不是鼠标，用户需要通过 JavaScript 来控制画布中的内容，如添加图片、线条、文字等。

图 11-5　现实画布

11.2.2　使用画布

在网页中，画布并不是默认存在的，用户首先需要创建画布，然后通过一些对象和方法可以在画布中绘制图案。下面我们将分步骤讲解使用画布的方法。

1. 创建画布

使用 HTML5 中的 <canvas> 标签可以在网页中创建画布。创建画布的基本语法格式如下：

```
<canvas id=" 画布名称 " width=" 数值 " height=" 数值 "> 您的浏览器不支持 canvas</canvas>
```

在上面的语法格式中，<canvas> 标签用于定义画布，id 属性用于在 JavaScript 代码中引用画布。<canvas> 标签是一个双标签，用户可以在中间输入文字，如果浏览器不支持 <canvas> 标签，就会显示输入的文字信息。画布有 width 和 height 两个属性，用于定义画布的宽度和高度，取值可以为数字或像素值。

创建完成的画布是透明的，没有任何样式，可以使用 CSS 为其设置边框、背景等。需要注意的是，设置画布的宽、高时，尽量不要使用 CSS 样式控制其宽、高，否则可能使画布中的图案变形。

2. 获取画布

要想在 JavaScript 中控制画布，首先要获取画布。使用 getElementById() 方法可以获取网页中的画布对象。例如下面的示例代码，就是为了获取 id 名为"cavs"的画布，同时将获取的画布对象保存在变量"canvas"中。代码如下：

```
var canvas = document.getElementById('cavs');
```

3. 准备画笔

有了画布之后，要开始绘图，还需要准备一只画笔，这支"画笔"就是 context 对象。context 对象也被称为绘制环境，通过该对象，可以在画布中绘制图形。context 对象可以使用 JavaScript 脚本获得，具体语法如下所示：

```
canvas.getContext('2d');
```

在上面的语法中，参数"2d"代表画笔的种类，表示二维绘图的画笔，如果绘制三维图形，可以把参数替换为"webgl"。由于三维操作目前还没有广泛的应用，这里了解即可。

在 JavaScript 中，我们通常会定义一个变量来保存获取的 context 对象，例如下面的代码：

```
var context = canvas.getContext('2d');
```

11.2.3　绘制线

线是所有复杂图形的组成基础，想要绘制复杂的图形，首先要从绘制线开始。在绘制线之前首先要了解线的组成。一条最简单的线由三部分组成，分别为初始位置、连线端点以及描边，如图 11-6 所示。

对图 11-6 所示的线的各部分组成解释如下。

1. 初始位置

在绘制图形时，我们首先需要确定从哪里下"笔"，这个下"笔"的位置就是初始位置。

在平面中（2d），初始位置可以通过"*x,y*"的坐标轴来表示。在画布中从最左上角"0,0"开始，*x* 轴向右增大，*y* 轴向下增大，如图 11-7 所示。

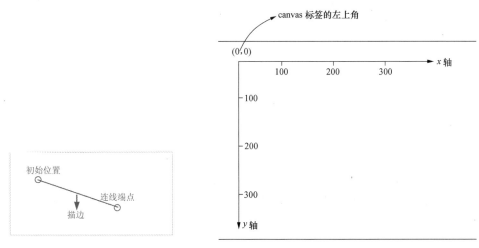

图 11-6　线的组成　　　　　　　　　　　图 11-7　坐标轴示意图

在画布中使用 moveTo(x,y) 方法来定义初始位置，其中 *x* 和 *y* 代表水平坐标轴和垂直坐标轴的位置，中间用"，"隔开。*x* 和 *y* 的取值为数字，表示像素值（单位省略），例如下面的示例代码：

```
var cas = document.getElementById('cas');
var context = cas.getContext('2d');
context.moveTo(100,100);
```

在上面的示例代码中，表示定义的初始位置为横坐标 100 像素和纵坐标 100 像素的位置。需要注意的是，moveTo(x,y) 方法仅表示移动到当前点，并不会绘制线。

2. 连线端点

连线端点用于定义一个端点，并绘制一条从该端点到初始位置的连线。在画布中使用 lineTo(x,y) 方法来定义连线端点。和初始位置类似，连线端点也需要定义 x 和 y 的坐标位置。例如下面的示例代码：

```
context.lineTo(100,100);
```

3. 描边

通过初始位置和连线端点可以绘制一条线，但这条线并不能被看到。这时我们需要为线添加描边，让线变得可见。使用画布中的 stroke() 方法，可以实现线的可视效果，例如下面的示例代码（stroke() 方法的括号中不需要加入任何内容）：

```
context.stroke();
```

了解了绘制线的方法后，下面我们通过一个绘制字母的案例做具体演示，如例 11-2 所示。

例 11-2　example02.html

```
1   <!doctype html>
2   <html>
3   <head>
4   <meta charset="utf-8">
5   <title> 绘制线 </title>
6   </head>
7   <body>
8   <canvas id="cas" width="300" height="300">
9       您的浏览器不支持 canvas 标签。
10  </canvas>
```

```
11   </body>
12   </html>
13   <script>
14     var context = document.getElementById("cas").getContext('2d');
15     context.moveTo(10,100);              // 定义初始位置
16     context.lineTo(30,10);               // 定义连线端点
17     context.lineTo(50,100);              // 定义连线端点
18     context.lineTo(70,10);               // 定义连线端点
19     context.lineTo(90,100);              // 定义连线端点
20     context.stroke();                    // 定义描边
21   </script>
```

在例 11-2 中，第 15 ~ 20 行代码通过初始位置、连线端点和描边绘制了字母 M。

运行例 11-2，效果如图 11-8 所示。

图 11-8　绘制字母 M

11.2.4　线的样式

在画布中，默认线的颜色为黑色，宽度为 1 像素，但我们可以使用相应的方法为线添加不同的样式。下面我们将从宽度、描边颜色、端点形状三方面详细讲解线样式的设置方法。

1. 宽度

使用画布中的 lineWidth 属性可以定义线的宽度，该属性的取值为数值（不带单位），以像素为计量。例如下面的示例代码，表示设置线的宽度为 10 像素：

```
context.lineWidth='10';
```

2. 描边颜色

使用画布中的 strokeStyle 属性可以定义线的描边颜色，该属性的取值为十六进制颜色值或颜色的英文名，例如下面的示例代码：

```
context.strokeStyle='#f00';
context.strokeStyle='red';
```

在上面的示例代码中，两种方式都可以用于设置红色，显示效果相同。

3. 端点形状

默认情况下，线的端点是方形的，通过画布中的 lineCap 属性可以改变端点的形状，其基本语法格式如下：

```
lineCap=' 属性值 '
```

在上面的语法格式中，lineCap 属性的取值有 3 个，具体如表 11-2 所示。

表 11-2　lineCap 属性值

属性值	显示效果
butt（默认值）	默认效果，无端点，显示直线方形边缘
round	显示圆形端点
square	显示方形端点

表 11-2 所示属性值对应的效果如图 11-9 所示。

11.2.5　线的路径

在画布中绘制的所有图形都会形成路径，通过初始位置和连线端点便会形成一条绘制路径。路径需要

图 11-9　端点形状

通过路径状态进行分割或闭合，来产生不同的路径样式。路径的状态包括重置路径和闭合路径两种，具体介绍如下。

1. 重置路径

在同一画布中，我们添加再多的连线端点也只能有一条路径，如果想要开始新的路径，就需要使用 beginPath() 方法，当出现 beginPath() 时即表示路径重新开始。下面我们通过一个案例演示重置路径的用法，如例 11-3 所示。

例 11-3　example03.html

```
1  <!doctype html>
2  <html>
3  <head>
4  <meta charset="utf-8">
5  <title></title>
6  </head>
7  <body>
8  <canvas id="cas" width="1000" height="300">
9      您的浏览器不支持 canvas 标签。
10 </canvas>
11 </body>
12 </html>
13 <script>
14    var context = document.getElementById("cas").getContext('2d');
15    context.moveTo(10,10);              // 定义初始位置
16    context.lineTo(300,10);             // 定义连线端点
17    context.lineWidth='5';
18    context.strokeStyle='#00f';
19    context.stroke();                   // 定义描边
20    context.moveTo(10,50);              // 定义初始位置
21    context.lineTo(300,50);             // 定义连线端点
22    context.lineWidth='5';
23    context.strokeStyle='#f00';
24    context.stroke();                   // 定义描边
25 </script>
```

在例 11-3 中，第 15 ~ 19 行代码用于绘制一条蓝色直线，第 20 ~ 24 行代码用于绘制一条红色直线。

运行例 11-3，效果如图 11-10 所示。

由于两条线在同一路径中，因此第一条线并没有显示预期的蓝色，而是被红色覆盖。想要让线显示不同的颜色，就需要对路径进行分割。可在第 19 行代码和第 20 行代码之间添加以下代码：

```
context.beginPath();                    // 重置路径
```

保存文件，刷新页面，效果如图 11-11 所示。此时画布中的第一条线和第二条线将会被浏览器认为是两条路径，分别添加颜色。

2. 闭合路径

闭合路径就是将我们绘制的开放路径进行封闭处理，多点的路径闭合后会形成特定的形状。在画布中，使用 closePath() 方法闭合路径。例如，下面的示例代码片段，用于绘制一条 L 形的线：

图 11-10　设置线条颜色 1

图 11-11　设置线条颜色 2

```
1    var context = document.getElementById("cas").getContext('2d');
2    context.moveTo(10,10);                    // 定义初始位置
3    context.lineTo(10,100);                   // 定义连线端点
4    context.lineTo(100,100);                  // 定义连线端点
5    context.strokeStyle='#00f';
6    context.stroke();                         // 定义描边
```

示例代码对应的效果如图 11-12 所示。

如图 11-12 所示，通过线绘制出了一个 L 形字母，现在让我们在第 4 行代码和第 5 行代码之间添加 closePath() 方法，具体代码如下：

```
context.closePath()// 闭合路径
```

此时刷新页面，路径就会闭合，变为一个直角三角形，如图 11-13 所示。

图 11-12　绘制线　　　　　　　　　　　　　图 11-13　闭合路径

11.2.6　填充路径

当闭合路径后，可以得到一个只有边框的空心三角形，此时可以使用画布中的 fill() 方法填充图形，示例代码如下：

```
1    var context = document.getElementById("cas").getContext('2d');
2    context.moveTo(10,10);                    // 定义初始位置
3    context.lineTo(10,100);                   // 定义连线端点
4    context.lineTo(100,100);                  // 定义连线端点
5    context.fill();                           // 填充图形
```

上述代码中，第 5 行代码用于填充图形，示例代码对应的效果如图 11-14 所示。

默认填充路径的颜色为黑色，我们可以使用 fillStyle 属性来更改填充颜色。和描边颜色一样，fillStyle 属性的取值可以为十六进制颜色值或颜色的英文名。例如我们想要填充蓝色，示例代码如下：

```
context.fillStyle='#00f';
context.fillStyle='blue';
```

在上面的示例代码中，两行代码都可以将路径的填充色设置为蓝色。

图 11-14　填充路径

11.2.7　绘制圆

在画布中，使用 arc() 方法可以绘制圆或弧线，其基本语法格式如下：

```
arc(x,y,r, 开始角, 结束角, 方向)
```

上面的语法格式中，各属性值使用 "," 分隔，对各属性值的解释如下。

● x 和 y：x 和 y 表示圆心在 x 轴和 y 轴的坐标位置，取值为数字，用于确定图形的位置。

● r：表示圆形或弧形的半径，用于确定图形的大小。

● 开始角：表示初始弧点位置。其中弧点使用数值和"Math.PI"（圆周率，可以理解为 180 度）表示，例如开始角为 270 度可以写为"1.5*Math.PI"。图 11-15 所示为开始角和结束角的弧点位置示意图。

● 结束角：结束的弧点位置，与初始角的设置方式一致。

● 方向：分为顺时针和逆时针绘制，当取值为"false"时表示顺时针，当取值为"true"时表示逆时针。该参数可以省略

了解了 arc() 方法的基本语法格式后，下面我们使用该方法绘制月牙效果，如例 11-4 所示。

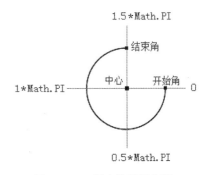

图 11-15　弧点位置示意图

例 11-4　example04.html

```
1   <!doctype html>
2   <html>
3   <head>
4   <meta charset="utf-8">
5   <title></title>
6   </head>
7   <body>
8   <canvas id="cas" width="1000" height="300">
9       您的浏览器不支持 canvas 标签。
10  </canvas>
11  </body>
12  </html>
13  <script>
14      var context = document.getElementById("cas").getContext('2d');
15      context.arc(150,40,100,0,1*Math.PI);
16      context.strokeStyle='#00f';
17      context.stroke();                        // 定义描边
18      context.beginPath();
19      context.arc(150,25,100,0.05*Math.PI,0.95*Math.PI);
20      context.strokeStyle='#00f';
21      context.stroke();                        // 定义描边
22  </script>
```

在例 11-4 中，第 15 行代码用于绘制大弧形，第 19 行代码用于绘制小弧形。通过大弧形和小弧形的位置关系，拼合出月牙形。

运行例 11-4，效果如图 11-16 所示。

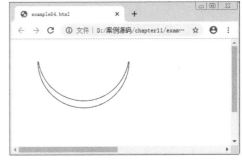

图 11-16　月牙效果

11.3　HTML5 数据存储基础

随着互联网的快速发展，基于网页的应用越来越普及，同时也变得越来越复杂，为了满足用户日益更新的需求，网站系统经常会在本地设备上存一些数据，例如记录历史活动信息（用户的登录账号），这就涉及网页中的一些数据存储知识，本节将简单介绍数据存储的相关知识。

11.3.1　原始存储方式——Cookie

说到"Cookie"大家可能比较陌生，但我们在进行账户登录时，经常会看到在页面中有

"下次自动登录"的提示（见图 11–17），提醒我们保存账号和密码，这样我们下次访问就不需要再输入账号和密码，直接登录，这就是 Cookie 的作用之一。

图 11–17　Cookie 示例

　　Cookie 的功能类似于会员卡。现实生活中，商家为了有效地管理和记录顾客的信息，通常会利用办理会员卡的方式，将用户的姓名、手机号等基本信息记录下来。顾客一旦接受了会员卡，以后每次去消费，都可以出示会员卡，商家就会根据顾客的历史消费记录，计算会员的优惠额度以及积分的累加等。

　　在 Web 应用程序中，Cookie 是网站为了辨别用户身份而存储在用户本地终端上的数据。当用户通过浏览器访问 Web 服务器时，服务器会给用户发送一些信息，这些信息都保存在 Cookie 中。当该浏览器再次访问服务器时，会在请求同时将 Cookie 发送给服务器，这样，服务器就可以对浏览器做出正确的响应。利用 Cookie 可以跟踪用户与服务器之间的会话状态，通常应用于保存浏览历史、保存购物车商品和保存用户登录状态等场景。

　　为了更好地理解 Cookie 的原理，接下来我们通过图 11–18 来演示 Cookie 在浏览器和服务器之间的传输过程。

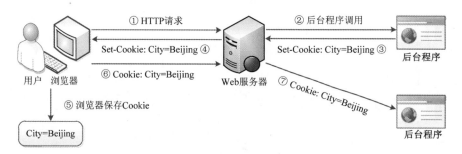

图 11–18　Cookie 的传输过程

　　图 11–18 描述了 Cookie 在浏览器和服务器之间的传输过程。当用户第一次访问服务器时，服务器会在响应消息中增加 Set–Cookie 头字段，将信息以 Cookie 的形式发送给浏览器。一旦用户接收了服务器发送的 Cookie 信息，就会将它保存到浏览器的缓冲区中。这样，当浏览器后续访问该服务器时，都会将信息以 Cookie 的形式发送给服务器，从而使服务器分辨出当前请求是由哪个用户发出的。

　　尽管 Cookie 实现了服务器与浏览器的信息交互，但也存在一些缺点，具体如下。

* Cookie 被附加在 HTTP 消息中，无形中增加了数据流量。
* Cookie 在 HTTP 消息中是明文传输的，所以安全性不高，容易被窃取。
* Cookie 存储于浏览器，可以被篡改，服务器接收后必须先验证数据的合法性。
* 浏览器限制 Cookie 的数量和大小（通常限制为 50 个，每个不超过 4KB），对于复杂的存储需求来说是不够用的。

11.3.2　HTML5 全新的存储技术——Web Storage

　　由于 Cookie 存在诸多缺点，并且需要复杂的操作来解析，给用户带来很多不便，为此，HTML5 提出了新的网络存储的解决方案——Web Storage。Web Storage 存储机制是对 HTML 4 中 Cookie 存储机制的一个改善，它包括 localStorage 和 sessionStorage 两种，具体介绍如下。

1. localStorage

localStorage 主要的作用是本地存储。本地存储是指将数据按照键值对的方式保存在客户端计算机中，直到用户或者脚本主动清除数据，否则该数据会一直存在。也就是说，使用了本地存储的数据将被持久化。

localStorage 的优势在于拓展了 Cookie 的 4KB 限制，并且可以将第一次请求的数据直接存储到本地，这个相当于一个 5MB 大小的针对前端页面的数据库。相比于 Cookie，localStorage 可以节约带宽，但是这个功能需要高版本的浏览器来支持。

2. sessionStorage

sessionStorage 主要用于区域存储，区域存储是指数据只在页面的会话期内有效。那么这里有必要介绍一下什么是会话。

session 翻译成中文就是会话的意思，例如现实生活中，打电话时从拿起电话、拨号到挂断电话这中间的一系列过程可以称为一次会话。在 Web 开发中，一次会话是指从一个浏览器窗口打开到关闭的过程，当用户关闭浏览器，会话就将结束。

由于 sessionStorage 也是 Storage 的实例，sessionStorage 与 localStorage 中的方法基本一致，唯一区别就是存储数据的生命周期不同，localStorage 是永久性存储，而 sessionStorage 的生命周期与会话保持一致，会话结束时数据消失。从硬件方面理解，localStorage 的数据是存储在硬盘中的，关闭浏览器时数据仍然在硬盘上，再次打开浏览器仍然可以获取；而 sessionStorage 的数据保存在浏览器的内存中，当浏览器关闭后，内存将被自动清除，因此 sessionStorage 中存储的数据只在当前浏览器窗口有效。

目前主流的 Web 浏览器都在一定程度上支持 HTML5 的 Web Storage，如表 11-3 所示。

表 11-3 主流浏览器对 Web Storage 的支持情况

IE	Firefox	Chrome	Safari	Opera
8+	2.0+	4.0+	4.0+	11.5+

从表 11-3 中可以看出，IE 8 版本以上的主流浏览器基本上都支持 Web Storage。

11.4 阶段案例——绘制火柴人

本章讲解了网页中绘图和数据存储的基础知识，包括 JavaScript 基础、HTML5 画布以及 HTML5 数据存储的原理，其中 HTML5 画布是本章的重点部分。为了便于读者的理解和运用，本节将通过案例的形式，运用 JavaScript 和 HTML5 画布绘制火柴人，最终效果如图 11-19 所示。

图 11-19 火柴人效果

11.4.1 分析火柴人效果图

我们将按照从上到下、从内到外的顺序分析火柴人的效果。在绘制时，我们可以将火柴人分为头部、躯干、文件夹、手臂和腿部几个部分，具体绘制方法如下。

● 头部：是一个圆形，可以使用 arc() 方法绘制，然后描边。

● 躯干：包含两段直线，细的一段直线作为颈部，粗的一段直线作为身躯，可以使用

moveTo() 和 lineTo() 方法绘制，然后描边。

- 文件夹：是一个由直线组成的长方形，可以使用 moveTo() 和 lineTo() 方法绘制，然后描边并填充白色。
- 手臂：可以使用 moveTo() 和 lineTo() 方法绘制，然后描边。
- 腿部：包含直线和半圆，可以使用 moveTo() 和 lineTo() 方法绘制直线；使用 arc() 方法绘制圆弧，将圆弧闭合路径，即可得到半圆。

11.4.2　搭建火柴人结构

使用相应的 HTML 标签搭建网页结构，如例 11-5 所示。

例 11-5　example05.html

```
1  <!doctype html>
2  <html>
3  <head>
4  <meta charset="utf-8">
5  <title> 火柴人 </title>
6  </head>
7  <body>
8     <canvas id="cas" width="1000" height="1000"></canvas>
9  </body>
10 </html>
```

在例 11-5 的结构代码中，通过 <canvas> 标签定义了一块 id 名为 "cas" 的画布，并为画布制定了宽度和高度。此时网页中没有样式。

11.4.3　绘制火柴人图形

定义好画布后，就可以在 JavaScript 中绘制图形了。这里将按照效果分析，按头部、躯干、文件夹、手臂和腿部五部分绘制图形，具体步骤如下。

1. 绘制头部

首先需要获取画布的 id，并制定画笔，然后通过 arc() 方法绘制头部，具体代码如下：

```
var cas=document.getElementById('cas');
var context=cas.getContext('2d');
// 绘制头部
context.arc(400,100,30,0,2*Math.PI);
context.lineWidth='5';
context.stroke();
```

2. 绘制躯干

根据分析方法，绘制躯干的具体代码如下：

```
// 绘制躯干
context.beginPath();
context.moveTo(400,130);
context.lineTo(400,140);
context.lineWidth='5';
context.stroke();
context.beginPath();
context.moveTo(400,140);
context.lineTo(400,260);
context.lineWidth='25';
context.stroke();
```

3. 绘制文件夹

根据分析方法，绘制文件夹的具体代码如下：

```
// 绘制文件夹
context.beginPath();
```

```
context.moveTo(360,200);
context.lineTo(440,200);
context.lineTo(440,250);
context.lineTo(360,250);
context.closePath();
context.fillStyle='#fff';
context.fill();
context.lineWidth='2';
context.stroke();
```

4. 绘制手臂

根据分析方法，绘制手臂的具体代码如下：

```
// 绘制手臂
context.beginPath();
context.moveTo(400,140);
context.lineTo(440,200);
context.lineTo(400,240);
context.lineWidth='10';
context.stroke();
context.beginPath();
context.arc(400,240,10,0,2*Math.PI);
context.fillStyle='#000';
context.fill();
```

5. 绘制腿部

根据分析方法，绘制腿部的具体代码如下：

```
// 绘制腿部
context.beginPath();
context.moveTo(380,400);
context.lineTo(400,260);
context.lineTo(420,400);
context.lineTo(400,240);
context.lineWidth='10';
context.stroke();
context.beginPath();
context.arc(365,400,15,0,1*Math.PI,true);
context.closePath();
context.lineWidth='5';
context.stroke();
context.beginPath();
context.arc(405,400,15,0,1*Math.PI,true);
context.closePath();
context.lineWidth='5';
context.stroke();
```

将上述 JavaScript 代码嵌入 HTML 页面中。至此，火柴人的效果绘制完成。

11.5　本章小结

　　本章首先介绍了 JavaScript 的基础知识以及 HTML5 画布的使用方法，然后讲解了 HTML5 全新的存储特点，最后运用 JavaScript 和 HTML5 画布在网页中绘制了一个火柴人。

　　通过本章的学习，读者应该能够熟悉 JavaScript 的基础知识，掌握 HTML5 画布的使用技巧，了解 HTML5 新的存储方式与传统数据存储方式的差异，为将来学习前端知识夯实基础。

11.6　课后练习题

　　查看本章课后练习题，请扫描二维码。

第 12 章

实战开发——制作企业网站页面

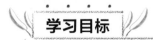

拓展阅读

★ 熟悉网站规划的基本流程，能够整体规划网站页面。

★ 了解 Dreamweaver 工具的使用，能够使用 Dreamweaver 工具建立站点和模板。

★ 掌握网站静态页面的搭建技巧，完成项目首页和子页的制作。

在深入学习了前面章节的相关知识后，相信读者已经熟练掌握了 HTML 标签、CSS 样式属性，能够为网页进行排版和添加动画效果。为了及时巩固所学的知识，本章将运用前面章节所学的基础知识，搭建企业网站的部分页面。

12.1　网站设计规划

在搭建网站之前，设计者需要对网站页面进行一个整体的设计规划，确保网站项目建设的顺利实施。网站设计规划主要包括确定网站主题、规划网站结构、收集素材、设计网页效果 4 个步骤，本节将对这 4 个步骤进行详细讲解。

12.1.1　确定网站主题

一般企业网站都会根据自己的产品或者业务领域来确定网站的主题。"摄影·开课吧"是一家专门从事摄影技术培训的教育机构，是专为零基础的成年摄影爱好者、艺术爱好者、想通过技术培训提高自己工作技能的摄影工作者成立的在线教育网站。因此该网站的主题可已从业务领域来确定——摄影在线教育类网站。确定了主题之后，就可以确定一些和网站相关的要素了，具体如下。

1. 网站定位

"摄影·开课吧"网站是一个从事摄影教育培训机构的企业类网站，用于展示教育产品、技术信息、摄影图片，提升企业的知名度，将"摄影·开课吧"的优秀资源推广给更多的用户。

2. 网站色调

"摄影·开课吧"网站项目选取深蓝色作为网站主色调。由于蓝色体现了理智、准确、沉稳，在商业设计中，一些强调科技、效率的产品或企业，大多选用蓝色（湖蓝、普蓝、藏蓝等）作为标准色和企业色，如计算机、汽车、教育类网站。

3. 网站风格

网站整体将采用扁平（是指摒弃高光和阴影等能造成透视感、空间感的效果）的设计风格，营造一种简洁、清晰的感觉。在界面中通过模块来区别不同的功能区域。由于是摄影网站，因此我们需要多运用图片，将各部分内容以最简单和直接的方式呈现给用户，减少用户的认知障碍。

12.1.2　规划网站结构

在对网站进行结构规划时，设计者可以在草稿或者 XMind 上做好企业网站的结构设计。设计的过程中要注意网页之间的层级关系，在兼顾页面关系之余还要考虑网站后续的可扩充性，以确保网站在后期能够随时扩展功能和模块。

根据企业类网站的特点和"摄影·开课吧"网站的特殊需求，可以将网站框架进行初步划分。图 12-1 所示为"摄影·开课吧"网站部分页面的关系结构。

图 12-1　部分页面的关系结构

在图 12-1 所示的"摄影·开课吧"网站结构中，首页在整个网站所占比重较大，因此设计者应该首先规划首页的功能模块。设计首页时需要有重点、有特色地概述网站内容，使访问者快速了解网站信息资源。在设计子页面时，其风格要和首页保持一致，变化的仅仅是布局和内容模块。

在设计网站界面之前，可以先勾勒网站的原型图。原型图可以帮助我们快速完成网页结构和模块的分布。图 12-2 所示为"摄影·开课吧"首页的原型图。

12.1.3　收集素材

整体规划后接下来就进入到收集素材阶段，设计者可以根据设计需要，搜集一些素材。例如文本素材、图片素材等。

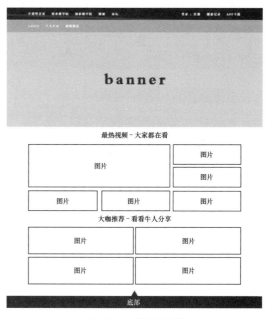

图 12-2　首页原型图

1. 文本素材

文本素材的收集渠道比较多，可以在同行业网站中收集整理，也可以在一些杂志、报刊中收集，然后分析总结文本内容的优缺点，提取有用的文本内容。值得一提的是，提取到的文本内容需要再加工，将其转化为网站原创内容。

2. 图片素材

为了保证快速完成网站的设计任务。在搜集图片素材时要考虑图片的风格是否和网站风格一致，以及图片是否清晰。图 12-3 所示为网站首页搜集的部分素材图片。

图 12-3   素材图片

12.1.4   设计网页效果图

根据前期的准备工作，明确项目设计需求后，接下来就可以设计网页效果图了。本章制作的效果图包括首页、注册页、个人中心和视频播放 4 个页面，效果分别如图 12-4 ~ 图 12-7 所示。

图 12-4   首页截图（部分）

图 12-5   注册页截图

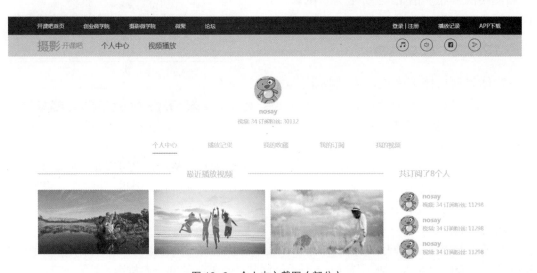

图 12-6   个人中心截图（部分）

图 12-7　视频播放截图（部分）

12.2　使用 Dreamweaver 工具建立站点

站点对于制作维护一个网站很重要，它能够帮助设计者系统地管理网站文件。一个网站站点中，通常包含 HTML 网页文件、图片、CSS 样式表等。本节将使用 Dreamweaver 工具建立"摄影·开课吧"的站点，具体步骤如下。

（1）创建网站根目录

在 D 盘新建一个文件夹作为网站根目录，将文件夹命名为"chapter12"。

（2）在根目录下新建文件

打开网站根目录"chapter12"，在根目录下新建 css 文件夹、images 文件夹、javascript 文件夹、audio 文件夹、fonts 文件夹、video 文件夹，分别用于存放网站建设中的 CSS 样式文件、图像素材、JavaScript 文件、音频文件、字体文件和视频文件。

（3）新建站点

打开 Dreamweaver 工具，在菜单栏中选择"站点→新建站点"选项，在弹出的窗口中输入站点名称（站点名称要和根目录名称一致）。然后，浏览并选择站点根目录的存储位置，如图 12-8 所示。

单击图 12-8 所示界面中的"保存"按钮，保存站点后即可在 Dreamweaver 工具面板组中查看到站点的信息，表示站点创建成功，如图 12-9 所示。

图 12-8　"站点设置对象"窗口

图 12-9　站点的信息

接下来，我们进行站点初始化设置。首先，在网站根目录文件夹下创建 4 个 HTML5 文件，命名为 "index.html" "user.html" "register.html" "video.html"，这 4 个文件分别表示首页、个人中心、注册页、视频播放页。然后，在 CSS 文件夹内创建对应的样式表文件，例如首页可命名为 index.css。最后，在 JavaScript 文件夹内创建脚本代码文件，例如首页可命名为 index.js。页面创建完成后，网站就形成了清晰的组织结构关系。

12.3　切图

为了提高浏览器的加载速度，以及满足一些版面设计的特殊要求，通常需要把效果图中不能用代码实现的部分剪切下来作为网页制作时的素材，这个过程被称为 "切图"。切图的目的是把设计效果图转化成网页代码。常用的切图工具主要有 Photoshop 和 Fireworks。接下来，本书以 Adobe Fireworks CS6 的切片工具为例分步骤讲解切图技术，具体如下。

（1）选择切片工具

打开 Fireworks 工具，选择工具箱中的 "切片" 工具，如图 12-10 所示。

（2）绘制切片区域

拖动鼠标，在图像上绘制切片区域，如图 12-11 所示。

图 12-10　选择工具箱中的切片工具　　　　　　　图 12-11　绘制切片区域

（3）导出切片

绘制完成后，首先在右侧选项面板设置导出的文件格式，然后在菜单栏上选择 "文件→导出" 选项，如图 12-12 所示。

图 12-12　导出切片

在弹出的窗口中，重命名文件，并在 "导出" 选项中选择 "仅图像"，如图 12-13 所示。然后单击 "保存" 按钮，选择需要存储图片的文件夹。

（4）存储图片

导出后的图片存储在站点根目录的 images 文件夹内，切图后的素材如图 12-14 所示。

图 12-13　选择"仅图像"

图 12-14　切图后的素材

在图 12-14 中，线框标示的图片就是通过切片技术切出的页面图片素材。

12.4　搭建首页

在上面的小节中，我们完成了制作网页所需的相关准备工作，接下来，本节将带领大家分析效果图，并完成首页的制作。

12.4.1　效果图分析

只有熟悉页面的结构及版式，才能更加高效地完成网页的布局和排版。下面我们来对页面效果图的 HTML 结构和 CSS 样式进行分析，具体如下。

1. HTML 结构分析

观察首页效果图，可以看出整个页面大致可以分为头部、导航、banner、主体内容、版权信息 5 个模块，具体结构如图 12-15 所示。

2. CSS 样式分析

仔细观察页面的各个模块，可以看出，首页的头部、banner 和版权信息模块为通栏显示。这就需要将头部和版权信息最外层的盒子宽度设置为 100%，banner 图要用较大的图片，宽度一般为 1920 像素。

通过测量效果图发现，其他模块均宽 1200px，且各模块都居中显示。也就是说，

图 12-15　首页结构图

页面的版心为 1200px。页面的其他样式细节，可以参照案例源文件，根据前面学习的知识，使用 HTML 和 CSS 分别进行制作。

12.4.2　首页制作

页面制作是将页面效果图转换为计算机能够识别的标签语言的过程。接下来我们将分步骤完成静态页面的搭建。

1.　页面布局

页面布局是为了使网站页面结构更加清晰、有条理，而对页面进行的"排版"。接下来我们将根据 12.4.1 节的分析，对"摄影·开课吧"首页进行布局，具体代码如例 12-1 所示。

例 12-1　"index.html"

```
1   <!doctype html>
2   <html>
3   <head>
4   <meta charset="utf-8">
5   <title>摄影·开课吧</title>
6   <link rel="stylesheet" type="text/css" href="css/index.css">
7   </head>
8   <body>
9   <!--head begin-->
10  <header id="head">
11  </header>
12  <!--head end-->
13  <!--nav begin-->
14  <nav>
15  </nav>
16  <!--nav end-->
17  <!--banner begin-->
18  <div class="banner">
19  </div>
20  <!--banner end-->
21  <!--content begin-->
22  <div class="content" id="con">
23  </div>
24  <!--content end-->
25  <!--footer begin-->
26  <footer>
27  </footer>
28  <!--footer end-->
29  </body>
30  </html>
```

在上述结构代码中，第 6 行代码用于引入外链的 CSS 样式。

2.　定义公共样式

为了清除各浏览器的默认样式，使网页在各浏览器中显示的效果一致，在完成页面布局后，首先要做的就是对 CSS 样式进行初始化，并声明一些通用的样式。打开样式文件 index.css，编写通用样式，具体如下：

```
1   /* 清除浏览器默认样式 */
2   body, ul, li, ol, dl, dd, dt, p, h1, h2, h3, h4, h5, h6, form, img {margin:0;padding:0;
border:0;list-style:none;}
3   /* 全局控制样式 */
4   body{font-family:" 微软雅黑 ",Arial, Helvetica, sans-serif; font-size:14px;}
5   a{color:#333;text-decoration: none;}
6   input,textarea{outline: none;}
7   @font-face {
8      font-family: 'freshskin';
9       src:url('../fonts/iconfont.ttf');
10  }
```

在上面的样式代码中，第 9 行代码中的"iconfont.ttf"是存放在"fonts"文件夹中的图标字体。

3. 制作首页的头部和导航

网页的头部和导航效果均由左右两个大盒子构成，效果如图 12-16 所示。当鼠标指针悬浮时，小图标会有过渡动画效果。

图 12-16　头部和导航效果图

接下来我们开始搭建网页头部的结构。打开"index.html"文件，在"index.html"文件内书写头部的 HTML 结构代码，具体如下：

```
1   <!--head begin-->
2   <header id="head">
3       <audio src="audio/audio.mp3" autoplay="autoplay" loop></audio>
4       <div class="con">
5           <ul class="left">
6               <li>开课吧首页 </li>
7               <li>创业微学院 </li>
8               <li>摄影微学院 </li>
9               <li>微聚 </li>
10              <li>论坛 </li>
11          </ul>
12          <ul class="right">
13              <li>APP 下载 </li>
14              <li>播放记录 </li>
15              <li><a href=""register.html"">登录｜注册 </a></li>
16          </ul>
17      </div>
18  </header>
19  <!--head end-->
20  <!--nav begin-->
21  <nav>
22      <div class="nav_in">
23          <ul>
24              <li><a href=""index.html""></a></li>
25              <li><a href=""user.html"">个人中心 </a></li>
26              <li><a href=""video.html"">视频播放 </a></li>
27          </ul>
28          <ol>
29              <li>&#xe65e;</li>
30              <li>&#xe608;</li>
31              <li>&#xf012a;</li>
32              <li>&#xe68e;</li>
33          </ol>
34      </div>
35  </nav>
36  <!--nav end-->
```

接下来在样式表 index.css 中书写对应的 CSS 样式代码，具体如下：

```
1   /*head begin*/
2   header{
3       width:100%;
4       height:46px;
5       background:#0a2536;
6   }
7   header .con{
8       width:1200px;
9       margin:0 auto;
10  }
11  header .con .left{float: left;}
12  header .con .right{float: right;}
13  header .con .left li{
```

```
14        float:left;
15        height:46px;
16        line-height: 46px;
17        margin-right:50px;
18        color: #fff;
19        cursor: pointer;
20  }
21  header .con .right li{
22        float: right;
23        height:46px;
24        line-height: 46px;
25        margin-left:50px;
26        color: #fff;
27        cursor: pointer;
28  }
29  header .con .right li a{color:#fff;}
30  /*head end*/
31  /*nav begin*/
32  nav{
33        width:100%;
34        height:55px;
35        position:absolute;
36        background:rgba(255,255,255,0.8);
37        z-index:10;
38  }
39  nav .nav_in{
40        width:1200px;
41        margin:0 auto;
42  }
43  nav ul{float: left;}
44  nav ul li{
45        float: left;
46        margin-right: 50px;
47        font-size: 18px;
48        height:55px;
49        line-height: 55px;
50  }
51  nav ul li:first-child a{
52        display:inline-block;
53        height:55px;
54        width:118px;
55        background:url(../images/LOGO.png) no-repeat center left;
56        }
57  nav .nav_in ol{
58        float: right;
59        width:300px;
60        height: 55px;
61        font-family: "freshskin";
62  }
63  nav .nav_in ol li{
64        float: left;
65        width:32px;
66        height:32px;
67        line-height: 32px;
68        text-align: center;
69        color:#333;
70        box-shadow: 0 0 0 1px #333 inset;
71        transition:box-shadow 0.5s ease 0s;
72        border-radius: 16px;
73        margin:10px 0 0 30px;
74        cursor: pointer;
75  }
76  nav .nav_in ol li:hover{
77        box-shadow: 0 0 0 16px #fff inset;
78        color:#333;
79  }
80  /*nav end*/
```

保存 "index.html" 和 "index.css" 文件，刷新页面，即可得到图 12-16 所示效果。

4. 制作 banner

banner模块分为图片、按钮和文字三部分，具体效果如图 12-17 所示。

其中图片部分由 3 张素材图片通过定位重叠在一起。按钮部分主要为了配合 JavaScript 代码控制焦点图，本书只需做出按钮的样式即可。当鼠标指针移入页面内时，banner 中的文字会有渐显和飞入的效果。

图 12-17　banner

接下来我们开始搭建网页 banner 的结构，具体代码如下：

```
1  <!--banner begin-->
2  <div class="banner">
3      <div class="banner_pic" id="banner_pic">
4          <div class="current"><img class="ban" src="images/banner01.jpg" ></div>
5          <div class="pic"><img class="ban" src="images/banner02.jpg" ></div>
6           <div class="pic"><img class="ban" src="images/banner03.jpg" ></div>
7      </div>
8      <p>迅速找到想要的内容      |      尽享国内外优秀视频资源      |      分享摄影心得结识新朋友 </p>
9      <p>向下开启 开课吧·摄影之路 </p>
10     <ol id="button">
11         <li class="current"></li>
12         <li class="but"></li>
13         <li class="but"></li>
14     </ol>
15  <a href="#con" class="sanjiao"><img src="images/jiantou.png" alt=""></a>
16  </div>
17  <!--banner end-->
```

接下来在样式表 index.css 中书写对应的 CSS 样式代码，具体如下：

```
1  /*banner begin*/
2  .banner{
3      width:100%;
4      height:720px;
5      position: relative;
6      color:#fff;
7      overflow: hidden;
8      text-align: center;
9  }
10 .banner .ban{
11     position: absolute;
12     top:0;
13     left:50%;
14     transform:translate(-50%,0);
15 }
16 .banner .current{display: block;}
17 .banner .pic{display: none;}
18 .banner h3{
19     font-weight: normal;
20     padding-top:70px;
21     color:#fff;
22     opacity: 0;
23     font-size: 50px;
24     transition:all 0.5s ease-in 0s;
25 }
26 #button{
27     position:absolute;
28     left:50%;
29     top:90%;
30     margin-left:-62px;
31     z-index:9999;
32 }
33 #button .but{
34     float:left;
```

```
35        width:28px;
36        height:1px;
37        border:1px solid #d6d6d6;
38        margin-right:20px;
39    }
40    #button li{cursor:pointer;}
41    #button .current{
42        background:#2fade7;
43        float:left;
44        width:28px;
45        height:1px;
46        border:1px solid #90d1d5;
47        margin-right:20px;
48    }
49    body:hover .banner h3{
50        padding-top:200px;
51        opacity: 1;
52    }
53    .banner p{
54        width:715px;
55        position: absolute;
56        top:50%;
57        left:50%;
58        font-size: 20px;
59        opacity: 0;
60        transform:translate(-50%,-50%);
61        -webkit-transform:translate(-50%,-50%);
62        transition:all 0.8s ease-in 0s;
63    }
64    body:hover .banner p{opacity: 1;}
65    .banner p:nth-of-type(2){
66        position: absolute;
67        top:1000px;
68        left:50%;
69        font-size: 20px;
70        opacity: 0;
71        transform:translate(-50%,0);
72        -webkit-transform:translate(-50%,0);
73        transition:all 0.8s ease-in 0s;
74    }
75    body:hover .banner p:nth-of-type(2){
76        position: absolute;
77        top:400px;
78        opacity: 1;
79    }
80    .sanjiao{
81        width:40px;
82        height: 30px;
83        padding-top: 10px;
84        border-radius: 20px;
85        box-shadow: 0 0 0 1px #fff inset;
86        text-align: center;
87        position: absolute;
88        top:1000px;
89        left:50%;
90        z-index: 99999;
91        opacity: 0;
92        transform:translate(-50%,0);
93        -webkit-transform:translate(-50%,0);
94        transition:all 0.8s ease-in 0s;
95    }
96    body:hover .sanjiao{
97        position: absolute;
98        top:500px;
99        opacity: 1;
100       }
101       .sanjiao:hover{box-shadow: 0 0 0 20px #2fade7 inset;}
102       /*banner end*/
```

保存 "index.html" 和 "index.css" 文件，完成 banner 的制作。

5. 制作主体内容

首页的内容区域由带有超链接的图片组成，我们可以用若干个盒子盛放图片，具体效果如图 12-18 所示。

接下来我们开始搭建网页的结构，具体代码如下：

图 12-18　内容区域效果图

```
1  <!--content begin-->
2  <div class="content" id="con">
3      <h2>最热视频－大家都在看</h2>
4      <a href=""video.html"">
5          <img src="images/pic01.jpg" >
6          <div class="cur">
7              <h3>初学者怎样挑选镜头</h3>
8              <span>查看详情</span>
9          </div>
10     </a>
11     <a href="#"><img src="images/pic02.jpg" ></a>
12     <a href="#"><img src="images/pic03.jpg" ></a>
13     <a href="#"><img src="images/pic04.jpg" ></a>
14     <a href="#"><img src="images/pic05.jpg" ></a>
15     <a href="#"><img src="images/pic06.jpg" ></a>
16 </div>
17 <div class="share">
18     <h2>大咖推荐－看看牛人分享</h2>
19     <a href="#">
20         <img src="images/pic07.jpg" >
21         <div class="cur">
22             <img src="images/pic01.png" >
23             <h3>nosay</h3>
24             <p>视频：34 订阅粉丝：30112</p>
25             <span>订阅</span>
26         </div>
27     </a>
28     <a href="#">
29         <img src="images/pic07.jpg" >
30         <div class="cur">
31             <img src="images/pic02.png" >
32             <h3>nosay</h3>
33             <p>视频：34 订阅粉丝：30112</p>
34             <span>订阅</span>
35         </div>
36     </a>
37     <a href="#">
38         <img src="images/pic07.jpg" >
39         <div class="cur">
40             <img src="images/pic03.png" >
41             <h3>nosay</h3>
42             <p>视频：34 订阅粉丝：30112</p>
43             <span>订阅</span>
44         </div>
45     </a>
46     <a href="#">
47         <img src="images/pic07.jpg" >
48         <div class="cur">
49             <img src="images/pic04.png" >
50             <h3>nosay</h3>
51             <p>视频：34 订阅粉丝：30112</p>
52             <span>订阅</span>
53         </div>
54     </a>
55 </div>
56 <!--content end-->
```

接下来在样式表 index.css 中书写对应的 CSS 样式代码，具体如下：

```
1  /*content begin*/
2  .content{
3      width:1200px;
```

```
4        height:825px;
5        margin:0px auto;
6        border-bottom: 3px solid #ccc;
7    }
8    .content h2,.share h2{
9        text-align: center;
10       color:#333;
11       font-size: 36px;
12       font-weight: normal;
13       line-height: 100px;
14   }
15   .content a{
16       float: left;
17       width:388px;
18       height:218px;
19       overflow: hidden;
20       margin:0 0 12px 17px;
21   }
22   .content a:nth-of-type(1),.content a:nth-of-type(4),.share a:nth-of-type(1),.share
     a:nth-of-type(3){margin-left:0;}
23   .content a img,.share a img{display: block;}
24   .content a:nth-of-type(1){
25       position: relative;
26       width:795px;
27       height:448px;
28       overflow: hidden;
29   }
30   .content a:nth-of-type(1) .cur{
31       width:795px;
32       height:448px;
33       background: #000;
34       opacity: 0;
35       position: absolute;
36       left: 0;
37       top:0;
38       text-align: center;
39       transition:all 0.5s ease-in 0s;
40   }
41   .content a:nth-of-type(1):hover .cur{opacity: 0.5;}
42   .content a .cur h3{
43       color:#fff;
44       font-size: 25px;
45       font-weight: normal;
46       padding-top: 150px;
47   }
48   .content a .cur span{
49       display: block;
50       width:150px;
51       height:40px;
52       font-size: 20px;
53       line-height: 40px;
54       color:#2fade7;
55       margin:100px 0 0 317px;
56       border-radius: 5px;
57       border:2px solid #2fade7;
58   }
59   .content a img{transition:all 0.5s ease-in 0s;}
60   .content a:hover img{transform: scale(1.1,1.1);        }
61   .content a:nth-of-type(1):hover img{
62       width:795px;
63       height:448px;
64       transform: scale(1);
65   }
66   .share{
67       width:1200px;
68       height:850px;
69       margin:0 auto;
70       border-bottom: 3px solid #ccc;
```

```
71  }
72  .share a{
73      float: left;
74      position: relative;
75      width:592px;
76      height:343px;
77      margin:0 0 16px 16px;
78      overflow: hidden;
79  }
80  .share a .cur{
81      width:296px;
82      height:345px;
83      background: rgba(255,255,255,0);
84      position: absolute;
85      left:-296px;
86      top:0;
87      text-align: center;
88      transition:all 0.5s ease-in 0s;
89  }
90  .share a:hover .cur{
91      position: absolute;
92      left:0;
93      top:0;
94      background: rgba(255,255,255,0.5);
95  }
96  .share a:nth-of-type(2) .cur,.share a:nth-of-type(3) .cur{
97      position: absolute;
98      left:592px;
99      top:0;
100     }
101     .share a:nth-of-type(2):hover .cur,.share a:nth-of-type(3):hover .cur{
102         position: absolute;
103         left:296px;
104         top:0;
105     }
106     .share a .cur img{
107         padding:70px 0 15px 125px;
108     }
109     .share a .cur p{padding:10px 0 15px 0;}
110     .share a .cur span{
111         display: block;
112         width:75px;
113         height:30px;
114         background: #2fade7;
115         border-radius: 5px;
116         margin:30px 0 0 110px;
117         color:#fff;
118         line-height: 30px;
119     }
120     /*content end*/
```

保存"index.html"和"index.css"文件，刷新页面，即可得到图 12-18 所示效果。

6. 制作底部版权信息部分

由于版权信息背景通栏显示，所以需要在内容外加上一个宽度为 100% 的大盒子。网页底部版权信息的效果如图 12-19 所示。当单击"Top"会返回页面的顶部。

图 12-19　底部版权

接下来我们开始搭建网页的底部版权信息部分，具体代码如下：

```
1    <!--footer begin-->
2    <footer>
3        <div class="foot">
4            <a href="#head"><span>Top</span></a>
5            <p>Copyright©2020 开课吧 kaikeba.com 版权所有 </p>
6        </div>
7    </footer>
8    <!--footer end-->
```

接下来在样式表 index.css 中书写对应的 CSS 样式代码，具体如下：

```
1    /*foot begin*/
2    footer{
3        width:100%;
4        height:127px;
5        margin-top:100px;
6        background: #0a2536;
7        color:#fff;
8        text-align: center;
9    }
10   footer .foot{
11       width:1200px;
12       height:127px;
13       margin:0 auto;
14       position: relative;
15   }
16   footer span{
17       width:58px;
18       height:32px;
19       line-height: 43px;
20       text-align: center;
21       color:#fff;
22       position: absolute;
23       top:-31px;
24       left:600px;
25       margin-left:-29px;
26       background: url(../images/sanjiao.png);
27   }
28   footer p{
29       line-height: 127px;
30   }
31   /*foot end*/
```

保存"index.html"和"index.css"文件，刷新页面，即可得到图 12-19 所示效果。

12.5　制作模板

一个大型网站通常包含多个页面，浏览各个页面时，会发现这些页面有很多相同的版块，如网站的标志、导航条等。如果每个页面都重新搭建这些模块会非常麻烦，为此 Dreamweaver 工具提供了专门的模板功能，将具有相同版面结构的页面制作成模板，以供其他页面引用。

例如，在"摄影·开课吧"项目中，所有页面的头部、导航和版权信息 3 个模块的结构均相同。这样就可以将这 3 个模块制作成一个模板页面，其他相同布局的网页都可以引用此模板快速搭建页面结构。如果需要调整这三部分的内容，只需修改模板页面的内容即可。

12.5.1　建立模板的步骤

模板由可编辑区域和不可编辑区域两部分组成。其中，不可编辑区域包含了所有页面中相同的模块，而可编辑区域用于放置页面中的自定义模块。下面我们将在站点根目录下建立模板文件，具体步骤如下。

1. 选择资源面板

打开 Dreamweaver 工具，在"资源"面板中选择"模板"图标，如图 12-20 所示。

2. 新建模板

在空白处单击鼠标右键，在弹出的菜单中选择"新建模板"选项，界面右侧出现一个未命名的空模板文件，如图 12-21 所示。

图 12-20 "资源"面板   图 12-21 空模板文件

将文件命名为 template，双击打开。模板文件的后缀名为 .dwt，如图 12-22 所示。

通过图 12-22 可以看出，模板文件和 HTML 文件性质是一样的，在模板文件内可以书写任何 HTML 代码。模板文件创建完成后，站点根目录就会自动生成一个保存模板文件的名为 Templates 的文件夹，如图 12-23 所示。

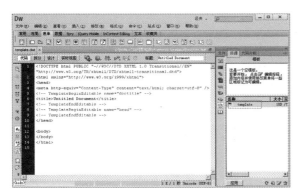

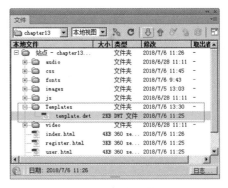

图 12-22 重命名模板文件   图 12-23 模板文件夹

3. 创建模板不可编辑区域

在模板页面中，头部、导航、版权信息三部分为不可编辑区域。由于在制作首页时已经把这三部分的结构及样式制作完成，这里只需要将对应的 HTML 代码复制到模板页面即可，具体代码如下：

```
1  <!doctype html>
2  <html>
3  <head>
4  <meta charset="utf-8">
5  <title></title>
6  <link rel="stylesheet" type="text/css" href="#">
7  <script type="text/javascript" src="#"></script>
8  </head>
```

```
9   <body>
10  <!--head begin-->
11  <header id="head">
12      <div class="con">
13          <ul class="left">
14                  <li> 开课吧首页 </li>
15                  <li> 创业微学院 </li>
16                  <li> 摄影微学院 </li>
17                  <li> 微聚 </li>
18                  <li> 论坛 </li>
19          </ul>
20          <ul class="right">
21                  <li>APP 下载 </li>
22                  <li> 播放记录 </li>
23                  <li><a href="""register.html"">登录 | 注册 </a></li>
24          </ul>
25      </div>
26  </header>
27  <!--head end-->
28  <!--nav begin-->
29  <nav>
30      <div class="nav_in">
31          <ul>
32                  <li><a href="""index.html""></a></li>
33                  <li><a href="""user.html""> 个人中心 </a></li>
34                  <li><a href="""video.html""> 视频播放 </a></li>
35          </ul>
36          <ol>
37                  <li>&#xe65e;</li>
38                  <li>&#xe608;</li>
39                  <li>&#xf012a;</li>
40                  <li>&#xe68e;</li>
41          </ol>
42      </div>
43  </nav>
44  <!--nav end-->
45  <!--content begin-->
46  <div class="content"></div>
47  <!--content end-->
48  <!--footer begin-->
49  <footer>
50      <div class="foot">
51          <a href="#head"><span>Top</span></a>
52          <p>Copyright©2020 开课吧 kaikeba.com 版权所有 </p>
53      </div>
54  </footer>
55  <!--footer end-->
56  </body>
57  </html>
```

值得注意的是，创建的模板文件都会存储在默认的文件夹 Templates 里面。因此图片路径会发生变化，所以这里需要更改一些图片的链接路径。

4．定义模板可编辑区域

不可编辑区域创建完成后，接下来要在模板页面中建立可编辑区域。选中想要定义为可编辑区域的代码或内容，依次选择菜单栏中的"插入→模板对象→可编辑区域"选项，如图 12-24 所示。

在弹出的"新建可编辑区域"面板中设置可编辑区域的名称，一般将其设为默认值，然后单击"确定"按

图 12-24　定义模板可编辑区域

钮即可，如图 12-25 所示。

可编辑区域创建完成，会有一些特殊的注释标签，如图 12-26 所示。

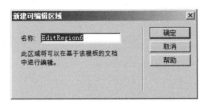

图 12-25 可编辑区域名称设置   图 12-26 完成定义可编辑区域

在"摄影·开课吧"项目中，我们需要将标题、CSS 样式引入以及内容部分设置为可编辑区域。

▎▎▎**注意**：

在创建模板时，设计者需要提前建立站点，否则没有办法创建模板。

12.5.2 引用模板

创建好的模板文件，只有应用到网页文档中才能发挥作用。那么该如何引用模板文件呢？下面我们将详细讲解模板文件的引用方法，主要包括以下几个步骤。

（1）在站点根目录下，打开新建的空白 HTML 文件。

（2）切换到"资源"面板，将"template"模板文件拖动至 HTML 文件内部，即可实现模板文件的引用。

引用模板后的网页由灰色和彩色代码组成。其中，灰色代码是不可编辑区域，只能在模板文件中进行修改；彩色的代码则为可编辑区域，可以写入不同的 HTML 代码，以供引用模板文件的各个页面填充各自不同的内容。例如将模板引入到首页后，代码如图 12-27 所示。

```
<meta charset="utf-8">
<!-- InstanceBeginEditable name="doctitle" -->
<title>摄影·开课吧</title>
<!-- InstanceEndEditable -->
<!-- InstanceBeginEditable name="EditRegion4" -->
<link rel="stylesheet" type="text/css" href="css/index.css">
<!-- InstanceEndEditable -->
</head>
```

图 12-27 引入模板后的首页代码

12.6 使用模板搭建网页

上面的小节中介绍了模板的使用，本节将带领读者分析效果图，完成注册页、个人中心和视频播放 3 个页面的制作。

12.6.1 搭建注册页

注册页主要由表单构成，用于收集用户的个人信息，通常包含姓名、手机号等表单模块。下面我们将分步骤讲解注册页的制作方法。

1. 引入模板

打开"register.html"文件，拖曳"template.dwt"模板页面预览图至"register.html"页面中，并链接对应的样式表文件 register.css（模板只包含 HTML 结构代码，register.css 需要单独书写），如图 12-28 所示。

2. 分析效果图

仔细观察效果图会发现注册页的导航和首页的导航在样式上有细微差别，注册页导航是不透明灰色背景，首页导航是半透明白色背景，如图12-29所示。因此我们需要单独书写样式。

图 12-28 注册页面代码

图 12-29 导航栏对比

注册页的内容部分由左边的图片和右边的表单两部分构成，如图 12-30 所示。我们可以运用前面所学的布局和表单的知识，制作注册页的内容模块。

图 12-30 注册页内容结构

3. 搭建注册页

根据对效果图的分析，在"register.html"页面可编辑区域内书写内容区域的 HTML 代码，具体如下：

```
1   <div class="content">
2       <p><img src="images/LOGO.png" alt="摄影·开课吧"></p>
3       <aside>
4           <img src="images/sheying.jpg" >
5       </aside>
6       <div class="right">
7           <h3>使用手机号码注册</h3>
8           <form action="#" method="post">
9               <input type="text" placeholder="昵称"/>
10              <input type="text" placeholder="请输入您的手机号码"/>
11              <input type="text" placeholder="短信验证码" class="short" />
12              <span>请输入验证码</span>
13              <p>请输入正确的验证码</p>
14              <input type="text" placeholder="密码" maxlength="8" />
```

```
15               <input type="text" placeholder=" 确认密码 " maxlength="8" />
16          <input type="submit" value=" 登录 " class="button"/>
17          <p> 已有账号？ <a href="#"> 马上登录 </a></p>
18      </form>
19      </div>
20 </div>
```

接下来，新建 "register.css" 样式表，并在其中书写对应的 CSS 样式代码，其中头部、导航以及版权信息模块可以直接复制首页样式并调整导航背景属性。内容部分对应的 CSS 代码如下：

```
1  .content{
2      width:1200px;
3      height:700px;
4      margin:50px auto 0;
5      border:1px solid #ccc;
6      background: #fff;
7  }
8  .content p{
9      font-size: 25px;
10     height:160px;
11     line-height: 160px;
12     color:#2fade7;
13     padding-left: 100px;
14 }
15 .content aside{
16     float: left;
17     margin-left: 100px;
18 }
19 .content .right{
20     width:385px;
21     float: left;
22     margin-left: 80px; .
23 }
24 .content .right input{
25     width:340px;
26     height:30px;
27     padding-left:20px;
28     line-height:30px;
29     color:#ccc;
30     font-size:16px;
31     margin-top:30px;
32     border-radius: 5px;
33     border:1px solid #ccc;
34 }
35 input::placeholder{color:#CCC;}        /* 修改 placeholder 默认的颜色 */
36 .content .right .short{width:230px;}
37 .content .right span{
38     display: inline-block;
39     width:91px;
40     font-size: 14px;
41     color:#2fade7;
42     margin:30px 0 0 25px;
43 }
44 .content .right p{
45     font-size:14px;
46     padding:0;
47     height:40px;
48     line-height: 40px;
49     color:red;
50 }
51 .content .right input:nth-of-type(4){margin:0;}
52 .content .right .button{
53     width:360px;
54     height:36px;
55     color:#fff;
56     background:#2fade7;
57     border:none;
58     border-radius: 5px;
59     margin-bottom: 20px;
```

```
60  }
61  .content .right .button:hover{background: #0272da;}
62  .content .right p:nth-of-type(2){color:#ccc;}
63  .content .right p:nth-of-type(2) a{color:#2fade7;}
```

12.6.2 搭建个人中心页面

个人中心是用户信息的汇总页面，所有与用户相关的信息都会在这个页面显示。下面我们将分步骤讲解个人中心页的制作方法。

1. 引入模板

打开"user.html"文件，将"template.dwt"模板文件预览图拖曳至"user.html"页面中，并链接对应的样式表文件"user.css"（模板只包含 HTML 结构代码，user.css 需要单独书写），代码如图 12-31 所示。

2. 分析效果图

仔细观察页面效果图会发现，个人中心页的头部、导航以及版权信息和其他页面相同，可以直接使用模板文件和相应的 CSS 样式。有差异的内容主要分为"用户信息""用户管理模块导航"和"内容详情"3 个部分，可根据我们前面学习的静态网页制作的知识分别进行制作。个人中心页结构如图 12-32 所示。

```
<!doctype html>
<html><!-- InstanceBegin template="/Templates/template.dwt"
codeOutsideHTMLIsLocked="false" -->
<head>
<meta charset="utf-8">
<!-- InstanceBeginEditable name="doctitle" -->
<title>摄影·开课吧</title>
<!-- InstanceEndEditable -->
<!-- InstanceBeginEditable name="EditRegion4" -->
<link rel="stylesheet" type="text/css" href="css/user.css">
<!-- InstanceEndEditable -->
<!-- InstanceBeginEditable name="EditRegion5" -->
<!-- InstanceEndEditable -->
</head>
<body>
```

图 12-31 个人中心页面代码   图 12-32 个人中心页结构

3. 搭建个人中心页

根据对效果图的分析，在"user.html"页面可编辑区域内书写内容区域的 HTML 代码，具体如下：

```
1  <div class="content">
2      <div class="center">
3          <img src="images/pic01.png" >
4          <h3>nosay</h3>
5          <p>视频：34 订阅粉丝：30112</p>
6      </div>
7      <ul>
8          <li>个人中心 </li>
```

```
9              <li> 播放记录 </li>
10             <li> 我的收藏 </li>
11             <li> 我的订阅 </li>
12             <li> 我的视频 </li>
13         </ul>
14         <div class="left">
15             <div class="top">
16                 <span> 最近播放视频 </span>
17                 <a href="#"><img src="images/pic01.jpg" ></a>
18                 <a href="#"><img src="images/pic02.jpg" ></a>
19                 <a href="#"><img src="images/pic03.jpg" ></a>
20                 <a href="#"><img src="images/pic04.jpg" ></a>
21                 <a href="#"><img src="images/pic05.jpg" ></a>
22                 <a href="#"><img src="images/pic06.jpg" ></a>
23             </div>
24             <div class="top">
25                 <span> 最近播放视频 </span>
26                 <a href="#"><img src="images/pic01.jpg" ></a>
27                 <a href="#"><img src="images/pic02.jpg" ></a>
28                 <a href="#"><img src="images/pic03.jpg" ></a>
29                 <a href="#"><img src="images/pic04.jpg" ></a>
30                 <a href="#"><img src="images/pic05.jpg" ></a>
31                 <a href="#"><img src="images/pic06.jpg" ></a>
32             </div>
33         </div>
34         <figure>
35             <figcaption> 共订阅了 8 个人 </figcaption>
36             <ol>
37                 <li><h3>nosay</h3><span> 视频：34 订阅粉丝：11298 </span></li>
38                 <li><h3>nosay</h3><span> 视频：34 订阅粉丝：11298 </span></li>
39                 <li><h3>nosay</h3><span> 视频：34 订阅粉丝：11298 </span></li>
40                 <li><h3>nosay</h3><span> 视频：34 订阅粉丝：11298 </span></li>
41             </ol>
42             <p> 查看更多 </p>
43         </figure>
44 </div>
```

接下来新建样式表 user.css，并在其中书写对应的 CSS 样式代码，其中头部、导航以及版权信息直接复制首页样式并调整导航的背景显示样式即可，内容部分对应的 CSS 代码如下：

```
1  .content{
2      color:#ccc;
3      width:1200px;
4      height:1140px;
5      margin:0 auto;
6  }
7  .content .center{
8      padding-top: 50px;
9      text-align: center;
10 }
11 .content .center img{
12     width:70px;
13     height:70px;
14 }
15 .content .center h3{
16     line-height: 30px;
17 }
18 .content ul{
19     width:900px;
20     height:42px;
21     line-height: 40px;
22     background: #fff;
23     margin: 30px 0 50px 0;
24     padding-left: 300px;
25 }
26 .content ul li{
27     font-size: 16px;
28     float: left;
29     margin-right: 80px;
```

```
30        cursor: pointer;
31  }
32  .content ul li:nth-child(1){border-bottom: 2px solid #2fade7;}
33  .content ul li:hover{border-bottom: 2px solid #2fade7;}
34  .content .left{
35      width:896px;
36      float: left;
37  }
38  .content .left .top{
39      height:422px;
40      border-top:2px solid #ccc;
41      }
42  .content .left span{
43      display: block;
44      width:200px;
45      height:40px;
46      background: #fafafa;
47      margin:-20px auto 20px ;
48      text-align: center;
49      line-height: 40px;
50      font-size: 20px;
51  }
52  .content .left a{
53      display: block;
54      float: left;
55      width:289px;
56      height:163px;
57      overflow: hidden;
58      margin:0 14px 15px 0;
59  }
60  .content .left a img{
61      width:289px;
62      height:163px;
63      transition:all 0.5s ease-in 0s;
64  }
65  .content .left .top a:nth-child(4),.content .left .top a:nth-child(7){margin-right:0;}
66  .content .left .top a:hover img{
67      transform: scale(1.1,1.1);
68  }
69  .content figure{
70      float: left;
71      margin: -13px 0 0 40px;
72  }
73  .content figure figcaption{
74      font-size: 20px;
75      height:50px;
76  }
77  .content figure ol li{
78      height:50px;
79      width:190px;
80      margin:10px 0 0 0 ;
81      padding-left: 60px;
82      background: url(../images/pic01.png) no-repeat;
83  }
84  .content figure ol h3{font-size: 16px;}
85  .content figure p{
86      width:72px;
87      height:25px;
88      line-height: 25px;
89      border:1px solid #ccc;
90      text-align: center;
91      margin:30px 0 0 85px;
92  }
```

12.6.3 搭建视频播放页

视频播放页面主要用于播放网站中的视频，以及展示视频播放的列表，下面我们将分步骤讲解视频播放页的制作方法。

1. 引入模板

打开"video.html"文件，拖曳 template.dwt 模板页面预览图至"video.html"页面中，并链接对应的样式表文件 video.css（模板只包含 HTML 结构代码，video.css 需要单独书写），代码如图 12-33 所示。

2. 分析效果图

视频播放页的头部、导航以及版权信息可以直接使用模板和对应的样式。在视频播放页中，内容部分主要分为"视频播放区域""视频列表""评论"及"信息活动"4 个部分，可以根据我们前面学习的静态网页制作的知识分别进行制作。视频播放页的结构如图 12-34 所示。

图 12-33　视频播放页面代码

图 12-34　视频播放页

3. 搭建视频播放页

根据效果图的分析，在已经应用模板的"video.html"页面可编辑区域内书写内容区域的 HTML 代码，具体如下：

```
1   <div class="content">
2       <p>摄影首页 > 摄影器材 > 手机 </p>
3       <p> 正在播放 ：初学者怎么挑选镜头 </p>
4       <video src="video/video.webm" controls></video>
5       <a href="#">1212</a>
6       <a href="#"> 收藏 </a>
7       <a href="#"> 分享 </a>
8       <h3>12.5 万次播放 </h3>
9   </div>
10  <div class="list">
11      <div class="left">
12          <p> 选集 - 共 24 集 </p>
13          <a href="#"><img class="findIn" src="images/pic08_8.jpg" ></a>
14          <a href="#"><img src="images/pic09_9.jpg" ></a>
15          <a href="#"><img src="images/pic10_10.jpg" ></a>
16          <a href="#"><img src="images/pic11_11.jpg" ></a>
17          <p> 相关视频 </p>
18          <a href="#"><img src="images/pic08_8.jpg" ></a>
19          <a href="#"><img src="images/pic09_9.jpg" ></a>
```

```
20          <a href="#"><img src="images/pic10_10.jpg" ></a>
21          <a href="#"><img src="images/pic11_11.jpg" ></a>
22          <a href="#"><img src="images/pic08_8.jpg" ></a>
23          <a href="#"><img src="images/pic09_9.jpg" ></a>
24          <a href="#"><img src="images/pic10_10.jpg" ></a>
25          <a href="#"><img src="images/pic11_11.jpg" ></a>
26          <p> 评论：</p>
27          <div class="last">
28              <form action="#" method="post">
29                  <textarea cols="30" rows="10" >我来说两句 ....</textarea>
30              </form>
31              <span> 发表评论 </span>
32          </div>
33      </div>
34      <div class="right">
35          <p> 视频信息 </p>
36          <section>
37              <h3> 初学者怎么挑选镜头 </h3>
38                  <p> 简介：初学者怎么挑选镜头初学者怎么挑选镜头初学者怎么挑选镜头初学者怎么挑选镜头初学者
怎么挑选镜头初学者怎么挑选镜头初学者怎么挑选镜头初学者怎么挑选镜头初学者怎么挑选镜头初学者怎么挑选镜头初学者
怎么挑选镜头初学者怎么挑选镜头 </p>
39              <span> 详情 ></span>
40          </section>
41          <p> 精选活动 </p>
42          <img src="images/pic12.jpg" >
43          <img src="images/pic13.jpg" >
44          <img src="images/pic12.jpg" >
45      </div>
46 </div>
```

接下来新建样式表"video.css"，并在其中书写对应的 CSS 样式代码，其中头部、导航以及版权信息直接复制首页样式并调整导航背景即可，内容部分对应的 CSS 代码如下：

```
1  .content{
2      color:#ccc;
3      width:1200px;
4      margin:0 auto 20px;
5  }
6  .content p:first-child{
7      font-size:16px;
8      line-height:50px;
9  }
10 .content p{
11     font-size: 20px;
12 }
13 .content video{
14     width:1200px;
15     margin:30px 0 20px 0;
16 }
17 .content a{
18     float: left;
19     width:45px;
20     height:24px;
21     line-height:24px;
22     color:#ccc;
23     padding-left:30px;
24     margin-left:20px;
25     background:url(../images/pic05.png) no-repeat left center;
26 }
27 .content a:nth-of-type(2){background: url(../images/pic06.png) no-repeat left center;}
28 .content a:nth-of-type(3){background: url(../images/pic07.png) no-repeat left center;}
29 .content h3{
30     float: right;
31     font-weight: normal;
32 }
33 .list{
34     width:1200px;
```

```
35      margin:0 auto;
36      padding-top: 20px;
37  }
38  .list .left{
39      float: left;
40      width:932px;
41      height:990px;
42  }
43  .list .left p{
44      font-size: 20px;
45      color:#ccc;
46      margin-bottom: 20px;
47  }
48  .list .left a{
49      width:218px;
50      height:123px;
51      float: left;
52      margin:0 15px 15px 0;
53      overflow: hidden;
54      background: url(../images/pic08.jpg);
55  }
56  .list .left a:nth-of-type(2),.list .left a:nth-of-type(6),.list .left a:nth-of-type(10)
{background: url(../images/pic09.jpg);}
57  .list .left a:nth-of-type(3),.list .left a:nth-of-type(7),.list .left a:nth-of-type(11)
{background: url(../images/pic10.jpg);}
58  .list .left a:nth-of-type(4),.list .left a:nth-of-type(8),.list .left a:nth-of-type(12)
{background: url(../images/pic11.jpg);}
59  @keyframes 'findIn'{
60      0%{-webkit-transform:rotate(-360deg);}
61      100%{-webkit-transform:none;}
62  }
63  .list .left a img:hover{
64      display: block;
65      -webkit-animation:findIn 1s 1;
66      opacity: 0;
67      transition:all 0.5s ease-in 0s;
68  }
69  .list .left .last{
70      width:860px;
71      background: #fff;
72      height:350px;
73      padding:25px 0 0 60px;
74  }
75  .list .left .last textarea{
76      width:790px;
77      height:240px;
78      padding:10px 0 0 10px;
79      border:1px solid #ccc;
80      color:#ccc;
81  }
82  .list .left .last span{
83      float: right;
84      margin:10px 56px 0 0;
85      width:100px;
86      height:30px;
87      line-height: 30px;
88      text-align: center;
89      color:#fff;
90      background: #2fade7;
91      border-radius: 5px;
92      resize:none;
93  }
94  .list .right{
95      float: left;
96      width:252px;
```

```
97      height:990px;
98  }
99  .list .right p{
100       font-size: 20px;
101       color:#ccc;
102       height: 40px;
103       border-bottom: 2px solid #ccc;
104     }
105   .list .right section{
106       margin :10px 0 20px 0;
107       width:252px;
108       height:280px;
109       padding-top: 20px;
110       background: #fff;
111       text-align: center;
112       color:#ccc;
113     }
114   .list .right section p{
115       font-size: 14px;
116       border:none;
117       text-align: left;
118       height: 180px;
119       padding:20px 20px 0 20px;
120     }
121   .list .right section span{
122       color:#2fade7;
123       float: right;
124       margin-right: 20px;
125     }
126   .list .right img{
127       display: block;
128       margin-top: 15px;
129     }
130   .list .right a{
131     }
```

至此，企业网站的首页、注册页、个人中心页和视频播放页搭建完成。

12.7　本章小结

　　本章首先介绍了网站规划的步骤，然后讲解了创建站点和切图的方法，最后运用所学的 HTML 和 CSS 知识搭建了企业网站的首页、注册页、个人中心页和视频播放页。

　　通过本章的学习，读者能够熟悉网站的规划流程，掌握建立站点、切图和制作模板的方法，为进一步学习前端知识打下坚实的基础。

12.8　课后练习题

　　查看本章课后练习题，请扫描二维码。